全国高职高专教育土建类专业教学指导委员会规划推荐教材

给水排水管道工程技术

(给水排水工程技术专业适用)

本教材编审委员会组织编写
张　奎　主　编
黄跃华　白建国　副主编
谷　峡　主　审

中国建筑工业出版社

图书在版编目（CIP）数据

给水排水管道工程技术/张奎主编. —北京：中国建筑工业出版社，2005
全国高职高专教育土建类专业教学指导委员会规划推荐教材
ISBN 978-7-112-06960-6

Ⅰ.给... Ⅱ.张... Ⅲ.给排水系统－管理工程－高等学校：技术学校－教材　Ⅳ.TU991

中国版本图书馆 CIP 数据核字（2005）第 026230 号

全国高职高专教育土建类专业教学指导委员会规划推荐教材
给水排水管道工程技术
（给水排水工程技术专业适用）
本教材编审委员会组织编写
张　奎　主编
黄跃华　白建国　副主编
谷峡　主审

*

中国建筑工业出版社出版、发行(北京西郊百万庄)
各地新华书店、建筑书店经销
北京云浩印刷有限责任公司印刷

*

开本：787×1092 毫米　1/16　印张：16¾　字数：410 千字
2005 年 6 月第一版　　2015 年 6 月第十七次印刷
定价：**29.00** 元
ISBN 978-7-112-06960-6
（20856）

版权所有　翻印必究
如有印装质量问题，可寄本社退换
（邮政编码　100037）

本书是在全国高职高专教育土建类专业教学指导委员会的指导下编写的，对给水管道系统和排水管道系统的部分内容进行了有机的整合和统一。编者根据高等职业教育的特点，力求全面系统地阐述给水排水管道系统的基础理论、工程规划与设计、管道系统运行与管理的基本知识与基本技能，主要包括给水排水管道系统概论、水力学基础知识、给水管道系统的设计计算、排水管道系统的设计计算、给水排水管道材料及给水排水管道系统的运行管理和维护等内容。使学生掌握给水排水管道系统的基本知识和具有解决实际工程问题的能力。

本书不仅可作为高等职业教育给水排水工程技术、城市规划、城镇建设等专业的学生用教材，还可供从事相关专业的工程技术人员参考。

* * *

责任编辑：齐庆梅　朱首明
责任设计：刘向阳
责任校对：李志瑛　张　虹

本教材编审委员会名单

主　任：张　健

副主任：刘春泽　贺俊杰

委　员：陈思仿　范柳先　孙景芝　刘　玲　蔡可键

　　　　蒋志良　贾永康　王青山　谷　峡　陶竹君

　　　　谢炜平　张　奎　吕宏德　边喜龙

序 言

全国高职高专教育土建类专业教学指导委员会建筑设备类专业指导分委员会(原名高等学校土建学科教学指导委员会高等职业教育专业委员会水暖电类专业指导小组)是建设部受教育部委托,并由建设部聘任和管理的专家机构。其主要工作任务是:研究建筑设备类高职高专教育的专业发展方向、专业设置和教育教学改革,按照以能力为本位的教学指导思想,围绕职业岗位范围、知识结构、能力结构、业务规格和素质要求,组织制定并及时修订各专业培养目标、专业教育标准和专业培养方案;组织编写主干课程的教学大纲,以指导全国高职高专院校规范建筑设备类专业办学,达到专业基本标准要求;研究建筑设备类高职高专教材建设,组织教材编审工作;制定专业教育评估标准,协调配合专业教育评估工作的开展;组织开展教学研究活动,构建理论与实践紧密结合的教学内容体系,构筑"校企合作、产学研结合"的人才培养模式,为我国建设事业的健康发展提供智力支持。

在建设部人事教育司和全国高职高专教育土建类专业教学指导委员会的领导下,2002年以来,全国高职高专教育土建类专业教学指导委员会建筑设备类专业指导分委员会的工作取得了多项成果,编制了建筑设备类高职高专教育指导性专业目录;制定了"供热通风与空调工程技术"、"建筑电气工程技术"、"给水排水工程技术"等专业的教育标准、人才培养方案、主干课程教学大纲、教材编审原则,深入研究了建筑设备类专业人才培养模式。

为适应高职高专教育人才培养模式,使毕业生成为具备本专业必需的文化基础、专业理论知识和专业技能、能胜任建筑设备类专业设计、施工、监理、运行及物业设施管理的高等技术应用性人才,全国高职高专教育土建类专业教学指导委员会建筑设备类专业指导分委员会,在总结近几年高职高专教育教学改革与实践经验的基础上,通过开发新课程,整合原有课程,更新课程内容,构建了新的课程体系,并于2004年启动了"供热通风与空调工程技术"、"建筑电气工程技术"、"给水排水工程技术"三个专业主干课程的教材编写工作。

这套教材的编写坚持贯彻以全面素质为基础,以能力为本位,以实用为主导的指导思想。注意反映国内外最新技术和研究成果,突出高等职业教育的特点,并及时与我国最新技术标准和行业规范相结合,充分体现其先进性、创新性、适用性。它是我国近年来工程技术应用研究和教学工作实践的科学总结,本套教材的使用将会进一步推动建筑设备类专业的建设与发展。

"供热通风与空调工程技术"、"建筑电气工程技术"、"给水排水工程技术"三个专业教材的编写工作得到了教育部、建设部相关部门的支持,在全国高职高专教育土建类专业教学指导委员会的领导下,聘请全国高职高专院校本专业享有盛誉、多年从事"供热通风与空调工程技术"、"建筑电气工程技术"、"给水排水工程技术"专业教学、科研、设计的副教授以上的专家担任主编和主审，同时吸收工程一线具有丰富实践经验的高级工程师及优秀中青年教师参加编写。可以说，该系列教材的出版凝聚了全国各高职高专院校"供热通风与空调工程技术"、"建筑电气工程技术"、"给水排水工程技术"三个专业同行的心血，也是他们多年来教学工作的结晶和精诚协作的体现。

各门教材的主编和主审在教材编写过程中认真负责，工作严谨，值此教材出版之际，全国高职高专教育土建类专业教学指导委员会建筑设备类专业指导分委员会谨向他们致以崇高的敬意。此外，对大力支持这套教材出版的中国建筑工业出版社表示衷心的感谢，向在编写、审稿、出版过程中给予关心和帮助的单位和同仁致以诚挚的谢意。衷心希望"供热通风与空调工程技术"、"建筑电气工程技术"、"给水排水工程技术"这三个专业教材的面世，能够受到各高职高专院校和从事本专业工程技术人员的欢迎，能够对高职高专教学改革以及高职高专教育的发展起到积极的推动作用。

全国高职高专教育土建类专业教学指导委员会
建筑设备类专业指导分委员会
2004 年 9 月

前　言

本书是全国高等职业教育给水排水工程技术专业系列教材之一，是根据《高等职业教育给水排水工程技术专业教育标准和培养方案及主干课程教学大纲》编写的。

给水排水管道工程的建设投资占给水排水工程建设总投资的70%左右，长期以来倍受给水排水工程建设、管理、运营和研究部门的高度重视。给水排水管道系统是贯穿于给水排水工程整体工艺流程和连接所有工程环节与对象的通道和纽带，给水管道系统和排水管道系统在功能顺序上虽然前后不同，但两者在建设上却始终是平行进行的。在建设过程中，必须作为一个整体系统工程来考虑。本教材就是将给水管道和排水管道两大系统合并在一起，作为一个统一的专业教材内容体系，成为给水排水工程技术专业的一门主要专业课，将有利于加强给水排水管道系统的整体性和科学性。

在编写过程中，为了使给水排水管道系统成为一个有机的整体，在内容安排上，将给水排水管道系统的组成、形式、规划、水力学基础和管道的维护与管理等内容进行了整合，形成了统一。对于给水管道系统和排水管道系统的设计计算以及管材等内容，由于给水管道和排水管道的设计规范和工程性质有一定的差异性，还是将其分别单设章节进行论述。

本书以课程教学大纲为依据，从培养生产第一线岗位型人才的角度出发，在内容上力求做到基本理论简明扼要、深入浅出，注意理论联系实际，重点突出给水排水管道工程实用技术，适当介绍国内外给水排水管道工程的新技术和新材料。为了便于学生加深对课程内容的理解和提高实际应用能力，书中编入了一定数量的工程实例，同时每章均列有大量的思考题和习题，可供学生练习使用。

本书由平顶山工学院张奎主编。其中第一章、第二章、第六章、第十章（第四节）由张奎编写；第三章、第四章由平顶山工学院毛艳丽编写；第五章由平顶山工学院何亚丽编写；第七章由徐州建筑职业技术学院白建国编写；第八章、第九章由黑龙江建筑职业技术学院黄跃华编写；第十章（第一、二、三、五节）由四川建筑职业技术学院戴安全编写。最后张奎对全书进行了统稿。

全书由黑龙江建筑职业技术学院谷峡教授主审。

本书从主要参考书目和文献中采用了很多十分经典的素材和文字材料，本书编者对这些著作的作者们表示诚挚的感谢。

由于编者水平有限，书中缺点和错误之处在所难免，恳请广大读者批评指正。

目　录

第一章　给水排水管道工程概论 ··· 1
　　第一节　给水排水系统的组成 ··· 1
　　第二节　给水排水管道系统的组成 ··· 6
　　第三节　给水排水管道系统的形式 ·· 10
　　第四节　给水排水管道工程规划与布置 ·· 16
　　思考题 ·· 32
第二章　给水排水管道工程水力学基础 ·· 34
　　第一节　基本概念 ·· 34
　　第二节　管渠水头损失计算 ·· 36
　　思考题 ·· 40
第三章　设计用水量 ·· 41
　　第一节　用水量定额 ·· 41
　　第二节　用水量变化 ·· 43
　　第三节　用水量计算 ·· 45
　　思考题与习题 ·· 51
第四章　给水系统的工作工况 ·· 52
　　第一节　给水系统的流量关系 ·· 52
　　第二节　清水池和水塔 ·· 57
　　第三节　给水系统的水压关系 ·· 60
　　思考题与习题 ·· 64
第五章　给水管网的设计计算 ·· 66
　　第一节　概述 ·· 66
　　第二节　管网图形的性质与简化 ·· 67
　　第三节　管段设计流量计算 ·· 68
　　第四节　管径计算 ·· 75
　　第五节　枝状管网水力计算 ·· 77
　　第六节　环状管网水力计算 ·· 81
　　第七节　输水管水力计算 ·· 99
　　第八节　给水管道的敷设 ·· 102
　　第九节　给水管道工程图 ·· 105
　　思考题与习题 ·· 108
第六章　给水管道材料及附件 ·· 110
　　第一节　给水管道材料及配件 ·· 110
　　第二节　给水管道附件 ·· 115

第三节 给水管道附属构筑物	120
思考题	123

第七章 污水管道系统的设计计算 124
  第一节 污水管道系统设计流量的确定 124
  第二节 设计管段的划分及设计流量的计算 130
  第三节 污水管道的水力计算 132
  第四节 排水管道工程图 145
  思考题与习题 146

第八章 雨水管渠设计计算 149
  第一节 雨量分析及暴雨强度公式 149
  第二节 雨水设计流量的确定 155
  第三节 雨水管道设计数据的确定 158
  第四节 雨水径流调节 175
  第五节 城市防洪设计 178
  第六节 合流制排水管渠的设计计算 186
  思考题与习题 195

第九章 排水管渠材料及附属构筑物 197
  第一节 排水管渠的材料及断面 197
  第二节 排水管渠系统上的构筑物 204
  思考题 218

第十章 给水排水管道的技术管理和维护 219
  第一节 给水排水管道档案管理 219
  第二节 给水管网的监测与检漏 220
  第三节 给水管道的防腐与修复 221
  第四节 给水管道的水质管理和供水调度 224
  第五节 排水管渠系统的管理和维护 228
  思考题 232

附录 233
  附录 1-1 排水管道与其他管线（构筑物）的最小净距 233
  附录 3-1 居民生活用水定额 233
  附录 3-2 综合生活用水定额 233
  附录 3-3 集体宿舍、旅馆和公共建筑生活用水定额及小时变化系数 234
  附录 3-4 工业企业职工淋浴用水定额 235
  附录 3-5 城镇、居住区室外消防用水量 235
  附录 3-6 同一时间内的火灾次数表 235
  附录 5-1 铸铁管水力计算表 236
  附录 5-2 给水管径简易估算 246
  附录 7-1 钢筋混凝土圆管（不满流 $n=0.014$）计算图 247
  附录 8-1 我国若干城市暴雨强度公式 253
  附录 8-2 钢筋混凝土圆管（满流 $n=0.013$）计算图 257

主要参考文献 258

第一章　给水排水管道工程概论

第一节　给水排水系统的组成

一、给水排水系统的功能与组成

给水排水系统是为人们的生活、生产和市政消防提供用水和废水排除设施的总称。

给水排水系统的功能是向各种不同类别的用户供应满足不同需求的水量和水质，同时承担用户排除废水的收集、输送和处理，达到消除废水中污染物质对于人体健康和保护环境的目的。因此，给水排水系统可分为给水系统和排水系统两大系统。

1. 给水系统

给水系统是保障城市、工矿企业等用水的各项构筑物和输配水管网组成的系统。根据系统的性质不同有四种分类方法：按水源种类，分为地表水（江河、湖泊、水库、海洋等）和地下水（潜水、承压水、泉水等）给水系统；按服务范围，可分为区域给水、城镇给水、工业给水和建筑给水等系统；按供水方式可分为自流（重力）供水系统、水泵（加压）供水系统和两者相结合的混合供水系统；按使用目的，可分为生活给水、生产给水和消防给水系统。

根据用户使用水的目的，通常将给水分为生活用水、工业生产用水、消防用水和市政用水四大类。

生活用水是人们在各类生活活动中直接使用的水，在给水工程设计时，常有居民生活用水、综合生活用水、城市综合用水和工业企业职工生活用水等概念。其中，居民生活用水是指城镇居民家庭生活中的饮用、烹饪、洗浴、冲洗等用水，是保障居民身体健康、家庭清洁卫生和生活舒适的重要条件；综合生活用水包括城镇居民日常生活用水和公共设施用水两部分的总水量；公共设施用水是指机关、学校、医院、宾馆、车站、公共浴场等公共建筑和场所的用水供应，其特点是用水量大，用水地点集中，该类用水的水质要求基本上与居民生活用水相同；城市综合用水包含综合生活用水、工业用水、市政用水及其他用水；工业企业职工生活用水是工业企业区域内从事生产和管理的人员在工作时间内的饮用、烹饪、洗浴、冲洗等生活用水，该类用水的水质要求基本上与居民生活用水相同，用水量则根据工业企业的生产工艺、生产条件、工作人员数量、工作时间安排等因素的变化而变化。

工业生产用水是指工业生产过程中为满足生产工艺和产品质量要求的用水，又可分为产品用水（水成为产品或产品的一部分）、工艺用水（水做为载体、溶剂等）和辅助用水（冷却、清洗等）。由于工业企业工艺繁多，系统庞大复杂，对水量、水质、水压的要求差异很大。在确定生产用水的水质指标时，应视具体生产条件而定，如：一般冷却水允许有一定的浊度，但要求水温低、不含侵蚀性物质，电子工业和中、高压锅炉等用水，要求使用纯水和高纯水，当生产用水所需要的水质高于生活饮用水水质标准时，通常是将自来水进一步处理，以满足其特殊的水质要求；在确定生产用水的水量指标时，要根据生产工艺要求而定，并要考虑工艺的改革和水的重复使用率问题。

消防用水是指扑灭火灾所用的水。消防用水对水质没有特殊要求，用水量一般较大（见附录3-5）。室外消防用水按对水压的要求，分为高压（或临时高压）消防系统和低压消防系统。如采用高压（或临时高压）消防系统，管道的压力应保证用水总量达到最大且水枪在任何建筑物的最高处时，水枪充实水柱仍不小于10m；而采用低压消防系统，管道的压力应保证用水总量达到最大灭火时最不利点消火栓的自由水压不小于$10mH_2O$。我国城镇一般采用低压消防系统，灭火时由消防车（消防泵）自室外消防栓中取水加压。

市政用水是指城镇或工业企业区域内的道路清洗、绿化浇灌、公共清洁卫生的用水。对水质没有特殊的要求，但不得引起环境污染；市政用水量应根据路面种类、浇洒面积、气候和土壤条件等确定。

为了满足城镇和工业企业对水量、水质和水压的要求，城镇供水系统需要具有水质良好和水量充沛的水资源、取水设施、水质处理设施和输水及配水管道网络系统。

2. 排水系统

上述各种用水在使用过程中受到不同程度的污染，改变了它原来的化学成分和物理性质，我们把它称作污水或废水。这些废水携带着不同来源的污染物质，会对人体健康、生活环境和自然生态环境带来严重危害，需要及时地收集和处理，然后才可以排放到自然水体或者重复利用。为此而建立的废水收集、处理和排放工程设施，称为排水系统。它包括来自人们生活和生产活动排除的水及被污染的初期雨水。

根据排水系统所接受的废水的性质和来源不同，废水可分为生活污水、工业废水和雨水三类。

(1) 生活污水主要是指居民在日常生活中排出的废水，主要来自住宅、机关、学校、医院、公共建筑、生活福利设施和工业企业的生活间等部分，这类污水中含有大量有机和无机污染物，如蛋白质、碳水化合物、脂肪、氨氮、洗涤剂和尿素等，还有常在粪便中出现的病原微生物（寄生虫卵、传染性病菌和病毒等）。这类污水受污染程度比较严重，是废水处理的重点对象。

(2) 工业废水是指工业企业在生产过程中所排出的废水，主要来自各车间或矿场。由于工业企业的生产类别、工艺过程、使用的原材料以及用水的成分不同，工业废水的水质和水量变化较大。一类工业废水被用做冷却和洗涤后排出的，受到较轻微的水质污染或水温变化，这类废水往往经过简单处理后就可重复使用或排入水体；另一类工业废水在生产过程中受到严重污染，例如许多化工生产废水，含有很高浓度的污染物质，甚至含有大量有毒有害物质，必须给予严格的处理。

(3) 雨水是指在地面上径流的雨水和冰雪融化水。这类水径流量大而急，若不及时排除，往往会积水成灾，阻塞交通淹没房屋，造成生命和财产的损失，尤其是山洪水危害更甚。雨水较清洁，但初降的雨水却挟带大量污染物质。特别是流经制革厂、炼油厂和化工厂等地区的雨水，可能会含有这些部门的污染物质。因此，流经这些地区的雨水应经适当处理后才能排入水体，有些国家已经对初降雨水进行了处理。在水资源缺乏的地区，降水尽可能被收集和利用。

总之，只有建立合理、经济和可靠的排水系统，才能达到保护环境、保护水资源、促进生产和保障人们生活和活动安全的目的。给水排水系统的功能和组成如图1-1所示。

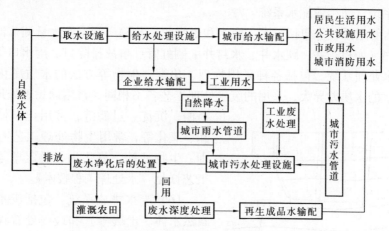

图1-1 给水排水系统的功能和组成示意图

3. 给水排水系统主要功能

给水排水系统除以上功能外，还应具有以下三项主要功能：

（1）水量保障。向人们指定的用水地点及时可靠地提供满足用户需求的用水量，并将用户排出的废水（包括生活污水和生产废水）和雨水及时可靠地收集并运输到指定的地点。

（2）水质保障。向指定用水地点和用户供给符合质量要求的水，使用后的水按有关废水排放标准排入受纳水体。主要包括：采用合适的给水处理措施使供水（包括水质的循环利用）水质达到或超过人们用水所要求的质量；通过设计和运行管理中的物理和化学等手段控制贮水和输配水过程中的水质变化；采用合适的废水处理措施使废水水质达到排放的要求，保护环境不受污染。

（3）水压保障。为用户的用水提供符合标准的用水压力，使用户在任何时间都能取得充足的水量；同时，使排水系统具有足够的高程和压力，使之能够顺利排入受纳水体。在地形高差较大的地区，应充分利用地形高差所形成的重力提供供水的压力和排水的输送能量；在地形平坦的地区，给水压力一般采取水泵加压，必要时还需要通过阀门或减压设施降低水压，以保证用水设施安全和用水舒适。排水一般采用重力流输送，必要时用水泵提升高程，或者通过跌水消能设施降低高程，以保证排水系统的通畅和稳定。

4. 给水排水系统的组成

给水排水系统是由一系列构筑物和给水排水管道所组成，它包括以下几个系统：

（1）取水系统。用以从选定的水源取水，它包括水资源（地表水资源、地下水资源和复用水资源等）、取水设施、提升设备和输水管渠等。

（2）给水处理系统。将取水系统输送来的水进行处理，以期符合用户对水质的要求，包括各种采用物理、化学、生物等方法的水质处理设备和构筑物。生活饮用水一般采用反应、絮凝、沉淀、过滤和消毒等常规处理工艺和设施，工业用水一般有冷却、软化、淡化和除盐等工艺和设施，具体处理工艺在《水处理工程技术》中有详细介绍。

（3）给水管网系统。是将经处理后符合水质标准的水输送给用户，包括输水管渠、配水管网、水压调节设施（泵站、减压阀）及水量调节设施（清水池、水塔等）等，又称为输水与配水系统，简称输配水系统。

（4）排水管道系统。包括污水、废水和雨水收集与输送管渠、水量调节池、提升泵站及附属构筑物（如检查井、跌水井、水封井、倒虹管、事故排除口、雨水口等）等。

（5）废水处理系统。包括各种采用物理、化学、生物等方法的水质净化设备和构筑物。由于废水的水质差异大，采用的废水处理工艺各不相同，常用的物理处理方法工艺有格栅、沉淀、过滤等，常用化学处理工艺有中和、氧化等，常用生物处理工艺有活性污泥处理、生物滤池、氧化沟、稳定塘等，具体处理工艺详见《水处理工程技术》。

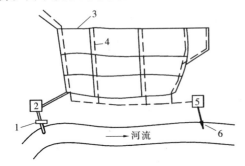

图1-2 城镇给水排水系统示意图
1—取水系统；2—给水处理系统；3—给水管网系统；4—排水管道系统；5—污水处理系统；6—污水排放系统

（6）废水排放系统。包括废水受纳体（如自然水体、土壤等）和最终处置设施，如排放口、稀释扩散设施、隔离设施等。

（7）重复利用系统。包括城市污水、工业废水和建筑小区的废水回用设施（如中水系统）等。

一般城镇给水排水系统如图1-2所示。

二、给水排水系统工作原理

给水排水系统中的各组成部分在水量、水质和水压（能量）上有着紧密的联系，必须正确认识和理解他们的相互关系并有效地进行控制和运行调度管理，才能满足用户给水排水的水量、水质和水压需要，达到水资源优化利用、满足生产要求、保证产品质量、方便人们生活、保护环境、防止灾害等目标。

1. 给水排水系统的流量关系

给水排水系统各组成部分具有流量连续关系，原水从给水水源进入系统后形成流量，然后依次经过取水系统、给水处理系统、给水管网系统、用户、排水管道系统、污水处理系统，最后排入水体或再利用。各组成部分的流量在同一时间内不一定相等，并且随时变化。

给水排水系统流量关系如图1-3所示，其中q_1为给水处理系统自用水，q_2为给水管网系统漏失水量；q_3为给水管网系统水量调节，其流向根据水塔（或高位水池）进水或出水而变；q_4为用户使用后未排入排水系统的水量；q_5为进入排水管网系统的降水或渗入的地下水；q_6为排水管道水量调节，其流向根据调节池进水或出水而变化；q_7为污水处理系统自耗水；q_8为污水回用用水量。

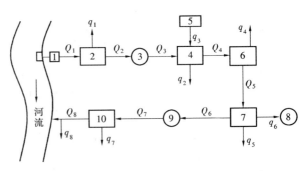

图1-3 给水排水系统流量关系示意图
1—取水系统；2—给水处理系统；3—清水池；4—给水管网系统；5—水塔；6—用户；7—排水管道系统；8—调节池；9—均和池；10—污水处理系统

清水池是用来调节给水处理水量与管网中的用水量之差，因为用户用水量在一天中往往变化较大，而取水与给水处理系统则应按均匀的流量（接近日平均流量）设计和运行，以节约建设投资和方便运行管理，两者流量之差主要是通过清水池来进行调节。水塔（或高地水池）也具有水量调节的作用，不过其容积一般比较小，调节能力有限，所以大型给水系统一般不建水塔。

调节池和均和池是用来调节排水管道和污水处理厂之间的流量差，因为排水量在一日中的变化同样也是很大的，而污水处理和排放设施一般是按日平均流量设计和运行，以节约建设投资和方便运行管理。由于雨水排除的流量相当集中，有时在排水管网中建雨水调节池可以减少排水管（渠）尺寸，节约投资。排水调节池（均和池）还具有均和水质的作用，以降低因污染物随时间变化造成的处理困难。

2. 给水排水系统的水质关系

给水排水系统的水质主要以各组成部分的水质标准来体现。作为城镇给水水源，其水质必须符合国家生活饮用水水源水质标准，并加强监测、管理与保护，使原水水质能够达到和保持国家标准要求；原水经处理后供给城镇各用户使用，生活饮用水必须达到国家生活饮用水水质卫生规范要求，工业用水和其他用水必须达到有关行业水质标准或用户特定的水质要求；水经使用后受到不同程度的污染，必须经过处理并达到一定的水质标准后才能排放，其水质要求应按照国家废水排放水质标准及废水排放受纳水体的承受能力确定。

原水取出后经过处理送到用户使用，然后排放水体，整个过程水质是变化的。其变化过程有三：一是给水处理，即将原水水质净化或加入有益物质，使之达到给水水质要求的处理过程；二是用户用水，即用户用水改变水质，使之成为污水或废水的过程，水质受到不同程度的污染；三是废水处理，即对污水或废水进行处理，去除污染物质，使水质达到排放标准的过程。除了这三个水质变化过程外，由于管道材料的溶解、析出、结垢和微生物的滋生等原因，给水管网内的水质也会发生变化，虽然其变化并不太明显，但在供水水质标准不断提高的今天，管网水质变化与控制问题也已逐步引起重视并成为科研人员研究的课题。

3. 给水排水系统的水压关系

给水排水系统的水压不但是用户用水所要求的，也是给水和排水系统输送水的能量来源。

在给水系统中，从水源开始，水流到达用户前，一般要经过多次提升，特殊情况下也可以依靠重力直接输送给用户，水在输送中的压力方式有：

（1）全重力供水：当水源地势较高时，如取用山溪水、泉水或高位水库水等，水流通过重力自流输水到水厂进行处理，然后又靠重力输水管和管网送至用户使用。当原水水质较好而不用处理时，原水可直接通过重力输送给用户使用，或仅经过消毒等简单处理直接输送给用户使用。这种情况属于完全利用原水的位能克服输水过程中的能量损失和转换成为用户要求的水压关系，这是一种最经济的给水方式。当原水位能有富余时还可以通过阀门调节供水压力。

（2）一级加压供水：一级加压供水在以下几种情况下可以采用：一是当水厂地势较高时，从水源取水到水厂采用一级提升，经处理后的清水依靠水厂的地势高程，直接靠重力输水给用户；二是水源地势较高时，原水先靠重力输水至水厂，经处理后的清水再加压输送给用户使用；三是当原水水质较好时，如无需处理，则从取水时直接加压输送给用户使用；四是当给水处理全过程采用封闭式设施时，从取水处加压后，采用承压方式进行处理，直接输送给用户使用。

(3) 二级加压供水：这是目前采用最多的供水方式，原水经过第一级加压，提升到水厂进行处理，处理好的清水贮存于清水池中，清水经过第二级加压进入输水管和管网，供用户使用。第一级加压的目的是取水和提供原水输送与处理过程中的能量要求，第二级加压的目的是提供清水在输水管与管网中流动所需要的能量，并提供用户用水所需的水压。

(4) 多级加压供水：有两种情形，一是长距离输水时需要多级加压提升，如水源离水处理厂较远时，原水须经多级提升输送到水厂，或水处理厂离用水区域较远时，清水需要多级提升输送到用水区的供水管网；二是大型给水系统的用水区域很大，或用水区域呈窄长型，采用一级加水压供水不经济或前端管网水压偏高，应采用多级加压供水。

排水系统首先是间接承接给水系统的压力，也就是说，用户用水所处位置越高，排水系统起点的位能就越大。排水系统一般靠地形高差按重力输水，只有当管渠埋深较大时，才考虑采用排水泵站进行提升。

将污（废）水输送到处理厂后，往往先贮存到均和池中，在处理和排放（或复用）过程中往往还要进行一到两级的提升。当处理厂所处地势较低时，污（废）水可以靠重力自流进入处理设施，处理完后再提升排放或复用；当处理厂所处地势较高时，污（废）水经提升后进入处理设施，处理完后靠重力自流排放或复用；一般情况下，污（废）水需要经提升后进入处理设施，待处理完后再次提升排放或复用。

第二节 给水排水管道系统的组成

一、给水排水管道系统的特点

给水排水管道系统是给水排水工程设施的重要组成部分，是由不同材料的管道和附属设施构成的输水网络。根据其功能可以分为给水管道系统和排水管道系统。给水管道系统和排水管道系统均应具有以下功能：

(1) 水量输送：即实现一定水量的位置迁移，满足用水和排水的地点要求；

(2) 水量调节：即采用贮水措施解决供水、用水与排水的水量不平均问题；

(3) 水压调节：即采用加压和减压措施调节水的压力，满足水输送、使用和排放的能量要求。

给水排水管道系统具有一般网络系统的特点，即分散性（覆盖整个用水区域）、连通性（各部分之间的水量、水压和水质紧密关联且相互作用）、传输性（水量输送、能量传递）、扩展性（可以向内部或外部扩展，一般分多次建成）等。同时给水排水管道系统又具有与一般网络系统不同的特点，如隐蔽性强、外部干扰因素多、容易发生事故、基建投资费用大、扩建改建频繁、运行管理复杂等。

二、给水管道系统的组成

给水管道系统承担城镇供水的输送、分配、压力调节（加压、减压）和水量调节任务，起到保障用户用水的作用。给水管道系统一般是由输水管（渠）、配水管网、水压调节设施（泵站、减压阀）及水量调节设施（清水池、水塔、高位水池）等构成，如图 1-4

（a）、1-4（b）所示。

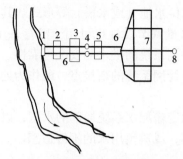

图1-4（a） 地表水源给水管道系统示意图
1—取水构筑物；2—一级泵站；3—水处理构筑物；4—清水池；5—二级泵站；6—输水管；7—管网；8—水塔

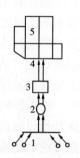

图1-4（b） 地下水源给水管道系统示意图
1—地下水取水构筑物；2—集水池；3—泵站；4—输水管；5—管网

（1）输水管（渠）：是指在较长距离内输送水量的管道或渠道，输水管（渠）一般不沿线向两侧供水。如从水厂将清水输送至供水区域的管道（渠）、从供水管网向某大用户供水的专线管道、区域给水系统中连接各区域管网的管道等。输水管道的常用材料有铸铁管、钢管、钢筋混凝土管、PVC-U管等，输水渠道一般由砖、砂、石、混凝土等材料砌筑。

由于输水管发生事故将对供水产生较大影响，所以较长距离输水管一般敷设成两条平行管线，并在中间的一些适当地点分段连通和安装切换阀门，以便其中一条管道局部发生故障时由另一条并行管段替代。

输水管的流量一般都较大，输送距离远，施工条件差，工程量巨大，甚至要穿越山岭或河流。输水管的安全可靠性要求很严格。特别是现代化城市建设和发展中，远距离输水工程越来越普遍，对输水管道工程的规划和设计必须给予高度重视。

（2）配水管网：是指分布在整个供水区域内的配水管道网络。其功能是将来自于较集中点（如输水管渠的末端或贮水设施等）的水量分配输送到整个供水区域，使用户从近处接管用水。配水管网由主干管、干管、支管、连接管、分配管等构成。配水管网中还需要安装消火栓、阀门（闸阀、排气阀、泄水阀等）和检测仪表（压力、流量、水质检测等）等附属设施，以保证消防供水和满足生产调度、故障处理、维护保养等管理需要。

（3）泵站：泵站是输配水系统中的加压设施，一般由多台水泵并联组成，当水不能靠重力流动时，必须使用水泵对水流增加压力，以使水流有足够的能量克服管道内壁的摩擦阻力，在输配水系统中还要求水被输送到用户连接地点后有符合用水压力要求的水压，以克服用水地点的高差及用户的管道系统与设备的水流阻力。

给水管网系统中的泵站有供水泵站（又称二级泵站）和加压泵站（又可称为三级泵站）两种形式。供水泵站一般位于水厂内部，将清水池中的水加压后送入输水管或配水管网。加压泵站则对远离水厂的供水区域或地形较高的区域进行加压，即实现多级加压。泵站一般从贮水设施中吸水，前一类属于间接加压泵站（亦称为水库泵站），后一类属于直接加压泵站。

泵站内部以水泵机组为主体，由内部管道将其并联或串联起来，管道上设置阀门，以控制多台泵站灵活地组合运行，以便于水泵机组的拆装与检修。泵站内还应设有水流止回阀（逆止阀），必要时安装水锤消除器，多功能阀（具有截止阀、止回阀和水锤消除作用）

等，以保证水泵机组安全运行。

（4）水量调节设施：有清水池，又称清水库和高位水池（或水塔）等形式。其主要作用是调节供水与用水的流量差，也称调节构筑物。水量调节设施也可用于贮存备用水量，以保证消防、检修、停电和事故等情况下的用水，提高系统的供水的安全可靠性。

设在水厂内的清水池（清水库）是水处理系统与管网系统的衔接点，既作为处理好的清水贮存设施，也是管网系统中输配水的水源点。

（5）减压设施：用减压阀和节流孔板等降低和稳定输配水系统局部的水压，以避免水压过高造成管道或其他设施的漏水、爆裂、水锤破坏，或避免用水的不舒适感。

三、排水管道系统的组成

排水管道系统承担污（废）水的收集、输送或压力调节和水量调节任务，起到防止环境污染和防治洪涝灾害的作用。排水管道系统一般由废水收集设施、排水管道、水量调节池、提升泵站、废水输水管（渠）和排放口等组成。如图 1-5 所示。

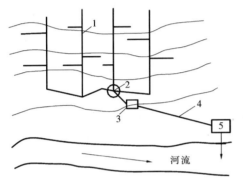

图 1-5 排水管道系统示意图
1—排水管道；2—水量调节池；3—提升泵站；
4—输水管道（渠）；5—污水处理厂

（1）废水收集设施及室内排水管道：收集住宅及建筑物内废水的各种卫生设备，既是人们用水的容器，也是承受污水的容器，它们又是污水排水系统的起点设备。生活污水从这里室内排水管道系统（经水封管、支管、竖管和出户管等）流入室外居住小区管道系统。在每一出户管与室外居住小区管道相接的连接点设检查井，供检查和清通管道之用。如图 1-6 所示。雨水的收集是通过设在屋面或地面的雨水口将雨水收集到雨水排水支管的，如图 1-7 所示。

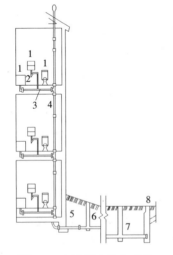

图 1-6 生活污水收集系统
1—房屋卫生设备；2—水封；3—支管；
4—竖管；5—出户管；6—庭院污水管道；7—连接支管；8—窨井

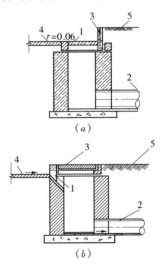

图 1-7 街道路面雨水排水口
（a）边沟雨水口；（b）侧石雨水口
1—雨水进口；2—连接管；3—侧石；
4—道路；5—人行道

(2) 排水管道：指分布于排水区域内的排水管道（渠），其功能是将收集到的污水、废水和雨水等输送到处理地点或排放口，以便集中处理或排放。它又分为居住小区管道系统和街道管道系统。

1) 居住小区管道系统。敷设在居住小区内，连接各建筑物出户管和雨水口的管道系统。它分小区支管和小区干管。小区支管是指布置在居住组团内与接户管连接的排水管道，一般布置在组团内道路下。小区干管是指居住小区内，接纳居住组团内小区支管流来的废水或雨水的排水管道，一般布置在小区道路或市政道路下。

2) 街道排水管道系统。敷设在街道下，用以排除居住小区管道流来的废水或雨水。在一个小区内它是由支管、干管、主干管等组成。一般顺延地面高程由高向低布置成树状网络。由于污水含有大量的漂浮物和气体，所以污水管道一般采用非满流管道，以保留漂浮物和气体的流动空间。雨水管道一般采用满管流。工业废水的输送管道是采用满管流或者非满管流，则应根据水质的特性决定。

(3) 排水管道系统上的构筑物。排水管道系统中设置有雨水口、检查井、跌水井、溢流井、水封井、换气井、倒虹管等附属构筑物及流量等检测设施，便于系统的运行与维护管理。

(4) 排水调节池：指拥有一定容积的污水、废水和雨水贮存设施。用于调节排水管道流量或处理水量的差值。通过水量调节池可以降低其下游高峰排水量，从而减少输水管渠或污水处理设施的设计规模，降低工程造价。

水量调节池还可以在系统事故时贮存短时间的排水量，以降低造成环境污染的危害。水量调节池也能起到均和水质的作用，特别是工业废水，不同工厂和不同车间排水的水质不同，不同时段排水的水质也会变化，不利于净化处理，调节池可以中和酸碱，均化水质。

(5) 提升泵站及压力管道：排水一般按重力流输送，因此管道需按一定坡度敷设，但往往由于受到地形等条件的限制而需要把低处的水向高处提升，这时就需要设置泵站。泵

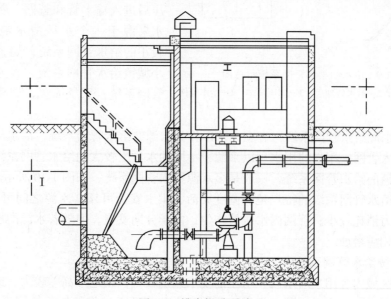

图 1-8　排水提升泵站

站分为中途泵站、局部泵站和总泵站。压送从泵站出来的水至高地自流管道或至污水厂的承压管段称为压力管道。某排水提升泵站如图1-8所示。

提升泵站应根据需要设置，当管道系统的规模较大或需要长距离输送时，可能需要设置多座泵站。因雨水的径流量较大，一般应尽量不设或少设雨水泵站，但在必要时也要设置，如上海、武汉等城市设置了雨水泵站用以抽升部分雨水。

（6）废水输水管（渠）：指长距离输送废水的压力管道或渠道。为了保护环境，污水处理设施往往建在离城市较远的地区，排放口也选在远离城市的水体下游，都需要长距离输送。

（7）出水口及事故排出口：排水管道的末端是废水排放口，与接纳废水的水体连接。为了保证排放口部的稳定，或者使废水能够比较均匀地与接纳水体混合，需要合理设置排放口。事故排出口是指在排水系统发生故障时，把废水临时排放到天然水体或其他地点的设施，通常设置在某些易于发生故障的构筑物面前（如在总泵站的前面）。

第三节　给水排水管道系统的形式

一、给水管网系统的类型

1．统一给水管网系统

整个给水区域（如城镇）的生活、生产、消防等多项用水，均以同一水压和水质，用统一的管网系统供给各个用户。该系统适用于地形起伏不大、用户较为集中，且各用户对水质、水压要求相差不大的城镇和工业企业的给水工程。如果个别用户对水质或水压有特殊要求，可自统一给水管网取水再进行局部处理或加压后再供给使用。

根据向管网供水的水源数目，统一给水管网系统可分为单水源给水管网系统和多水源给水管网系统两种形式。

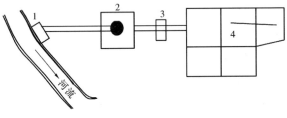

图1-9　单水源给水管网系统示意图
1—取水设施；2—给水处理厂；3—加压泵站；4—给水管网

（1）单水源给水管网系统：即只有一个水源地，处理过的清水经过泵站加压后进入输水管和管网，所有用户的用水来源于一个水厂清水池（清水库），较小的给水管网系统，如企事业单位或小城镇给水管网系统，多为单水源给水管网系统，系统简单，管理方便。如图1-9所示。

（2）多水源给水管网系统：有多个水厂作为水源的给水管网系统，清水从不同的地点经输水管进入管网，用户的用水可以来源于不同的水厂。较大的给水管网系统，如中大城市甚至跨城镇的给水管网系统，一般是多水源给水管网系统，如图1-10所示。

多水源给水管网系统的特点是：调度灵活、供水安全可靠（水源之间可以互补），就近给水，动力消耗较小；管网内水压较均匀，便于分期发展，但随着水源的增多，设备和管理工作也相应增加。

2．分系统给水管网系统

因给水区域内各用户对水质、水压的要求差别较大，或地形高差较大，或功能分区比较明显，且用水量较大时，可根据需要采用几个相互独立工作的给水管网系统分别供水。

分系统给水管网系统和统一给水管网系统一样，也可采用单水源或多水源供水。根据具体情况，分系统给水管网系统又可分为：分区给水管网系统、分压给水管网系统和分质给水管网系统。

（1）分区给水管网系统：将给水管网系统划分为多个区域，各区域管网具有独立的供水泵站，供水具有不同的水压。分区给水管网系统可以降低平均供水压力，避免局部水压过高的现象，减少爆管的几率和泵站能量的浪费。

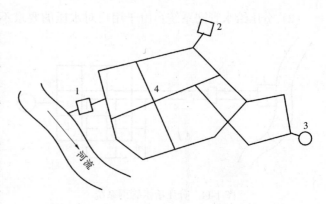

图1-10 多水源给水管网系统示意图
1—地表水水源；2—地下水水源；3—水塔；4—给水管网

分区给水管网系统有两种情况：一种是城镇地形较平坦，功能分区较明显或自然分隔而分区，如图1-11所示，城镇被河流分隔，两岸工业和居民用水分别供给，自成给水系统，随着城镇发展，再考虑将管网相互沟通，成为多水源给水系统。另一种是因地形高差较大或输水距离较长而分区，又有串联分区和并联分区两种：采用串联分区，设泵站加压（或减压措施）从某一区取水，向另一区供水；采用并联分区，不同压力要求的区域有不同泵站（或泵站中不同水泵）供水。大型管网系统可能既有串联分区又有并联分区，以便更加节约能量。图1-12所示为并联分区给水管网系统，图1-13所示为串联分区给水管网系统。

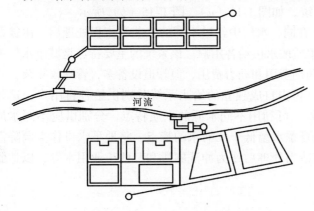

图1-11 分区给水管网系统

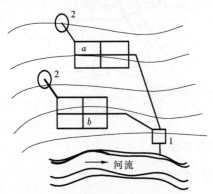

图1-12 并联分区给水管网系统
a—高区；b—低区；1—净水厂；2—水塔；

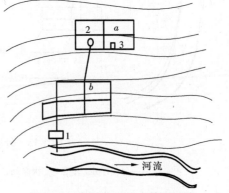

图1-13 串联分区给水管网系统
a—高区；b—低区；
1—净水厂；2—水塔；3—加压泵站

(2) 分压给水管网系统：由于用户对水压的要求不同而分成两个或两个以上的系统给水，如图1-14所示。符合用户水质要求的水，由同一泵站内的不同扬程的水泵分别通过高压、低压输水管网送往不同用户。如果给水区域中用户对水压要求差别较大，采用一个管网系统，对于水压要求较低的用户就会存在较大的富余水压，不但造成动力浪费，同时对使用和维护管理都很不利，且管网系统漏损水量也会增加，危害很多。采用分压给水或局部加压的给水系统，可避免上述缺点，减少高压管道和设备用量，但需要增加低压管道和设备，管理较为复杂。

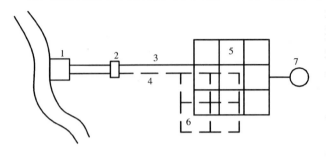

图1-14 分压给水管网系统
1—净水厂；2—二级泵站；3—低压输水管；4—高压输水管；5—低压管网；6—高压管网；7—水塔

(3) 分质给水管网系统：因用户对水质的要求不同而分成两个或两个以上系统，分别供给各类用户，称为分质给水管网系统，如图1-15（a）、图1-15（b）所示。

图1-15（a）是从同一水源取水，在同一水厂中经过不同的工艺和流程处理后，由彼此独立的水泵、输水管和管网，将不同水质的水供给各用户。该系统的主要特点是城市水厂的规模可缩小，特别是可以节约大量的药剂费用和动力费用，但管道设备多，管理较复杂。

图1-15（b）是从不同水源取水，再由自成独立的给水系统分别供给各自用户，这种布置方式除具有图1-15（a）的特点外，可利用不同水源的水质特点，分别供应不同水质要求的用户。例如，可利用地下水源夏季水温低于江河水的特点，将地下水供作空调降温使用等；可利用海水或某些废水经过适当处理后作为冲洗厕所和某些工业用水等，以达到综合利用水资源的目的。

3. 不同输水方式的管网系统

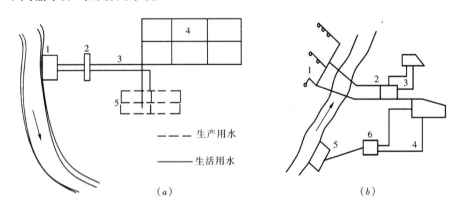

图1-15 分质给水管网系统
（a）
1—分质净水厂；2—二级泵站；3—输水管；4—居住区；5—工厂区
（b）
1—井群；2—地下水水厂；3—生活用水管网；
4—生产用水管网；5—取水构筑物；6—生产用水厂

根据水源和供水区域地势的实际情况，可采用不同的输水方式向用户供水。

(1) 重力输水管网系统：当水源地高于给水区，并且高差可保证以经济的造价输送所需的水量时，清水池（清水库）中的水可依靠自身的重力，经重力输水管进入管网并供用户使用。重力输水管网系统无动力消耗，而且管理方便，是运行较为经济的输水管网系统。当地形高差很大时，为降低水管中的压力，可在中途设置减压水池，将水管分成几段，形成多级重力输水系统，如图1-16所示。

(2) 水泵加压输水管网系统：指水源地没有可充分利用的地形优势，清水池（清水库）中的水须由泵站加压送

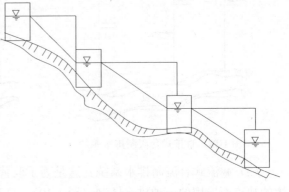

图1-16　重力输水管网系统

出，经输水管进入管网供用户使用，甚至要通过多级加压将水送至更远或更高处的用户使用。压力给水管网系统需要消耗大量的动力。如图1-12、1-13、1-14和1-15所示均为压力输水管网系统。

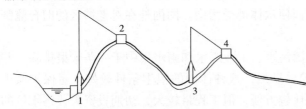

图1-17　重力和水泵加压相结合的输水方式
1、3—泵站；2、4—高位水池

在地形复杂的地区且又是长距离输配水时，往往需要采用重力和水泵加压相结合的输水方式。如图1-17所示，上坡部分1～2段、3～4段，分别用泵站1、3加压输水，在下坡部分利用高低水池重力输水，从而形成加压—重力交替的多级输水方式。水源可以高于或低于给水区。这种输水方式在现代大型输水管道系统中应用较为广泛。

二、排水管道系统的体制

城镇和工业企业排出的废水通常分为生活污水、工业废水和雨水三类，它们是采用同一个排水管道系统来排除，或是采用两个或两个以上各自独立的排水管道系统来排除。这种不同的排除方式所形成的排水系统，称为排水体制。

排水系统的体制主要有合流制和分流制两种基本方式。

1. 合流制排水系统

合流制排水系统就是指用同一种管渠收集和输送生活污水、工业废水和雨水的系统。根据污水汇集后的处置方式不同，又可把合流制分为下列三种情况：

(1) 直排式合流制排水系统：管道系统的布置就近坡向水体，分若干出口，混合的污水未经处理直接排入水体（图1-18），我国许多老城市的旧城区大多采用的是这种排水体制。这是因为以往工业尚不发达，城市人口不多，生活污水和工业废水量不大，直接排入水体，环境卫生和水体污染问题还不是很明显。但是，随着现代化城镇和工业企业的建设和发展，人们生活水平的不断提高，污水量不断增加，水质日趋复杂，造成的水体污染越来越严重。因此，这种直排式合流制排水系统目前不宜采用。

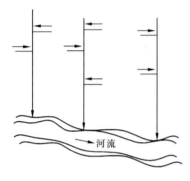
图 1-18 直排式合流制排水系统

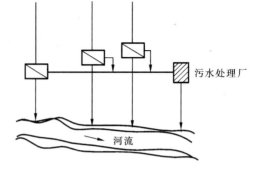
图 1-19 截流式合流制排水系统

(2) 截流式合流制排水系统：这是为了改善老城市直排式合流制排水系统严重污染水体的缺点而采用的一种排水体制（图 1-19）。这种系统是沿河岸边铺设一条截流干管，同时在截流干管上设置溢流井，并在下游设置污水处理厂。晴天和初降雨时，所有污水都排入污水处理厂进行处理，处理后的水再排入水体或再利用。随着降雨量的增加，雨水径流量也增加，当混合污水的流量超过截流干管的输水能力后，将会有部分污水经溢流井直接流入水体。这种排水系统虽比直排式有了较大的改进，但在雨天时，仍有部分混合污水未经处理而直接进入，成为水体的污染源而使水体遭受污染。国内外在对老城区的旧合流制改造时，通常采用这种方式。

(3) 完全合流制排水系统：是将生活污水、工业废水和雨水集中于一条管渠排除，并全部送往污水处理厂进行处理（图 1-20）。显然，这种体制的卫生条件较好，对保护城市水环境非常有利，在街道下管道综合也比较方便，但工程量较大，初期投资大，污水厂的运行管理不便。因此，目前国内采用者不多。

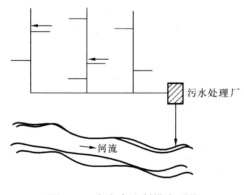
图 1-20 完全合流制排水系统

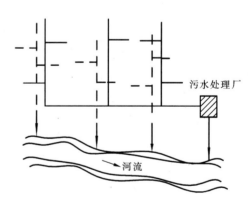
图 1-21 完全分流制排水系统

2. 分流制排水系统

分流制排水系统就是指用不同管渠分别收集和输送各种污水、生产废水和雨水的排水方式。排除生活污水、工业废水的系统称为污水排水系统；排除雨水的系统称为雨水排水系统。根据雨水的排除方式不同，分流制又分为下列两种情况：

(1) 完全分流制排水系统：在同一排水区域内，既有污水管道系统，又有雨水管道系统（图 1-21）。生活污水和工业废水通过污水排水系统送至污水处理厂，经处理后再排入水体。雨水是通过雨水排水系统直接排入水体。这种排水系统比较符合环境保护的要求，但城市排水管渠的一次性投资较大。

(2) 不完全分流制排水系统：这种体制只有污水排水系统，没有完整的雨水排水系统（图1-22）。各种污水通过污水排水系统送至污水厂，经过处理后排入水体；雨水沿着地面、道路边沟、明渠和小河进入水体。如城镇的地势适宜，不易积水时，在城镇建设初期，可先解决污水的排放问题，待城镇进一步发展后，再建雨水排水系统，最后形成完全分流制排水系统。这样可以节省初期投资，有利于城镇的逐步发展。

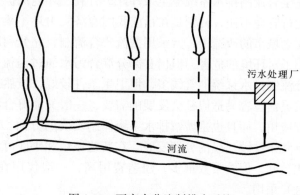

图1-22 不完全分流制排水系统

还有一种情况称为半分流制排水系统，该种体制既有污水排水系统，又有雨水排水系统。由于初降雨水污染较严重，必须进行处理才能排放，因此在雨水截流干管上设置溢流井或雨水跳越井（见第九章第二节），把初降雨水引入污水管道送到污水厂一并处理和利用。这种体制的排水系统，可以更好的保护水环境，但工程费用较大，目前使用不多。在一些工厂由于地面污染较严重，初降雨水也被严重污染，应进行处理才能排放，在这种情况下，可以考虑采用半分流制排水系统（图1-23）。

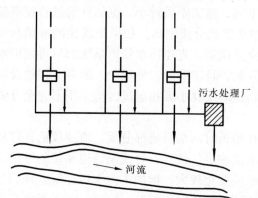

图1-23 半分流制排水系统

在工业企业中，一般采用分流制排水系统。然而，由于工业废水的成分和性质很复杂，不但与生活污水不宜混合，而且彼此之间也不宜混合，否则造成污水和污泥处理复杂化，给废水重复利用和有用物质的回收利用造成很大困难。所以，工业企业多数采用分质分流、清污分流的几种管道系统来分别排除污水。但如生产污水的成分和性质同生活污水类似时，可将生活污水和生产污水用同一管道系统来排除。

在一个城镇中，有时既有分流制，又有合流制，这种体制可称为混合制。该体制一般是在具有合流制的城镇需要扩建排水系统时出现的。在大城市中，因各区域的自然条件以及修建情况可能相差较大，因地制宜地在各区域采用不同的排水体制也是合理的，如美国的纽约以及我国的上海等城市便是这样形成的混合制排水系统。

合理地选择排水体制，是城镇和小区排水系统设计的重要问题，它不仅从根本上影响排水系统的设计、施工和维修管理，而且对城镇和小区的规划和环境保护影响深远，同时也影响排水系统的工程总投资和初期投资。通常，排水体制的选择，必须符合城镇建设规划，在满足环境保护要求的前提下，根据当地的具体条件，通过技术经济比较决定。

从城镇规划方面看，合流制仅有一条管渠系统，地下建筑相互间的矛盾较小，占地少，施工方便，但这种体制不利于城镇的分期发展。分流制管线多，地下建筑的竖向规划矛盾较大，占地多，施工复杂，但这种体制便于城镇的分期发展。

从环境保护方面看，直排式合流制不符合卫生要求，新建的城镇和小区已不再采用。完全合流制排水系统卫生条件好，有利于环境保护，但工程量大，初期投资大，污水厂的运行管理不便，特别是在目前我国经济实力还不雄厚的情况下，这种体制还暂不能采用。在老城市的改造中，常采用截流式合流制，充分利用原有的排水设施，与直排式相比，减小了对环境的危害，但仍有部分混合污水通过溢流井排入水体，环境污染问题依然存在。分流制排水系统的管线多，但卫生条件较好，虽然初降雨水对水体污染相当严重，但它比较灵活，容易适应社会发展的需要，一般又能符合城镇卫生的要求，所以在国内外得到推荐应用，而且也是城镇排水系统体制发展的方向。不完全分流制排水系统，初期投资少，有利于城镇建设的分期发展，在新建城镇和小区可考虑采用这种体制。半分流制卫生情况比较好，但管渠数量多，建造费用高，一般仅用在地面污染较严重的区域（如某些工业区）采用。

从投资方面看，排水管道工程占整个排水工程总投资的比例很大，一般约占60%~80%，所以排水体制的选择对基建投资影响很大，必须慎重考虑。合流制只敷设一条管渠，其管渠断面尺寸与分流制的雨水管渠相差不大，施工矛盾较小，据估计管道总投资较分流制低20%~40%，但泵站和污水处理厂的造价要比分流制高。如果是新建的城镇和小区，初期投资受到限制时，可以考虑采用不完全分流制，先建污水管道系统而后再建雨水管道系统，以节省初期投资，有利于城镇分期发展，且工期短，见效快，随着工程建设的发展，逐步建设雨水排水系统。我国过去许多新建的工业小区和居民区均采用不完全分流制排水系统。

从排水系统的管理上看，合流制管道系统在晴天时污水只是部分流，流速较低，容易产生沉淀。据经验，管道中的沉淀物易被暴雨水流冲走，这样，合流制管道系统的维护管理费用可以降低；但是，流入污水厂的水量和水质变化较大，增加了污水厂运行管理的复杂性。而分流制管道系统可以保证管内水流的流速，不致发生沉淀；同时，流入污水厂的水量和水质较合流制变化小得多，污水厂的运行管理易于控制。

总的看来，排水系统体制的选择，应根据城镇和工业企业规划、当地降雨情况、排放标准、原有排水设施、污水处理和利用情况、地形和水体条件等，在满足环境保护要求的前提下，全面规划，按近期设计，考虑远期发展，通过技术经济比较，综合考虑而定。一般情况下，新建的城镇和小区宜采用分流制和不完全分流制；老城镇的城区由于历史原因，一般已采用合流制，要改造成完全分流制难度较大，故在同一城镇内可采用不同的排水体制，旧城区可采用截流式合流制，易改建地区和新建的小区宜采用分流制或不完全分流制；在干旱少雨地区，或街道较窄地下设施较多而修建污水和雨水两条管线有困难的地区，也可考虑采用完全合流制。

第四节 给水排水管道工程规划与布置

一、给水排水管道工程规划原则与建设程序

给水排水管道系统规划是城市总体规划工作的重要组成部分，是对水源、供水系统、

排水系统的综合优化功能和工程布局进行的专项规划，是城市专业功能规划的重要内容。在城市规划工作中，称为给水排水工程规划。给水排水工程规划必须与城市总体规划相协调，规划内容和深度应与城市规划步骤相一致，充分体现城市规划和建设的合理性、科学性和可实施性。在给水排水工程规划中，又被划分为给水工程专项规划和排水工程专项规划。

（一）给水排水工程规划原则

1. 贯彻执行国家和地方的相关政策和法规

在进行给水排水工程规划时，必须认真贯彻执行国家及地方政府颁布的《城市规划法》、《环境保护法》、《水污染防治法》、《海洋环境保护法》、《水法》、《城市供水条例》等法律和法规及《城市给水工程规划规范》、《饮用水水源水质标准》、《生活饮用水卫生标准》、《防洪标准》等国家标准与设计规范，它是城市规划和工程建设的指导方针。

2. 给水排水工程规划要服从城镇总体规划

城镇及工业区总体规划中的设计规模、设计年限、功能分区布局、城镇人口的发展、居住区的建筑层数和标准以及相应的水量、水质、水压资料等，是给水排水工程规划的主要依据。

当地农业灌溉、航运、水利和防洪等设施和规划等是水源和排水出路选择的重要影响因素；城镇和工业企业的道路规划、地下设施规划、竖向规划、人防工程规划、防洪工程规划等单向工程规划对给水排水工程的规划设计都有影响，要全局出发，合理安排，构成城镇建设的有机整体。

3. 城市及工业企业规划时应兼顾给水排水工程

在进行城镇及工业企业规划时应考虑水资源条件，在水资源缺乏的地区，不宜盲目扩大城镇规模，也不应设置用水量大的工厂，水量大的工业企业一般应设在水源比较充沛的地方。

对于采用统一给水系统的城镇，一般在给水厂附近或地形较低处的建筑层次可以规划的较高些，在远离水厂或地形较高处的建筑层次则宜低些，对于工业企业生产用水量占供水量比例较大的城镇应把同一性质的工业企业适当集中，或者能把复用水的工业企业规划在一起，以便对相近性质的废水集中处理。

4. 近远期规划与建设相结合

给水排水工程一般可按远期规划，而按近期规划进行设计和分期建设。例如，近期给水工程先建一个水源、一条输水管以及树枝状配水管网，远期再逐步发展成多水源、多输水管和环状配水管网；地表水取水构筑物及取水泵房等土建工程如采用分期工程并不经济，故土建工程可按远期规模一次建成，但其内部设备则应按近期所需进行安装，投入使用后再分期安装或扩大；在环境容量许可的前提下，排水管网近期可就近排入水体，远期可采用截流式合流制并运送到污水处理厂进行处理，或近期先建污水与雨水合流排水管网，远期另建污水管网和污水处理厂，实现分流排水体制；排水主干管（渠）一般应按远期设计和建设更经济；给水排水的调节水池并不会随远期供水和排水量同步增大，因为远期水量变化往往较小，如计算远期水池调节容量增加不多，则可按远期设计和建设。

5. 要合理利用水资源和保护环境

给水水源有地表水源和地下水源，在选择前必须对所在地区水资源状况进行认真的勘察、研究，并根据城镇和工业总体规划以及农、林、渔、水、电等各行业用水的需要，进行综合规划、合理开发利用，同时要从供水水质的要求、水文地质及取水工程条件出发，考虑整个给水系统的安全和经济性。

6. 规划方案尽可能经济和高效

在保证技术合理和过程可行性的前提下，并努力提高给水排水工程投资效益和降低工程项目的运行成本，必要时进行多方面和多方案比较分析，选择尽可能经济的工程规划方案。

给水排水系统的体系结构对其经济性具有重要影响，对是否采用分区或分质给水或排水及其实施方案，应进行技术经济方案比较，认真论证。给水系统的供水压力应以满足大多数用户要求考虑，而不能根据个别的高层建筑或水压要求较高的工业企业来确定，在规划排水管道系统时，也不能因为局部地区地势低而降低整个管道系统的埋深，因而采取局部加压或提升措施。

（二）给水排水工程规划与建设程序

1. 给水排水工程规划的主要依据和内容

给水排水工程规划应以批准的当地城镇（地区）总体规划为主要依据。给水排水工程规划包括给水水源规划、给水处理厂规划、给水管网规划、排水管道规划、污水处理厂规划和废水排放与利用规划等内容。规划工作的主要任务是：

（1）确定给水排水系统的服务范围和建设规模；

（2）确定水资源综合利用与保护措施；

（3）确定系统的组成与体系结构；

（4）确定给水排水主要构筑物的位置；

（5）确定给水处理及污水处理的工艺流程与水质保证措施；

（6）进行给水排水管网规划和干管布置与定线；

（7）确定污水的处置方案及其环境影响评价；

（8）进行给水排水工程规划的技术经济比较，包括经济、环境和社会效益分析。

给水排水工程规划应以规划文本和说明书的形式进行表达。规划文本应阐述规划编制的依据和原则，确定近远期的用水量和排水量的计算依据和方法，以及对规划内容的分项说明。规划文本应有必要的附图，使规划的内容和方案更加直观、易读。与城市规划步骤一样，给水排水工程规划应从城市总体规划到详细实施方案进行综合考虑，分区、分级进行规划，规划内容应逐级展开和细化，而且应该按近期和远期分别进行，一般近期按 5~10 年进行规划，远期按 10~20 年进行规划。

2. 规划设计基础资料的调查

为了很好的完成给水排水工程的规划设计任务，首先应了解、研究规划设计任务书或批准文件的内容，弄清本工程的规划设计范围和具体要求，然后进行翔实的基础资料调查，其工作内容有：

（1）城镇总体规划资料的收集：工业布局、人口规划、公共设施、地下构筑物、交通网络、竖向规划、各专项工程规划等资料的收集；

（2）踏勘：按现状图对建设现场进行实际勘探，了解现状与城市规划的概貌，如流域的高程、坡度、坡向、建筑、道路、水资源及水环境概貌等内容，以便对工程作大体上的估计，并酝酿规划设计方案；

（3）测量：测定规划设计流域面积、分水线、等高线、道路交叉点高程、高地和低地的高程、控制点高程；

（4）给水和排水资料的收集：用水量标准、卫生设备情况、工业给水量和工业污水量以及水质情况、现有给水排水系统的情况等资料的收集；

（5）气象资料的收集：风向、风速、气温（平均气温、极端最高气温和极端最低气温）、空气湿度、降雨量或当地的雨量公式等资料的收集；

（6）水文、地质资料的调查：水体分布、河流流量、流向、水位、潮汐、地下水位、水源的水质、水体环境现状及综合利用规划，以及土质、冰冻深度、土壤承载力和地震等级等资料的调查；

（7）人力物力调查：本地区施工力量、建筑材料、电力供应的情况和价格、建筑及安装单位的等级和装备情况等的调查。

给水排水管道系统规划设计所需的资料范围比较广泛，其中有些资料虽然可由建设单位提供，但往往不够完善，个别地方不够准确。为了取得准确可靠充分的规划设计基础资料，规划设计人员必须到现场进行实地调查踏勘，必要时还应到提供原始资料的气象、水文、勘测等部门查询。并将收集到的资料进行整理分析、补充完善。

3. 给水排水工程建设程序

给水排水工程建设程序分为以下几个步骤：

（1）提出项目建议书：项目建议书由企业法人经过调查研究后提出，主要是从宏观上来衡量项目建设的必要性，同时初步分析建设的可能行；

（2）进行可行性研究：根据批准的项目建议书，对基建项目从经济上、技术上进行可行性论证，从环保方面进行环境影响评价。然后经由计划和环保部门审批，如获批准，按照项目隶属关系，由主管部门组织实施；

（3）编制设计文件：可行性研究和环境影响评价报告按规定程序审批后，企业法人通过招投标或其他形式确定设计单位，编制设计文件。由建设单位（称甲方）编制计划任务书，再由设计单位（乙方）根据批准的计划任务书和设计委托书进行工程设计；

（4）组织施工：由施工单位（丙方）根据审批的设计图纸进行施工，并且由建设单位聘请监理部门进行工程监理；

（5）竣工验收、交付使用：工程建成以后交建设单位验收使用。

给水排水管道工程的规划设计可分为三个阶段（初步设计、技术设计、施工图设计）或两个阶段（初步设计或扩大初步设计和施工图设计）进行。大中型项目一般采用两个阶段设计；重大工程或技术复杂而缺乏经验的工程采用三个阶段设计；非常简单的零星工程或进度要求紧迫的工程，在征得有关部门同意后可按一阶段设计，即用设计原则或设计方案代替扩初设计，以工程估算代替工程概算，经有关部门批准后即可进行施工图设计。

初步设计又称方案设计，主要是确定一些重大的原则性问题，以文字形式和简单图表完成设计文件，设计的深度只要能满足审批的需要即可；技术设计根据批准的初步设计进行，是初步设计的具体化，要完成设计图纸、设计计算书、说明书，列出设备材料，做出总预算，其设计深度要满足审批、施工图设计及施工前准备工作的需要；扩初设计是初步设计与技术设计合并在一个阶段进行的设计，它比初步设计做的深些，比技术设计做的浅些；施工图设计是根据批准了的技术设计（三阶段设计时）或扩初设计（两阶段设计时）进行，要完成施工图纸并能满足施工和安装的要求，要作出修正预算（三阶段设计时）或工程预算（两阶段设计时）。

在给水排水工程的规划设计过程中，往往先拟定出几个方案，通过技术经济比较后，再确定出一个经济合理、安全可靠、技术先进、社会和经济效益好的方案。任何一个设计阶段，都可能有方案的比较和选择的问题，但初步设计或扩初设计阶段，方案的选择尤为重要，它的确定常常需要上级主管部门和相关部门一起参加。

二、给水管网系统规划布置

给水管网系统是由输水系统和配水系统两大部分组成的，它是保证输水到给水区内并且配水到所有用户的全部设施。它包括输水管渠、配水管网、泵站、水塔和水池等。输水管渠是指从水源到城镇水厂或从城镇水厂到供水区域的管线或渠道，它中途一般不接用户，主要起转输水的作用；配水管网就是将输水管渠送来的水，输送到各用水区并分配到各用户的管道系统。对输水和配水系统的总的要求是：供给用户所需的水量、保证配水管网足够的水压、保证不间断供水。

（一）给水管网布置原则

给水管网的规划布置应符合下列基本原则：

(1) 按照城市总体规划，结合当地实际情况布置给水管网，并进行多方案技术经济比较；

(2) 管线应均匀地分布在整个给水区域内，保证用户有足够的水量和水压，并保持输送的水质不受污染；

(3) 力求以最短距离敷设管线，并尽量减少穿越障碍物等，以节约工程投资与运行管理费用；

(4) 必须保证供水安全可靠，当局部管线发生故障时，应保证不中断供水或尽可能缩小断水的范围；

(5) 尽量减少拆迁，少占农田或不占农田；

(6) 管渠的施工、运行和维护方便；

(7) 规划布置时应远近期相结合，考虑分期建设的可能性，并留有充分的发展余地。

给水管网的规划布置主要受给水区域下列因素影响：地形起伏情况；天然或人为障碍物及其位置；街道情况及其用户的分布情况，尤其是大用户的位置；水源、水塔、水池的位置等。

（二）给水管网布置的基本形式

尽管给水管网布置受上述原则和影响因素的制约，其形状有各种各样，但不外乎两种基本形式：树状管网和环状管网，如图1-24、图1-25所示。

树状管网：因管网布置成树枝状而得名。随着从水厂泵站或水塔到用户管线的延伸，其管径越来越小。显而易见，树状网的供水可靠性较差，因为管网中的任一段管线损坏时，在该管线以后的所有管线就会断水。另外，在树状网的末端，因用水量已经很小，管中的水流缓慢，甚至停滞不流动，因此水质容易变坏。但这种管网的总长度较短，构造简单，投资较省。因此最适用于小城镇和小型工矿企业采用，或者在建设初期采用树状管网，待以后条件具备时，再逐步发展成环状管网。

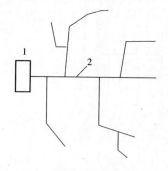
图 1-24 树状管网
1—二级泵站；2—管网

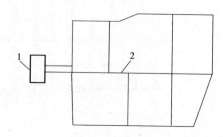
图 1-25 环状管网
1—二级泵站；2—管网

环状管网：这种管网中管线间连接成环状，当任一段管线损坏时，可以关闭附近的阀门，与其余的管线隔开，然后进行检修，水还可从另外管线供应用户，断水的地区可以缩小，从而增加供水可靠性。环状网还可以大大减轻因水锤作用产生的危害，而在树状管网中，则往往因此而使管线损坏。但是，环状管网管线总长度较大，建设投资明显高于树状管网。环状管网使用于对供水连续性、安全性要求较高的供水区域，一般在大、中城镇和工业企业中采用。

一般在城镇建设初期可采用树状网，以后随着供水事业的发展逐步连成环状网。实际上，现有城市的给水管网，多数是将树状网和环状网结合起来。在城市中心地区，布置成环状网，在郊区则以树状网形式向四周延伸。供水可靠性要求较高的工矿企业须采用环状网，并用树状网或双管输水至个别较远的车间。

给水管网规划布置方案直接关系到整个给水工程投资的大小和施工的难易程度，并对今后供水系统的安全可靠运行和经营管理等有较大的影响。因此，在进行给水管网具体规划布置时，应深入调查研究，充分占有资料，对多个可行的布置方案进行技术经济比较后再加以确定。

（三）给水管网定线

给水管网定线是指在地形平面图上确定管线的位置和走向。定线时一般只限于管网的干管以及干管的连接管，不包括从干管到用户的分配管和接到用户的进水管。

1. 城镇给水管网

由于城镇给水管线一般敷设在街道下，就近供水给两侧用户，所以管网的形状常随城镇的总平面布置图而定。如图 1-26 所示，图中实线表示干管，管径较大，用以输水到各地区。虚线表示分配管，它的作用是从干管取水供给用户和消火栓；管径较小，常由城市消防流量决定所需最小的管径。

城镇给水管网定线取决于城镇平面布置，供水区的地形，水源和调节构筑物位置，街区和用户特别是大用户的分布，河流、铁路、桥梁的位置等。定线时可按以下步骤和要点进行：定线时干管的延伸方向应与水源（二级泵站）输水管渠、水池、水塔、大用户的水流方向基本一致。随水流方向以最短的距离布置一条或数条干管，干管位置应从用水量较大的街区通过。干管的间距，一般为 500～800m 左右。从经济上来说，给水管网的布置采用一条干管接出许多支管形成树状网，费用最省，但从供水可靠性着想，以布置几条接近

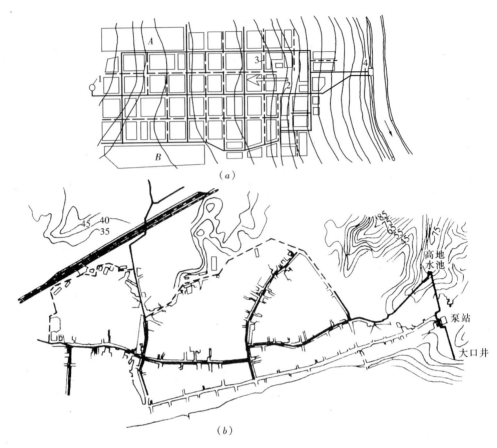

图 1-26 城镇给水管网布置
(a) 干管和分配管布置；(b) 某城镇干管管网布置
1—水塔；2—干管；3—分配管；4—水厂；A、B—工业区

平行的干管并形成环状网为宜。所以应在干管与干管之间的适当位置设置连接管以形成环状管网。连接管的作用在于局部管线损坏时，可以通过它重新分配流量，从而缩小断水范围，提高供水管网系统的可靠性。连接管之间的间距一般在 800~1000m 左右。干管与干管、连接管与连接管之间距的大小，主要取决于供水区域大小和要求，一般是在保证供水要求的前提下，干管和连接管的数量尽量减少，以节省投资。

干管一般按城镇规划道路定线，尽量避免在高级路面或重要道路下通过，以减少今后检修时的困难。管线在道路下的平面位置和标高，应符合城镇或厂区地下管线综合设计的要求，给水管线与构筑物、铁路以及其他管道的水平净距，均应参照有关规定。

在供水范围内的道路下还需敷设分配管，以便把干管的水送到用户和消火栓，最小分配管直径为 100mm，大城市采用 150~200mm，主要原因是使通过消防流量时分配管中的水头损失不致过大，以免火灾地区的水压过低。

接户管一般连接于分配管上，以将水接入用户的配水管网。一般每一用户设一条接户管，重要或用水量较大的用户可采用两条或数条，并由不同方向接入，以增加供水的可靠性。

为了保证给水管网的正常运行以及消防和管网的维修管理工作，管网上必须安装各种必要的附件，如阀门、消防栓、排气阀和泄水阀等。阀门是控制水流、调节流量和水压的重要设备，阀门的布置应能满足故障管段的切断需要，其位置可结合连接管或重要支管的节点位置；消防栓易设在使用方便、明显易见之处，如路口、道边等位置。

在干管的高处应装设排气阀，用以排除管中积存的空气，减少水流阻力；当管线损坏出现真空时，空气可经该阀门进入水管。在管线低处和两阀门之间的低处，应装设泄水管，管上须安装阀门，用来在检修时放空管内积水或平时用来排除管内的沉积物。泄水管及泄水阀布置应考虑排水的出路。

考虑了上述要求，城镇管网将是树状网和若干环组成的环状网相结合的形式，管线大致均匀地分布于整个给水区域内。

2．工业企业管网

工业企业管网定线的原则与城镇管网大致相同，但工业企业管网的布置根据企业的性质不同也有它自己的特点。大型工业企业的各车间用水量一般较大，生产用水管网不像城镇给水管网那样易于划分干管和分配管，所以定线和计算时都要加以考虑。

根据企业内的生产用水和生活用水对水质和水压的要求，两者可以合用一个管网，或者可按水质或水压的不同要求分建两个管网，即使是生产用水，由于各车间对水质和水压的要求不完全一样，因此，在同一工业企业内，往往根据水质和水压要求，分别布置管网，形成分质、分压的管网系统。消防用水管网通常不单独设置，而是由生活或生产给水管网供给消防用水。

工业企业内的管网定线比城镇管网简单，因为厂区内车间位置明确，车间用水量大且比较集中，易于做到以最短的管线到达用水量大的车间的要求。但是，由于某些工业企业有许多地下建筑物和管线，地面上又有各种运输设施，这种情况下，管线定线就比较困难。

（四）输水管渠定线

输水管渠线路的选择，涉及城乡工农业诸方面的问题，线路选择的合理与否，对工程投资、建设周期、运行和管理等均产生直接影响，尤其对跨流域、远距离输水工程的影响将会更大，因此必须全面考虑，慎重选定。

当水源、水厂和配水区的位置较近时，输水管渠的定线问题并不突出。但是由于城镇需水量的快速增长，以及环境污染的日趋严重，为了从水量充沛、水质良好、便于防护的水源地取水，就须有几十千米甚至几百千米以外取水的远距离输水管渠，定线就比较复杂。例如，天津的最高日流量为 300 万 m^3、输水距离达 $234km$ 的引滦入津工程；上海黄浦江上游引水工程；秦皇岛、邯郸的数十千米的输水工程等。这些工程技术相当复杂，投资也很大。

输水管渠在整个给水系统中是很重要的。它的一般特点是距离长，因此与河流、高地、交通路线等的交叉较多。多数情况下，输水管渠定线时，缺乏现成的地形平面图可以参照。如有地形图时，应先在图上初步选定几种可能的定线方案，然后到现场沿线踏勘了解，从投资、施工、管理等方面，对各种方案进行技术经济比较后再做决定。缺乏地形图时，则需在踏勘选线的基础上，进行地形测量，绘出地形图，然后在图上确定管线位置。

输水管渠定线时，必须与城市建设规划相结合，尽量缩短线路长度，减少拆迁，少占农田或不占农田，以利于管渠施工和运行维护，保证供水安全；应选择最佳的地形和地质条件，尽量沿现有道路定线，以便施工和检修；减少与铁路、公路和河流的交叉；管线避免穿越滑坡、岩层、沼泽、高地下水位和河水淹没与冲刷地区，以降低造价和便于管理。

当输水管渠定线时，经常会遇到山嘴、山谷、山岳等障碍物以及穿越河流和干沟等。这时应考虑：在山嘴地段是绕过山嘴还是开凿山嘴；在山谷地段是延长路线绕过还是用倒虹管穿过；遇独山时是从远处绕过还是开凿隧洞通过；穿越河流或干沟时是用过河管还是倒虹管等。即使在平原地带，为了避开工程地质不良地段或其他障碍物，也须绕道而行或采取有效措施穿过。

为保证安全用水，可以用一条输水管渠而在用水区附近建造水池进行流量调节，或者采用两条输水管渠。输水管渠条数主要根据输水量、事故时需保证的用水量、输水管渠长度、当地有无其他水源和用水量增长情况而定。供水不许间断时，输水管渠一般不宜少于两条。当输水量小、输水管长或有其他水源可以利用时，可考虑单管渠输水另加调节水池的方案。

为避免输水管渠局部损坏时，输水量降低过多，可在平行的 2 条或 3 条输水管渠之间设置连接管和阀门，以缩小事故检修时的断水范围。

输水管敷设应有一定的坡度，输水管的最小坡度应大于 $1:5D$（D 为管径，以 mm 计）。输水管线坡度小于 $1:1000$ 时，应每隔 $0.5\sim1.0$km 装设排气阀。即使在平坦地区，埋管时也应做成上升和下降的坡度，以便在管坡顶点设排气阀，管坡低处设泄水阀。排气阀一般以每千米设一个为宜，在管线起伏处应适当增设。管线埋深应按当地条件决定，在严寒地区敷设的管线应注意防止冰冻。

图 1-27 为输水管渠的平面和纵断面图。

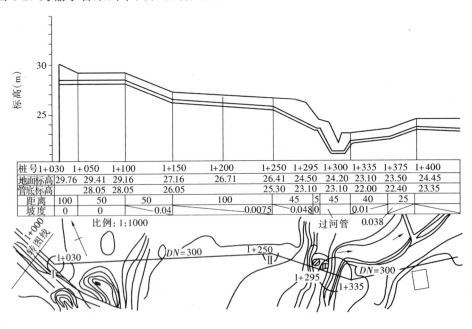

图 1-27 输水管平面和纵断面图

三、排水管道系统规划布置

（一）排水管道系统布置原则

(1) 按照城市总体规划，结合当地实际情况布置排水管道，并对多方案进行技术经济比较；

(2) 首先确定排水区界、排水流域和排水体制，然后布置排水管道，应按从主干管、干管、支管的顺序进行布置；

(3) 充分利用地形，尽量采用重力流排除污水和雨水，并力求使管线最短和埋深最小；

(4) 协调好与其他地下管线和道路等工程的关系，考虑好与企业内部管网的衔接；

(5) 规划时要考虑到使管渠的施工、运行和维护方便；

(6) 规划布置时应远近期相结合，考虑分期建设的可能性，并留有充分的发展余地。

(二) 排水管道系统布置形式

1. 城镇排水管道系统的布置形式

城镇排水管道系统在平面上的布置，应根据地形、竖向规划、污水厂的位置、土壤条件、河流情况以及污水种类和污染程度等因素而定。下面介绍几种以地形为主要考虑因素的布置形式（图1-28）。

在地势向水体适当倾斜的地区，各排水流域的干管可以最短距离沿与水体垂直相交的方向布置，这种布置也称正交式布置（图1-28a）。正交布置的干管长度短，管径小，因而较经济，污水和雨水排出也迅速，这种布置形式多用于原老城市合流制排水系统。但由于污水未经处理就直接排放，会使水体遭受严重污染，影响环境。因此，在现代城镇中，这种布置形式仅用于排除雨水。若沿低边再敷设主干管，并将各干管的污水截流送至污水厂，这种布置形式称截流式布置（图1-28b），所以截流式是正交式发展的结果。截流式布置对减轻水体污染，改善和保护环境有重大作用。它适用于分流制排水系统，将生活污水、工业废水及初降雨水经处理后排入水体；也适用于区域排水系统，区域主干管截流各城镇的污水送到区域污水厂进行处理。

在地势向河流方向有较大倾斜的地区，为了避免因干管坡度过大而导致管内流速过大，使管道受到严重冲刷或跌水井过多，可使干管与等高线及河道基本上平行，主干管与等高线及河道成一倾斜角敷设，这种布置也称平行式布置（图1-28c）。

在地势高低相差很大的地区，当污水或雨水不能靠重力流至污水厂或出水口时，可采用分区布置形式（图1-28d）。这时，可分别在高地区和低地区敷设独立的管道系统。高地区的污水或雨水靠重力流直接流入污水厂或出水口，而低地区的污水或雨水用水泵抽送至高地区污水厂或干管。这种布置只能用于个别阶梯地形或起伏很大的地区，它的优点是能充分利用地形排水，节省电力。

当城镇中央部分地势高，且向周围倾斜，四周又有多处排水出路时，各排水流域的干管常采用辐射状分散布置（图1-28e），各排水流域具有独立的排水系统。这种布置具有干管长度短，管径小，管道埋深浅，便于污水灌溉等优点，但污水厂和泵站（如需设置时）的数量将增多。在地势平坦的大城市，采用辐射状分散布置可能是比较有利的，如上海等城市便采用了这种布置形式。近年来，由于建造污水厂用地不足以及建造大型污水厂的基建投资和运行管理费用也较建造小型污水厂经济等原因，故不希望建造数量多规模小的污水厂，而倾向建造规模大的污水厂。所以，可沿四周布置主干管，将各干管的污水截流送往污水厂集中处理（雨水就近排入水体），这样就由分散式发展成环绕式布置（图1-28f）。

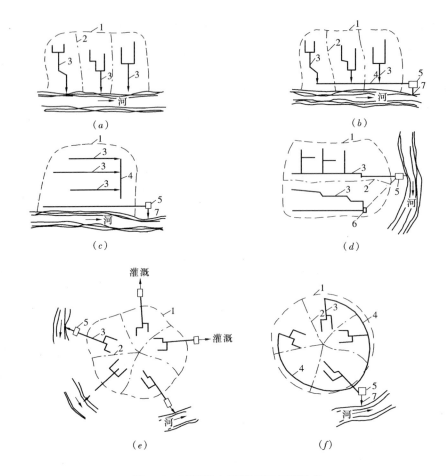

图 1-28 城镇排水管道系统布置形式
(a) 正交式;(b) 截流式;(c) 平行式;(d) 分区式;(e) 分散式;(f) 环绕式
1—城镇边界;2—排水流域分界线;3—干管;
4—主干管;5—污水厂;6—泵站;7—出水口

由于各城市地形差异很大,大中城市不同区域的地形条件也不相同,排水管道的布置要紧密结合各区域地形的特点和排水体制进行,同时要考虑排水管渠流动的特点,即大流量干管坡度小,小流量支管坡度大。实际工程往往结合上述几种布置形式,构成丰富的具体布置形式。

2. 区域排水系统

区域是按照地理位置、自然资源和社会经济发展情况划定的,这种规划可以在一个更大范围内统筹安排经济、社会和环境的发展关系。区域规划有利于对污水的所有污染源进行全面规划和综合整治以及水污染防治,有利于建立区域(或称流域)性排水系统。

将两个以上城镇地区的污水统一排除和处理的系统,称做区域(或流域)排水系统。这种系统是以一个大型区域污水厂代替许多分散的小型污水厂,这样就能降低污水厂的基建和运行管理费用,而且能可靠地防止工业和人口稠密地区的地面水污染,改善和保护环境。实践证明,生活污水和工业废水的混合治理效果以及控制的可靠性,大型区域污水厂比分散的小型污水厂要高。所以,区域排水系统由局部单项治理发展至区域综合治理,是控制水污染、改善和保护环境的新发展。要解决好区域综合治理,应运用系统工程学的理论和方法以及现代计算技术和控制理论,对复杂的各种因素进行系统分析,建立各种模拟试验和数学模式,寻找污染控制的设计和管理的最优化方案。

图1-29为某地区的区域排水系统平面示意图。全区有六座已建和新建城镇,在已建的城镇中均分别建了污水厂。按区域排水系统的规划,废除了原建成的各城镇污水厂,用一个区域污水厂处理全区域排出的污水,并根据需要设置了泵站。

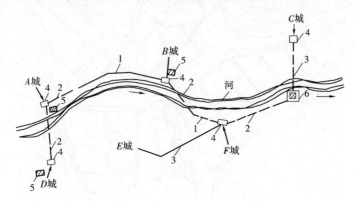

图1-29　区域排水系统平面示意图
1—区域干管;2—压力管道;3—新建城市污水干管;
4—泵站;5—废除的城镇污水厂;6—区域污水厂

区域排水系统在欧美、日本等一些国家,正在推广使用。它具有:(1)污水厂数量少,处理设施大型化,每单位水量的基建和运行管理费用低,因而经济;(2)污水资源利用与污水排放的体系合理化,而且可能形成统一的水资源管理体系等方面的优点。但是,它也具有:(1)当排入大量工业废水时,有可能使污水处理发生困难;(2)工程设施规模大,造成运行管理困难,而且一旦污水处理厂运行管理不当,对整个河流影响较大;(3)因工程设施规模大,发挥效益就慢等方面的缺点。

(三)污水管道系统布置

污水管道系统布置的主要内容有:确定排水区界,划分排水流域;选择污水厂出水口的位置;拟定污水主干管及干管的路线;确定需要提升的排水区域和设置泵站的位置等。平面布置的正确合理,可为设计阶段奠定良好基础,并使整个排水系统投资节省。

1. 确定排水区界、划分排水流域

污水排水系统设置的界限为排水区界。它是根据城市规划的设计规模确定的。一般情况下,凡是卫生设备设置完善的建筑区都应布置污水管道。

在排水区界内,一般根据地形划分为若干个排水流域。在丘陵和地形起伏的地区,流域的分界线与地形的分水线基本一致,由分水线所围成的地区即为一个排水流域。在地形平坦无显著分水线的地区,应使主干管在最大埋深的情况下,让绝大部分污水自流排出。如有河流或铁路等障碍物贯穿,应根据地形情况,周围水体情况及倒虹管的设置情况等,通过方案比较,决定是否分为几个排水流域。每一个排水流域应有一根或一根以上的干管,根据流域高程情况,就能确定干管水流方向和需要污水提升的地区。

图1-30表示某市排水流域的划分。该市被河流划分为4个区域,根据自然地形,划

27

分为4个排水流域。每个流域内有一条或若干条干管，Ⅰ、Ⅲ两流域形成河北排水区，Ⅱ、Ⅳ两流域形成河南排水区，两排水区的污水分别进入各区的污水厂，经处理后排入河流。

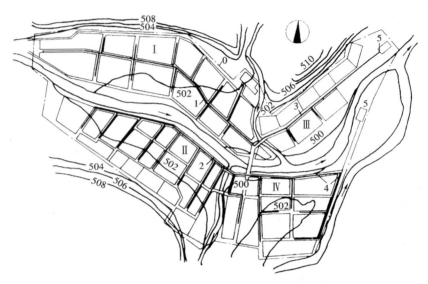

图 1-30 某市排水流域的划分及污水管道平面布置
0—排水区界；Ⅰ、Ⅱ、Ⅲ、Ⅳ—排水流域编号；
1、2、3、4—各排水流域干管；5—污水处理厂

2. 污水厂和出水口位置的选定

现代化的城镇，需将各排水流域的污水通过主干管送到污水厂，经处理后再排放，以保护受纳水体。因此，在污水管道系统的布置时，应遵循以下原则选定污水厂和出水口的位置：

（1）出水口应位于城市河流的下游。

（2）出水口不应设回水区，以防回水区的污染。

（3）污水厂要位于河流的下游，并与出水口尽量靠近，以减少排放渠道的长度。

（4）污水厂应设在城镇夏季主导风向的下风向，并与城镇、工矿企业以及郊区居民点保持300m以上的卫生防护距离。

（5）污水厂应设在地质条件较好，不受雨洪水威胁的地方，并有扩建的余地。

综合考虑以上原则，在取得当地卫生和环保部门同意的条件下，确定污水厂和出水口的位置。

3. 污水管道的布置与定线

污水管道平面布置，一般按主干管、干管、支管的顺序进行。在总体规划中，只决定污水主干管、干管的走向与平面位置。在详细规划中，还要决定污水支管的走向及位置。

在进行定线时，要在充分掌握资料的前提下综合考虑各种因素，使拟定的路线能因地制宜的利用有利条件避免不利条件。通常影响污水管道平面布置的主要因素有：地形和水文地质条件；城市总体规划、竖向规划和分期建设情况；排水体制、路线数目；污水处理利用情况、污水处理厂和排放口位置；排水量大的工业企业和公共建筑情况；道路和交

通情况;地下管线和构筑物的分布情况。

地形是影响管道定线的主要因素。定线时应充分利用地形,在整个排水区域较低的地方,如集水线或河岸低处敷设主干管及干管,便于支管的污水自流接入。地形较复杂时,宜布置成几个独立的排水系统,如由于地表中间隆起而布置成两个排水系统。若地势起伏较大,宜布置成高低区排水系统,高区不宜随便跌水,利用重力排入污水厂并减少管道埋深;个别低洼地区应局部提升。

污水主干管的走向与数目取决于污水厂和出水口的位置与数目。如大城市或地形平坦的城市,可能要建几个污水厂,分别处理与利用污水,这就需设几个主干管。若几个城镇合建污水厂,则需建造相应的区域污水管道系统。

污水干管一般沿城镇道路敷设,不宜设在交通繁忙的快车道下和狭窄的道路下,也不宜设在无道路的空地上,而通常设在污水量较大或地下管线较少一侧的人行道、绿化带或慢车道下。道路宽度超过 40m 时,可考虑在道路两侧各设一条污水管,以减少连接支管的数目以及与其他管道的交叉,并便于施工、检修和维护管理。污水干管最好以排放大量工业废水的工厂(或污水最大的公共建筑)为起端,除了能较快发挥效用外,还能保证良好的水力条件。某城市污水管道布置如图 1-30 所示。

污水支管的平面布置取决于地形及街区建筑特征,并应便于用户接管排水。当街区面积较小而街区污水管道可采用集中出水方式时,街道支管敷设在服务街区较低侧的街道下,如图 1-31(a)所示,称低边式布置;当街区面积较大且地形平坦时,宜在街区四周的街道敷设污水支管,如图 1-31(b)所示,建筑物的污水排出管可与街道支管连接,称周边式;当街区已按规定确定,街区内的污水管道已按各建筑物的需要设计,组成一个系统时,可将该系统穿过其他街区并与所穿过的街区的污水管道相连接,如图 1-31(c)所

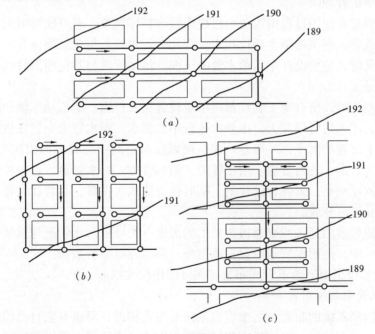

图 1-31　污水支管的平面布置
(a)低边式;(b)周边式;(c)穿坊式

示，称为穿坊式布置。

4. 确定污水管道系统的控制点和泵站的设置地点

控制点是指在污水排水区域内，对管道系统的埋深起控制作用的点。各条干管的起点一般都是这条管道的控制点。这些控制点中离出水口最远最低的点，通常是整个管道系统的控制点。具有相当深度的工厂排出口也可能成为整个管道系统的控制点，它的埋深影响整个管道系统的埋深。

确定控制点的管道埋深，一方面应根据城市的竖向规划，保证排水区域内各点的污水都能自流排出，并考虑发展留有适当的余地；另一方面，不能因照顾个别点而增加整个管道系统的埋深。对于这些点，应采取加强管材强度、填土提高地面高程以保证管道所需的最小覆土厚度，设置泵站提高管位等措施，以减小控制点的埋深，从而减小整个管道系统的埋深，降低工程造价。

在排水管道系统中，当管道的埋深超过最大允许埋深时，应设置泵站以提高下游管道的管位，这种泵站称为中途泵站；当地形起伏较大时，往往需要将地势较低处的污水抽升至地势较高地区的污水管道中，这种抽升局部地区污水的泵站称为局部泵站；污水管道系统终点的埋深一般都很大，而污水厂的第一个处理构筑物埋深较浅，或设在地面以上，这时需要将管道系统输送来的污水抽升到第一个处理构筑物中，这种泵站称为终点泵站或总泵站。泵站设置的具体位置，应综合考虑环境卫生、地址、电源和施工条件等因素，并征得规划、环保、城建等部门的许可。

5. 确定污水管道在街道下的具体位置

随着城镇现代化水平的进展，街道下各种管线以及地下工程设施越来越多，这就需要在各单项管道工程规划的基础上，综合规划，统筹考虑，合理安排各种管线的空间位置，以利于施工和维护管理。

由于污水管道在使用过程中难免会出现渗漏和损坏现象，有可能对附近建筑物和构筑物的基础造成危害，甚至污染生活饮用水。因此，污水管道与建筑物应有一定间距，与生活给水管道交叉时，应敷设在生活给水管的下面。污水管道与其他地下管线或构筑物的最小净距参照附录1-1。

管线综合规划时，所有地下管线都应尽量设置在人行道、非机动车辆和绿化带下，只有在不得已时，才考虑将埋深大，维修次数较小的污水、雨水管道布置在机动车道下。各种管线在平面上布置的次序，一般是从建筑规划线向道路中心线方向依次为：电力电缆、电讯电缆、煤气管道、热力管道、给水管道、雨水管道、污水管道。若各种管线布置时发生冲突，处理的原则是：未建让已建的，临时性管让永久性管，小管让大管，有压让无压管，可弯管让不可弯管。

在地下设施较多的地区或交通极为繁忙的街道下，可把污水管道与其他管线集中设置在隧道（管廊）中，但雨水管道应设在隧道外，并与隧道平行敷设。

图1-32为某市街道下地下管线布置实例（图中尺寸以 m 计）。

(四) 雨水管渠系统布置

城市雨水管渠系统的布置与污水管道系统的布置相近，但也有它自己的特点。雨水管渠规划布置的主要内容有：确定排水流域与排水方式，进行雨水管渠的定线；确定雨水泵房、雨水调节池、雨水排放口的位置等。

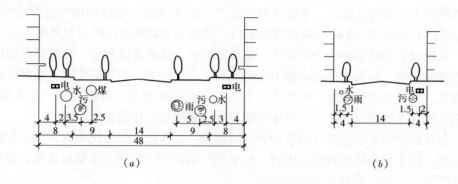

图 1-32 某市街道地下管线布置
(a) 双侧布置；(b) 单侧布置

雨水管渠系统的布置，要求使雨水能顺畅及时地从城镇和厂区内排出去。一般可从以下几个方面进行考虑：

(1) 充分利用地形，就近排入水体。规划雨水管线时，首先按地形划分排水区域，进行管线布置。根据分散和直捷的原则，尽量利用自然地形坡度，多采用正交式布置，以最短的距离重力流排入附近的池塘、河流、湖泊等水体中。只有当水体位置较远且地形较平坦或地形不利的情况下，才需要设置雨水泵站。一般情况下，当地形坡度较大时，雨水干管宜布置在地形低处或溪谷线上。当地形平坦时，雨水干管宜布置在排水流域的中间，以便尽可能扩大重力流排出雨水的范围。

(2) 根据街区及道路规划布置雨水管道。通常应根据建筑物的分布、道路的布置以及街坊或小区内部的地形、出水口的位置等布置雨水管道，使街坊和小区内大部分雨水以最短距离排入雨水管道。道路边沟最好低于相邻街区地面标高，尽量利用道路两侧边沟排除地面径流。雨水管渠应平行与道路敷设，宜布置在人行道或草地下，不宜设在交通量大的干道下。当路宽大于 40m 时，应考虑在道路两侧分别设置雨水管道。雨水干管的平面和竖向布置应考虑与其他地下管线和构筑物在相交处相互协调，以满足其最小净距的要求。

(3) 合理布置雨水口，保证路面雨水顺畅排除。雨水口的布置应根据地形和汇水面积

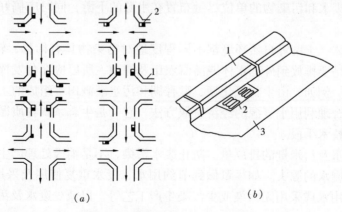

图 1-33 道路交叉口雨水口的布置
(a) 雨水口在道路上的布置；(b) 道路边雨水口布置
1—路边石；2—雨水口；3—道路路面

确定,以使雨水不至漫过路口。一般在道路交叉口的汇水点、低洼地段均应设置雨水口。此外,在道路上每隔25~50m也应设置雨水口。道路交叉口雨水口的布置见图1-33所示。

(4) 采用明渠和暗渠相结合的形式。在城市市区,建筑密度较大、交通频繁地区,应采用暗管排除雨水,尽管造价高,但卫生情况好,养护方便,不影响交通;在城市郊区或建筑密度低、交通量小的地方,可采用明渠,以节省工程费用,降低造价。在地形平坦、深埋和出水口深度受限制的地区,可采用暗渠(盖板明渠)排除雨水。

(5) 出水口的设置。当出口的水体离流域很近,水体的水位变化不大,洪水位低于流域地面标高,出水口的建筑费用不大时,宜采用分散出口,以便雨水就近排放,使管线较短,减小管径。反之,则可采用集中出口。

(6) 调蓄水体的布置。充分利用地形,选择适当的河湖水面作为调蓄池,以调节洪峰流量,降低沟道设计流量,减少泵站的设置数量。必要时,可以开挖池塘或人工河,以达到调节径流的目的。调蓄水体的布置应与城市总体规划相协调,把调蓄水体与景观规划结合起来,亦可以把贮存的水量用于市政绿化和农田灌溉。

(7) 排洪沟的设置。城市中靠近山麓建设的中心区、居住区、工业区,除了应设雨水管道外,还应考虑在规划地区周围设置排洪沟,以拦截从分水岭以内排泄下来的雨洪水,并将其引入附近水体,避免洪水的损害。

(五)废水的综合治理

城市污水和工业废水是造成水体污染的一个重要污染源。实践证明,对废水进行综合治理并纳入水污染防治体系,是解决水体污染的重要途径。

废水综合治理应当对废水进行全面规划和综合治理。做好这一工作是与很多因素有关的,如要求有合理的生产布局和城市区域功能规划;要合理利用水体、土壤等自然环境的自净能力;严格控制废水和污染物的排放量;做好区域性综合治理及建立区域排水系统等等。

合理的工业布局,有利于合理开发和利用自然资源,达到既保证自然资源的充分利用,并获得最佳的经济效果,又能使自然资源和自然环境免受破坏,减少废水及污染物的排放量。合理的生产布局也有利于区域污染的综合防治,合理地规划居住区、商业区、工业区等,使产生废水和污染物的单位尽量布置在水源的下游,同时应搞好水源保护和污水处理工程规划等。

各地区的水体、土壤等自然环境都不同程度地对污染物具有稀释、转化、净化能力,而污水最终出路是要排放到外部水体或灌溉农田及绿地,所以应充分发挥和合理利用自然环境的自净能力。例如,由生物氧化塘、贮存湖和污水灌溉田等组成的土地处理系统便是一种节约能源和合理利用水资源的经济有效方法,它又是生态系统物质循环和能量交换的一种经济高效的技术手段。

严格控制污水及污水量的排放量。防止废水污染,不是消极处理已生产的废水,而是控制和消除产生废水的源头。如尽量做到节约用水、废水重复使用及采用闭路循环系统、发展不用水或少用水或采用无污染或少污染生产工艺等,以减少废水及污染物的排放量。

思 考 题

1. 试分别说明给水系统和排水系统的功能。

2. 根据用户使用水的目的，通常将给水分为哪几类？
3. 根据废水的性质和来源不同，废水可分为哪些类型？并用实例说明之。
4. 给水排水系统的组成有哪些？各系统包括哪些设施？
5. 给水排水系统各部分的流量是否相同？若不同，又是如何调节的？
6. 水在输送中的压力方式有哪些？各有何特点？
7. 给水排水管道系统有哪些功能？
8. 给水排水管道系统是由哪些部分组成的？并分别说明各组成部分的作用。
9. 试说明给水管网系统的类型及其特点有哪些？
10. 什么是排水系统的体制？并简要说明如何进行体制的选择。
11. 给水排水工程规划的主要任务是什么？
12. 给水排水工程的建设程序有哪些？
13. 给水管网的规划布置应符合哪些基本原则？
14. 给水管网布置的两种基本形式是什么？试比较它们的优缺点。
15. 简要叙述给水管网定线时保证经济性和安全性的方法有哪些？
16. 排水管道系统规划应遵循哪些原则？
17. 以地形为主要考虑因素，城镇排水管道系统有哪些布置形式？
18. 什么是区域排水系统？有哪些优缺点？
19. 污水管道系统布置的主要内容有哪些？
20. 什么是控制点？在确定控制点的管道埋深应考虑哪些方面？
21. 雨水管渠系统的布置一般要考虑哪些方面？

第二章 给水排水管道工程水力学基础

在给水排水管道工程设计计算中，我们所遇到和需要解决的问题，最多的还是水力计算问题。因此，为了更好的解决工程实际问题，必须熟练掌握水力学的基本概念和基本理论。

第一节 基 本 概 念

一、管道内水流特征

水的流动有层流、紊流和介于两者之间的过渡流三种流态，在不同流态下水流的阻力特性也不相同，因此，在进行水力计算前要首先进行流态的判别。判别流态采用临界雷诺数 Re_k 表示，经多次实验测定，临界雷诺数大都稳定在 2000 左右，当计算出的雷诺数 Re 小于 2000 时，一般为层流，当 Re 大于 4000 时，一般为紊流，当 Re 介于 2000 到 4000 之间时，水流状态不稳定，属于过渡流态。

但对给水排水管道进行水力计算时，均按紊流考虑，因为绝大多数情况下管道里水流确实处于紊流流态。以圆管满流为例，给水排水管道中管道水流流速一般在 0.5~2.5m/s 之间，管径一般在 0.1~1.0m 之间，水温一般在 5~25℃ 之间，水的动力粘度系数约在 $1.52~0.89 \times 10^{-6}$ 之间。经计算得水流雷诺数一般约在 33000~2800000 之间，显然处于紊流状态。对于排水管道中常用的非满管流和非圆管流，情况也基本上是相同的。

紊流流态又分为三个阻力特征区：紊流光滑区、紊流过渡区及紊流粗糙管区。在紊流粗糙管区，管渠水头损失与流速平方成正比，故又称为阻力平方区；在水力光滑管区，管渠水头损失约与流速的 1.75 次方成正比，而在过渡区，管渠水头损失与流速的 1.75~2.0 次方成正比。紊流三个阻力区的判别，可通过水力计算进行确定，主要与管径（或水力半径）及管壁粗糙度有关。给水排水管道中，在常用管材的直径与粗糙度范围内，经计算，阻力平方区与过渡区的流速界限在 0.6~1.5m/s 之间，过渡区与光滑区的流速界限则在 0.1m/s 以下。由于给水排水管道中的管内流速一般在 0.5~2.5m/s 之间，水流均处于紊流过渡区和阻力平方区，不会到达紊流光滑管区。当管壁较粗糙或管径较大时，水流多处于阻力平方区。当管壁较光滑或管径较小时，水流多处于紊流过渡区。

二、有压流与无压流

水体沿流程整个周界固体壁面接触，而无自由液面，这种流动称为有压流或压力流。它是一种满管流动的液体，故又称为管流。其任意一点的动水压强一般与大气压强不等，例如给水管道中的水流一般都是有压流。有压流的水流阻力主要依靠水的压能克服，阻力大小只与管道内壁粗糙程度、管道长度和流速有关，与管道埋设深度和坡度等无关。

如果水体沿流程一部分周界与固体壁面接触，另一部分与空气接触，具有自由液面，这种流动称为无压流或重力流，它是一种非满管流动的液体，故又称为明渠流。其液面上的各点压力不变,通常就是大气压强。例如,渠道和排水管道中的水流,一般都是无压流。无压流输水通过管道或渠道进行,水流常常不充满管渠,水流的阻力主要依靠水的位能克服,形成水面沿水流方向降低,称为水力坡降。无压流输水时,要求管渠的埋设高程随着水流水力坡度下降。

给水排水管道根据需要和实际情况,可以采取有压流输水或无压流输水两种方式。给水管道基本上采用有压流输水方式,而排水管道大都采用无压流输水方式。但是,在给水长距离输水时,当地形条件允许时也可以采用无压流或有压流与无压流相结合的形式输水以降低输水成本。对于排水管网,泵站出水管和倒虹管均为压力流,排水管道的实际过流超过设计能力时也会形成压力流。

从水流断面形式看,由于圆管的水力条件和结构性能好,在给水排水管道中采用最多,特别是有压流输水基本上采用圆管。圆管也用于无压流输水,当管道埋于地下时,圆管能很好地承受土壤的压力。除圆管外,明渠或暗渠一般只能用于无压流输水,其断面形状有多种,以梯形和矩形居多,具体内容详见第九章。

三、恒定流与非恒定流

水体在运动过程中,其各点的流速和压强不随时间而变化,仅与空间位置有关,这种流动称为恒定流。反之,水体各点的流速和压强不仅与空间位置有关,而且还随时间而变化,这种流动称为非恒定流。在给水排水管道中水流的运动,由于用水量和排水量的经常性变化,均处于非恒定流状态,特别是在雨水及合流制排水管道中,流量变化频繁,水力因素随时间快速变化,属于显著的非恒定流。但是,非恒定流的水力计算特别复杂,在设计时,一般也只能按恒定流(又称稳定流)计算。

四、均匀流与非均匀流

液体质点流速的大小和方向沿流程不变的流动,称为均匀流;反之,液体质点流速的大小和方向沿流程变化的流动,称为非均匀流。从总体上看,给水排水管道中的水流不但多为非恒定流,且常为非均匀流,即水流参数往往随时间和空间变化。特别是排水管道的明渠流或非满管流,通常都是非均匀流。

对于满管流动,如果管道截面在一段距离内不变且不发生转弯,则管内流动为均匀流;而当管道在局部有交汇、转弯与变截面时,管内流动为非均匀流。均匀流的管道对水流阻力沿程不变,水流的水头损失可以采用沿程水头损失公式进行计算;满管流的非均匀流动距离一般较短,采用局部水头损失公式进行计算。

对于非满管流或明渠流,只要长距离截面不变,也没有转弯或交汇时,也可以近似为均匀流,按沿程水头损失公式进行水力计算,对于短距离或特殊情况下的非均匀流动则运用水力学理论按缓流或急流计算。

五、水流的水头和水头损失

水头是指单位重量的流体所具有的机械能,一般用符号 h 或 H 表示,常用单位为米水柱(mH_2O),简写为米(m)。水头分为位置水头、压力水头和流速水头三种形式。位置水头是指因为流体的位置高程所得的机械能,又称位能,用流体所处的高程来度量,用符号 Z 表示;压力水头是指流体因为具有压力而具有的机械能,又称压能,根据压力进行计算,即 P/γ(式中的 P 为计算断面上的压力,γ 为流体的比重);流速水头是指因为流体的流动速度而具有的机械能,又称动能,根据动能进行计算,即 $v^2/2g$(式中 v 为计算断面的平均流速，g 为重力加速度）。

位置水头和压力水头属于势能，它们二者的和则称为测压管水头，流速水头属于动能。流体在流动过程中，三种形式的水头（机械能）总是处于不断转换之中。给水排水管道中的测压管水头较之流速水头一般大得多，在水力计算中，流速水头往往可以忽略不计。

实际流体存在黏滞性，在流动中，流体受固定界面的影响（包括摩擦与限制作用），导致断面的流速不均匀，相邻流层间产生切应力，即流动阻力。流体克服阻力所消耗的机械能，称为水头损失。当流体受固定边界限制做均匀流动（如断面大小，流动方向沿流程不变的流动）时，流动阻力中只有沿程不变的切应力，称沿程阻力。由沿程阻力所引起的水头损失称为沿程水头损失。当流体的固定边界发生突然变化，引起流速分布或方向发生变化，从而集中发生在较短范围的阻力称为局部阻力。由局部阻力所引起的水头损失称为局部水头损失。

在给水排水管道中，由于管道长度较大，沿程水头损失一般远远大于局部水头损失，所以在进行管道水力计算时，一般忽略局部水头损失，或将局部阻力转换成等效长度的管道沿程水头损失进行计算。

第二节 管渠水头损失计算

一、沿程水头损失计算

管渠沿程水头损失通常用谢才公式计算，其形式为：

$$h_f = \frac{v^2}{C^2 R} l \tag{2-1}$$

式中 h_f——沿程水头损失，m；
  v——过水断面平均流速，m/s；
  C——谢才系数；
  R——过水断面水力半径，即断面面积除以湿周，m，对于圆管满流 $R = 0.25D$（D 为直径）；
  l——管渠长度，m。

对于圆管满流，沿程水头损失也可以用达西公式表示：

$$h_f = \lambda \frac{l}{D} \frac{v^2}{2g} \tag{2-2}$$

式中 D——管道直径，m；
  g——重力加速度，m/s²；
  λ——沿程阻力系数，$\lambda = \frac{8g}{C^2}$。

谢才系数或沿程阻力系数与水流流态有关，一般常采用经验公式或半经验公式进行计算。现将目前国内外广泛使用的公式介绍如下：

1. 巴甫洛夫斯基公式

$$C = \frac{R^y}{n_B} \tag{2-3}$$

式中　　$y = 2.5\sqrt{n_B} - 0.13 - 0.75\sqrt{R}(\sqrt{n_B} - 0.10)$

n_B——巴甫洛夫斯基公式粗糙系数，见表 2-1。

代入式（2-2）得：

$$h_f = \frac{n_B^2 v^2}{R^{2y+1}} l \tag{2-4}$$

常用管材粗糙系数 n_B　　表 2-1

管 壁 材 料	n_B	管 壁 材 料	n_B
铸铁管、陶土管	0.013	浆砌砖渠道	0.015
混凝土管、钢筋混凝土管	0.013~0.014	浆砌块石渠道	0.017
水泥砂浆抹面渠道	0.013~0.014	干砌块石渠道	0.020~0.025
石棉水泥管、钢管	0.012	土明渠（带或不带草皮）	0.025~0.030

巴甫洛夫斯基公式适用于明渠流和非满流排水管道。

2. 曼宁公式

曼宁公式是巴甫洛夫斯基公式中 $y = 1/6$ 时的特例，适用于明渠或较粗糙的管道计算，公式为：

$$C = \frac{\sqrt[6]{R}}{n_M} \tag{2-5}$$

式中　　n_M——曼宁公式粗糙系数，与巴甫洛夫斯基公式 n_B 相同，见表 2-1。

代入式（2-1）得：

$$h_f = \frac{n_M^2 v^2}{R^{1.333}} l \text{ 或 } h_f = \frac{10.29 n_M^2 q^2}{D^{5.333}} l \tag{2-6}$$

3. 舍维列夫公式

舍维列夫公式适用于铸铁管和旧钢管满流紊流，水温 10℃，常用于给水管道水力计算。

当 $v \geq 1.2$ m/s 时

$$\lambda = \frac{0.00214g}{D^{0.3}} \tag{2-7}$$

当 $v < 1.2$ m/s 时

$$\lambda = \frac{0.001824}{D^{0.3}}\left(1 + \frac{0.867}{v}\right)^{0.3} l \tag{2-8}$$

代入式（2-2）得：

当 $v \geq 1.2$ m/s 时

$$h_f = \frac{0.00107 v^2}{D^{1.3}} l$$

当 $v < 1.2$ m/s 时

$$h_f = \frac{0.000912 v^2}{D^{1.3}}\left(1 + \frac{0.867}{v}\right)^{0.3} l \tag{2-9}$$

4. 海曾-威廉公式

$$\lambda = \frac{13.16gD^{0.13}}{C_w^{1.852}q^{0.148}} \tag{2-10}$$

代入式（2-2）得：

$$h_f = \frac{10.67q^{1.852}}{C_w^{1.852}D^{4.87}}l \tag{2-11}$$

式中 q——流量，m^3/s；

C_w——海曾-威廉粗糙系数，其值见表 2-2；

其余符号意义同式（2-2）。

海曾-威廉公式适用于较光滑的圆管满流紊流计算，主要用于给水管道水力计算。

海曾-威廉粗糙系数 C_w 值　　　　　　表 2-2

管道材料	C_w	管道材料	C_w
塑料管	150	新铸铁管、涂沥青或水泥的铸铁管	130
石棉水泥管	120~140	使用 5 年的铸铁管、焊接钢管	120
混凝土管、焊接钢管、木管	120	使用 10 年的铸铁管、焊接钢管	110
水泥衬里管	120	使用 20 年的铸铁管	90~100
陶土管	110	使用 30 年的铸铁管	75~90

二、局部水头损失计算

局部水头损失计算公式：

$$h_m = \xi \frac{v^2}{2g} \tag{2-12}$$

式中 h_m——局部水头损失，m；

ξ——局部阻力系数，见表 2-3。

大量的计算表明，给水排水管道中的局部水头损失一般不超过沿程水头损失的 5%，所以，在给水排水管道水力计算中，常忽略局部水头损失的影响，不会造成大的计算误差。

局 部 阻 力 系 数 ξ　　　　　　表 2-3

局部阻力设施	ξ	局部阻力设施	ξ
全开闸阀	0.19	90°弯头	0.9
50%开启闸阀	2.06	45°弯头	0.4
截止阀	3~5.5	三通转弯	1.5
全开蝶阀	0.24	三通直流	0.1

三、无压圆管的水力计算

无压圆管指的是非满流（或恰好满流）的长管道。给水排水管道中的水流在许多情况下都属于非满流，它具有水体的自由表面，依靠管道两端的水面高差，借重力将水从水面高程高的一端输送到低的一端。如排水管道和长距离输水工程等，常采用非满流管道（渠）。非满流管道水力计算的目的，在于确定管道的流量、流速、断面尺寸、充满度和坡度之间的水力关系。如前所述，给水排水管道内的水流状态接近均匀流。因此，为了简化计算工作,目前在给水排水管道的水力计算中一般都采用均匀流公式。

常用的均匀流基本公式有:

流量公式

$$Q = A \cdot v \tag{2-13}$$

流速公式

$$v = C \cdot \sqrt{R \cdot I} \tag{2-14}$$

式中 Q——流量,m³/s;

A——过水断面面积,m²;

v——流速,m/s;

R——水力半径(过水断面面积与湿周的比值),m;

I——水力坡度(等于水面坡度,也等于管底坡度);

C——流速系数或称谢才系数。

对于均匀流,可以采用谢才公式计算水头损失,将曼宁公式代入并变换后写成如下形式:

$$v = \frac{1}{n_M} R^{\frac{2}{3}} I^{\frac{1}{2}} \tag{2-15}$$

由流量与流速关系得:

$$Q = \frac{1}{n_M} A R^{\frac{2}{3}} I^{\frac{1}{2}} \tag{2-16}$$

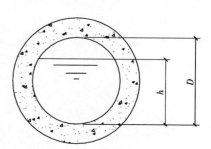

图 2-1 圆形管道充满度示意图

对于圆管非满流,其过水断面面积 A 和水力半径 R 不仅与管径 D 有关,而且与管道内水流充满度 h/D 有关。充满度如图 2-1 所示,用数学方法可导出下式:

$$A = A(D, h/D) = \frac{D^2}{4}\cos^{-1}\left(1 - 2\frac{h}{D}\right) - \frac{D^2}{2}\left(1 - 2\frac{h}{D}\right)\sqrt{\frac{h}{D}\left(1 - \frac{h}{D}\right)} \tag{2-17}$$

$$R = R(D, h/D) = \frac{D}{4} - \frac{D\left(1 - 2\frac{h}{D}\right)\sqrt{\frac{h}{D}\left(1 - \frac{h}{D}\right)}}{2\cos^{-1}\left(1 - 2\frac{h}{D}\right)} \tag{2-18}$$

将式(2-17)和(2-18)代入式(2-15)和(2-16),则有:

$$v = \frac{1}{n_M} R^{\frac{2}{3}}(D, h/D) I^{\frac{1}{2}} \tag{2-19}$$

$$Q = \frac{1}{n_M} A(D, h/D) R^{\frac{2}{3}}(D, h/D) I^{\frac{1}{2}} \tag{2-20}$$

以上两式即为圆管非满流管道水力计算的基本公式,式中有 Q、D、h、I 和 v 共五个变量,任意已知其中三个,就可以求出另一个。由于上式的形式很复杂,所以圆管非满流管道水力计算比满流管道水力计算要复杂得多,特别是在已知流量、流速等参数求其充满度时,需要解非线性方程,手工计算是非常困难的。在实际计算时常采用水力计算图表,即用式(2-19)和(2-20)制成相应的水力计算图表,将水力计算过程简化为查图表的过程。这是我国室外排水工程设计规范和有关给水排水设计手册上推荐采用的方法,使用起来比较简单。参见附录 7-1。

思 考 题

1. 怎样判别水流的流态?
2. 在给水排水管道中,沿程水头损失一般与流速(或流量)的多少次方成正比?为什么?
3. 什么是恒定流与非恒定流?举例说明之。
4. 均匀流与非均匀流有何区别?举例说明之。
5. 为什么给水排水管道中的水流实际上是非恒定流,而在水力计算时却按恒定流对待?
6. 排水管道水力计算图表是根据哪些公式制成的?

第三章 设计用水量

给水系统设计时，首先须确定该系统在设计年限内需要的用水量，因为系统中取水、水处理、泵站和管网等设施的规模都须参照设计用水量确定，会直接影响建设投资和运行费用。城市给水系统的设计年限，应符合城市总体规划，近远期结合，以近期为主，一般近期宜采用 5~10 年，远期规划年限宜采用 10~20 年。

设计用水量由下列各项组成：

(1) 综合生活用水：包括居民生活用水和公共建筑及设施用水。但不包括城市浇洒道路、绿化等市政用水；

(2) 工业企业生产用水和工作人员生活用水；

(3) 消防用水；

(4) 浇洒道路绿地用水；

(5) 未预见水量及管网漏失水量；

在确定设计用水量时，应根据各种供水对象的使用要求及近期发展规划和现行用水定额，计算出相应的用水量，最后加以综合作为设计给水工程的依据。

第一节 用水量定额

用水量定额是指不同的用水对象在设计年限内达到的用水水平。它是确定设计用水量的主要依据，它直接影响给水系统相应设施的规模、工程投资、工程扩建的期限、今后水量的保证等方面，所以必须慎重考虑确定。虽然设计规范规定了各种用水的用水定额，随着水资源紧缺问题的加剧和国民水资源意识的提高，城市用水量在不断发生变化，在设计和使用时，如何合理地选定用水定额，是一项十分复杂而细致的工作。这是因为用水定额的选定涉及面广，政策性强，所以在选定用水定额时，必须以国家的现行政策、法规为依据，全面考虑其影响因素，通过实地考察，并结合现有资料和类似地区或工业企业的经验，确定适宜的用水定额。

一、生活用水定额

生活用水定额与室内卫生设备完善程度及形式、水资源和气候条件、生活习惯、生活水平、收费标准及办法、管理水平、水质和水压等因素有关。一般说来，我国东南地区沿海经济开发特区和旅游城市，因水资源丰富，气候较好，经济比较发达，用水量普遍高于水源短缺、气候寒冷的西北地区；生活水平高、水质好、水压高、收费标准低，用水量就较大；按人计费大于按表计费（约为按表计费的 1.4~1.8 倍）；同类给水设备一般型大于节水型等。设计选用时，上述诸因素必须给予全面考虑。现将居民生活用水定额、公共建筑生活用水定额、工业企业职工生活及淋浴用水定额、消防及市政用水定额分述如下：

（一）居民生活用水定额和综合生活用水定额

居民生活用水定额和综合生活用水定额均以 L/(cap·d)计。设计时应根据当地国民经济、城市发展规划和水资源充沛程度，在现有用水定额基础上，结合给水专业规划和给水工程发展条件综合分析确定。影响生活用水量的因素很多，设计时如缺乏实际用水资料，则居民生活用水定额和综合生活用水定额可参照现行《室外给水设计规范》的规定（参见附录 3-1、3-2）选用。应以现行规范为依据，按照设计对象所在分区和城市规模大小，确定其幅度范围。然后再综合考虑足以影响生活用水量的因素，选定设计采用的具体数值。如果涉及到现行规范中没有规定具体数字或其实际生活用水定额与现行规范规定有较大出入时，其用水定额应参照类似生活用水定额，经上级主管部门同意，可作适当增减。

近年来，我国村镇给水工程发展迅速，但目前尚未规定统一的村镇居民用水量标准，鉴于这一情况，在设计村镇给水工程时，村镇生活用水定额可参照 GB 11730—89 规定的《农村生活饮用水定额》及相近地区的实际用水情况，并结合村镇的总体规划，经济发展水平，水资源充沛程度和用水特点，给予合理确定。

(二) 公共建筑用水定额

可参照现行《建筑给水排水设计规范》的规定，参见附录 3-3。

(三) 工业企业职工生活及淋浴用水定额

工业企业职工生活及淋浴用水定额是指工业企业职工在从事生产活动时所消费的生活及淋浴用水量，单位以 L/(cap·班)计。职工生活用水定额应根据车间特征确定，一般车间采用 25 L/(cap·班)，高温车间采用 35 L/(cap·班)。职工淋浴用水定额与车间特征有关，淋浴时间在下班后一小时内进行，详见附录 3-4。

二、工业企业生产用水定额

工业企业生产用水一般是指工业企业在生产过程中，用于冷却、空调、制造、加工、净化和洗涤方面的用水。在城市给水中，工业用水占很大比例。工业企业生产用水定额的计算方法有：一是按工业产品每万元产值耗水量计算。不同类型的工业，万元产值用水量不同。即使同类工业部门，由于管理水平提高，工艺条件改善和产品结构的变化，尤其是工业产值的增长，单耗指标会逐年降低。提高工业用水重复利用率，重视节约用水等可以降低工业用水单耗。工业用水的单耗指标由于水的重复利用率提高而有逐年下降趋势，并且由于高产值低单耗的工业发展迅速，因此万元产值的用水量指标在很多城市有较大幅度的下降。二是按单位产品耗水量计算，这时工业企业生产用水定额，应根据生产工艺过程的要求确定或是按单位产品计算用水量。三是按每台设备单位时间耗水量计算，可参照有关工业用水定额。生产用水量通常由企业的工艺部门提供，在缺乏资料时，可参考同类型企业用水指标。在估计工业企业生产用水量时，应按当地水源条件、工业发展情况、工业生产水平，预估将来可能达到的重复利用率。

三、消防用水量

消防用水只在发生火灾时使用，一般历时短暂（2~3h），但从数量上说它在城市用水量中占有一定的比例，尤其中小城市所占比例更大。通常贮存在水厂的清水池中，发生火灾时由水厂的二级泵站送至火灾现场。消防用水量、水压和火灾延续时间等，应按照现行的《建筑设计防火规范》及《高层民用建筑设计防火规范》等执行。

城镇或居住区的室外消防用水量，通常按同时发生的火灾次数和一次灭火的用水量确定,见附录3-5。

工厂、仓库和民用建筑的同时发生火灾次数见附录3-6,其室外消防一次灭火用水量还与耐火等级及火灾危险性有关,参见附录3-7。

四、市政及其他用水定额

浇洒道路和绿化用水量应根据路面种类、绿化面积、气候、土壤以及当地的具体条件确定,设计时,可结合上述因素在下列幅度范围内选用:浇洒道路可采用1.0~2.0L/(m²·次),浇洒次数按2~3次/d计,大面积绿化用水量可采用1.5~4.0L/(m²·d)。

城市的未预见水量和管网漏失水量可按最高日用水量的15%~25%合并计算;工业企业自备水厂的上述水量可根据工艺和设备情况确定。

第二节 用水量变化

无论是生活或生产用水,用水量经常在变化,生活用水量随着生活习惯和气候而变化,如假期比平日高,夏季比冬季用水量多。从我国大中城市的用水情况可以看出:在一天内又以早晨起床后和晚饭前后用水量最多。又如工业企业的冷却用水量,随气温和水温而变化,夏季多于冬季,即使不同年份的相同季节,用水量也有较大差异。工业企业生产用水量的变化取决于工艺、设备能力、产品数量、工作制度等因素,如夏季的冷却用水量就明显高于冬季。某些季节性工业,用水量变化就更大。而前面述及的用水定额只是一个长期统计的平均值,因此,在给水系统设计时,除了正确地选定用水定额外,还必须了解供水对象(如城镇)的逐日逐时用水量变化情况,以便合理地确定给水系统及各单项工程的设计流量,使给水系统能经济合理地适应供水对象在各种用水情况下对供水的要求。

一、基本概念

由于室外给水工程服务区域较大,卫生设备数量和用水人数较多,且一般是多目标供水(如城镇包括居民、工业、公用事业、商业等方面),各种用水参差使用,其用水高峰可以相互错开,使用水量能在以小时为计量单位的区间内基本保持不变的可能性较大,因此,为降低给水工程造价,室外给水工程系统设计只需要考虑日与日、时与时之间的差别,即逐日逐时用水量变化情况。实践证明,这样考虑既可使室外给水工程设计安全可靠,又可使其经济合理。

为了反映用水量逐日逐时的变化幅度大小,在给水工程中,引入了两个重要的特征系数——时变化系数和日变化系数。

(一)时变化系数,常以 K_h 表示,其意义可按下式表达:

$$K_h = \frac{Q_h}{\overline{Q}_h} \tag{3-1}$$

式中 Q_h——最高时用水量,又称最大时用水量,m³/h,即用水量最多的一年内,用水量最高日的24h中,用水量最大的一小时的总用水量,该值一般作为给水管网工程规划与设计的依据;

$\overline{Q}_h$——平均时用水量,m³/h,是指最高日内平均每小时的用水量。

(二)日变化系数,常以 K_d 表示,其意义可按下式表达:

$$K_\mathrm{d} = \frac{Q_\mathrm{d}}{\overline{Q}_\mathrm{d}} \tag{3-2}$$

式中 Q_d——最高日用水量，$\mathrm{m^3/d}$，即用水量最多的一年内，用水量最多一天的总用水量，该值一般作为给水取水与水处理工程规划和设计的依据；

$\overline{Q}_\mathrm{d}$——平均日用水量，$\mathrm{m^3/d}$，即规划年限内，用水量最多一年的总用水量除以用水天数，该值一般作为水资源规划和确定城市污水量的依据。

从上式我们可以看出：K_h 及 K_d 值实质上显示了一定时段内用水量变化幅度大小，反映了用水量的不均匀程度。K_h 及 K_d 值可根据多方面长时间的调查研究统计分析得出。在城市供水设计中，时变化系数、日变化系数应根据城市性质、城市规模、国民经济与社会发展水平和城市供水系统现状，并结合城市供水曲线分析确定；在缺乏实际用水资料情况下，最高日城市综合用水的时变化系数 K_h 宜采用 1.3～1.6，大中城市的用水比较均匀，K_h 值较小，可取下限，小城市可取上限或适当加大。日变化系数 K_d，根据给水区的地理位置、气候、生活习惯和室内给水排水设施完善程度，其值约为 1.1～1.5，个别小城镇可适当加大。另外，工业企业内工作人员的生活用水时变化系数为 2.5～3.0。淋浴用水量按每班连续用水 1h 确定变化系数，工业生产用水一般变化不大，可以在最高日内各小时均匀分配。

二、用水量时变化曲线

在设计给水系统时，除了求出设计年限内最高日用水量和最高日的最高一小时用水量外，还应知道最高日用水量那一天中 24h 的用水量逐时变化情况，据以确定各种给水构筑物的大小，这种用水量变化规律，通常以用水量时变化曲线表示。

（一）城镇用水量时变化曲线

图 3-1 为某大城市最高日用水量时变化曲线。图中纵坐标表示逐时用水量，按最高日用水量的百分数计，横坐标表示用水的时程，即最高日用水的小时数；图中粗折线就是该城市最高日时变化曲线；图形面积等于 $\sum_{i=1}^{24} Q_i\% = 100\%$，$Q_i\%$ 是以最高日用水量百分数计的每小时用水量；4.17% 的水平线表示平均时用水量的百分数即 $\frac{1}{24} = 4.17\%$。从曲线上可以看出用水高峰集中在 8～10 时和 16～19 时，最高时（8～9 时）用水量为最高日用水量的 6.00%，$K_\mathrm{h} = \frac{6.00}{4.17} = 1.44$。

图 3-2 为小城镇最高日用水量时变化系数曲线，一日内出现几个高峰，且用水量变化幅度大，$K_\mathrm{h} = \frac{14.60}{4.17} = 3.50$。而村镇、集体生活区的用水量变化幅度将会更大。

实际上，用水量的 24h 变化情况天天不同。图 3-1 表明用水人数多，卫生设备完善程度高，多目标供水的大城市，因各用户的用水时间相互错开，使各小时的用水量比较均匀，变化系数较小。而用水人数较少，用水定额较低的小城镇及一些集体生活区，用水时间较集中，变化系数较大。

（二）工业企业用水量时变化曲线

图 3-3 为工业企业职工生活用水量时变化曲线。图中阴影部分面积为一个班次的用水量，用水时间延续至下班后半小时。从图中可知一般车间时变化系数 $K_\mathrm{h} = \frac{37.50}{12.50} = 3.00$。

高温车间时变化系数 $K_h = \dfrac{31.30}{12.50} = 2.5$。职工淋浴用水量，假定集中在每班下班后一小时内使用。

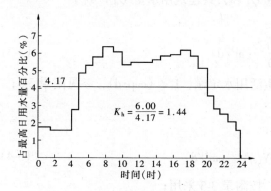

图 3-1 某大城市最高日用水量变化曲线　　　　图 3-2 某市郊区用水量变化曲线

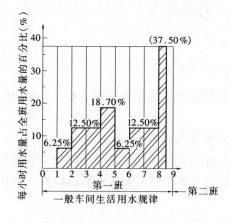 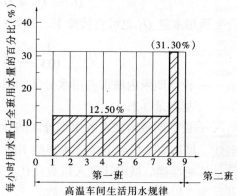

图 3-3 工业企业职工生活用水量时变化曲线

工业企业生产用水量逐时变化情况，主要随生产性质和工艺过程而定，在实际设计中，应通过调查研究，合理确定。

用水量变化曲线是多年统计资料整理的结果，资料统计时间越长，数据越完整，用水量变化曲线与实际用水情况就越接近。对于新设计的给水工程，用水量变化规律只能按该工程所在地区的气候、人口、居住条件、工业生产工艺、设备能力、产值情况，参考附近城市的实际用水资料确定。对于扩建改建工程，可进行实地调查，获得用水量及其变化规律的资料。

第三节　用水量计算

在给水系统设计时，一般需计算最高日设计用水量、消防用水量、平均时及最高时设计用水量。

一、最高日设计水量计算

城市最高日设计用水量一般包括以下几项：

（一）生活用水量计算

1. 综合生活用水量 Q_1 计算

综合生活用水量包括城市居民生活用水量 Q'_1 和公共建筑用水量 Q''_1，其中

（1）居民生活用水量 Q'_1 可按下式计算：

$$Q'_1 = \frac{N_1 q'_1}{1000} \quad (\text{m}^3/\text{d}) \tag{3-3}$$

式中　q'_1——设计期限内采用的最高日居民生活用水定额，L／（cap·d），参见附录3-1；

　　　N_1——设计期限内规划人口数，cap。

（2）公共建筑用水量 Q''_1，可按下式计算：

$$Q''_1 = \frac{1}{1000}\sum_{i=1}^{n} N_{1i} q''_{1i} \quad (\text{m}^3/\text{d}) \tag{3-4}$$

式中　q''_{1i}——某类公共建筑最高日用水定额，按附录3-3采用；

　　　N_{1i}——对应用水定额用水单位的数量（人、床位等）。

所以：
$$Q_1 = Q'_1 + Q''_1 \quad (\text{m}^3/\text{d}) \tag{3-5}$$

综合生活用水量 Q_1 也可直接按下式计算：

$$Q_1 = \frac{1}{1000}\sum_{i=1}^{n} N_{1i} q_{1i} \quad (\text{m}^3/\text{d}) \tag{3-5'}$$

式中　q_{1i}——设计期限内城市各用水分区的最高日综合生活用水定额，L／（cap·d），参见附录3-2；

　　　N_{1i}——设计期限内城市各用水分区的计划用水人口数，cap。

一般地，城市应按房屋卫生设备类型不同，划分不同的用水区域，以分别选定用水量定额，使计算更准确。城市计划人口数往往并不等于实际用水人数，所以应按实际情况考虑用水普及率，以便得出实际用水人数。

2. 工业企业职工生活用水量 Q_2

可按下式计算：

$$Q_2 = \frac{1}{1000}\sum_{i=1}^{n} n_{2i}(N'_{2i} q'_{2i} + N''_{2i} q''_{2i}) \quad (\text{m}^3/\text{d}) \tag{3-6}$$

式中　n_{2i}——某车间或工厂每日班别；

　　N'_{2i}、N''_{2i}——分别为相应车间或工厂一般及高温岗位最大班的职工人数，cap；

　　q'_{2i}、q''_{2i}——分别为相应岗位职工的生活用水定额，L／（cap·班）。

3. 工业企业职工淋浴用水量 Q_3

可按下式计算：

$$Q_3 = \frac{1}{1000}\sum_{i=1}^{n} n_{2i}(N'_{3i} q'_{3i} + N''_{3i} q''_{3i}) \quad (\text{m}^3/\text{d}) \tag{3-7}$$

式中　N'_{3i}、N''_{3i}——分别为相应车间（或工厂）一般及热污染岗位每班职工淋浴人数；

　　q'_{3i}、q''_{3i}——分别为相应岗位职工的淋浴用水定额，L／（cap·班），可按附录3-4。

（二）生产用水量计算

城镇管网同时供应工业企业生产用水时，应首先计算各类工业企业生产用水量 Q_{4i}，然后加以综合即得该城镇生产用水量 Q_4，可按下式计算：

$$Q_4 = \sum_{i=1}^{n} Q_{4i} = \sum_{i=1}^{n} q_{4i} N_{4i} (1 - \phi) \quad (\text{m}^3/\text{d}) \tag{3-8}$$

式中 Q_4——同时开工的某类工业企业生产用水量之和，m^3/d；

q_{4i}——某类工业企业生产用水定额，$\text{m}^3/$万元或 $\text{m}^3/$单位产品或 $\text{m}^3/$（台·d）；

N_{4i}——相应工业企业每日总产值或总产量或同时使用设备台数；

ϕ——相应工业企业用水重复利用率，%。

（三）市政用水量计算：

市政用水量 Q_5 可按下式计算：

$$Q_5 = \frac{1}{1000}(n_5 A_5 q_5 + A'_5 q'_5) \quad (\text{m}^3/\text{d}) \tag{3-9}$$

式中 q_5、q'_5——分别为浇洒道路和绿化用水定额，$\text{L}/(\text{m}^2 \cdot 次)$ 和 L/m^2；

A_5、A'_5——分别为最高日内浇洒道路和绿化浇洒的面积，m^2；

n_5——最高日浇洒道路的次数。

在城镇最高日设计用水量计算中，除上述各种用水量外，还应计入未预见水量及管网漏失水量，此项水量一般按上述各项用水量之和的 15%~25% 计算。

因此，设计年限内城镇最高日设计用水量为：

$$Q_\text{d} = (1.15 \sim 1.25)(Q_1 + Q_2 + Q_3 + Q_4 + Q_5) \quad (\text{m}^3/\text{d}) \tag{3-10}$$

二、平均时和最高时设计用水量

（1）最高日平均时设计用水量

$$\overline{Q}_\text{h} = \frac{Q_\text{d}}{T} \quad (\text{m}^3/\text{h}) \tag{3-11}$$

式中 T——每天给水工程系统的工作时间，h，一般为 24h。

（2）最高日最高时设计用水量 Q_h，可按下式计算：

$$Q_\text{h} = K_\text{h} \overline{Q}_\text{h} = K_\text{h} \frac{Q_\text{d}}{24}(\text{m}^3/\text{h}) = \frac{K_\text{h} Q_\text{d} \times 1000}{24 \times 3600} = K_\text{h} \frac{Q_\text{d}}{86.4} \quad (\text{L/s}) \tag{3-12}$$

式中 K_h——时变化系数；

Q_d——最高日设计用水量。

公式（3-12）中，K_h 为整个给水区域用水量时变化系数。由于各种用水的最高时用水量并不一定同时发生，因此不能简单将其叠加，一般是通过编制整个给水区域的逐时用水量计算表，从中求出各种用水按各自用水规律合并后的最高时用水量或时变化系数 K_h，作为设计依据。

三、消防用水量计算

消防用水量 Q_x 一般单独成项，由于消防用水量是偶然发生的，不累计到设计总用水量中，仅作为给水系统校核计算之用，Q_x 可按下式计算：

$$Q_\text{x} = N_\text{x} q_\text{x} \quad (\text{L/s}) \tag{3-13}$$

式中 N_x、q_x——分别为同时发生火灾次数和一次灭火用水量，按国家现行《建筑设计防火规范》规定确定。

【例 3-1】 我国华北某地一工业区，规划居住人口 10 万人，用水普及率预计为 100%，其中老市区人口 8.2 万，新市区人口 1.8 万；老市区房屋卫生设备较差，最高日综合生活用水量定额采用 190L/（cap·d），新市区房屋卫生设备比较先进和齐全，最高日综合生活用水量定额采用 205 L/(cap·d)；该工业区内设有职工医院、饭店、招待所、学校、娱乐商业等公共建筑。居住区（包括公共建筑）生活用水量变化规律与现在某市实际统计资料相似，见表 3-1 第（2）项所列。工业区有两个企业：甲企业有职工 9000 人，分三班工作（0、8 和 16 时），每班 3000 人，无一般车间，每班下班后需淋浴；乙企业有 7000 人，分两班制（8 时和 16 时），每班 3500 人，无高温车间，每班有 2400 人淋浴，车间生产轻度污染身体。生产用水量：甲企业每日 24000m³，均匀使用；乙企业每日 6000m³，集中在上班后前 4 小时内均匀使用。城市浇洒道路面积为 4.5hm²，用水量定额采用 1.5L/(m²·次)，每天浇洒 1 次，大面积绿化面积 6.0hm²，用水量定额采用 2.0L/(m²·d)；试计算该工业区以下各项用水量：

(1) 最高日设计用水量及逐时用水量；
(2) 最高日平均时和最高时设计用水量；
(3) 消防时所需总用水量。

【解】 一、工业区最高日设计用水量及逐时用水量计算
(一) 生活用水量计算
1. 居住区综合生活用水量按式（3-5′）计算：

$$Q_1 = \sum_{i=1}^{2} \frac{N_i q_i}{1000} = \frac{82000 \times 190 + 18000 \times 205}{1000} = 19270 \text{m}^3/\text{d}$$

根据表 3-1 第（2）项逐时变化系数计算居住区（包括公共建筑）的各小时用水量列于表 3-1 第（3）项内。

2. 工业企业职工生活用水量

职工生活用水量标准采用：高温车间为 35L/(人·班)；一般车间为 25L/(人·班)。则甲、乙企业职工生活用水量按式（3-6）计算：

$$Q_2 = \frac{1}{1000} \sum_{i=1}^{n} n_{2i}(N'_{2i} q'_{2i} + N''_{2i} q''_{2i})$$

$$= \frac{3 \times 3000 \times 35 + 2 \times 3500 \times 25}{1000}$$

$$= 315 + 175 = 490 \text{m}^3/\text{d}$$

将图 3-3 中的变化系数，按班制分配于表 3-1 中的（4）、（8）项，甲企业高温车间生活用水量按（4）项变化系数计算，各小时用水量列于表 3-1 第（5）项；乙企业一般车间生活用水量按第（8）项变化系数计算，各小时用水量列于表 3-1 第（9）项。

3. 工业企业职工淋浴用水量

职工淋浴用水量标准按附录 3-4 采用，高温污染车间为 60L/(人·班)，一般车间为 40L/(人·班)，则甲、乙企业职工淋浴用水量按式（3-7）计算：

$$Q_3 = \frac{1}{1000} \sum_{i=1}^{n} n_{2i}(N'_{3i} q'_{3i} + N''_{3i} q''_{3i})$$

$$= \frac{3 \times 3000 \times 60 + 2 \times 2400 \times 40}{1000}$$

$$= 540 + 192 = 732 \text{m}^3/\text{d}$$

淋浴时间在下班后一小时内使用，甲、乙企业分别列于表 3-1 中第（6）、（10）项。

(二) 工业企业生产用水量计算

工业企业生产用水量按式（3-8）计算：

$$Q_{4i} = \sum_{i=1}^{n} Q_{4i} = 24000 + 6000 = 30000 \text{m}^3/\text{d}$$

甲企业 24 小时均匀使用，则平均每小时用水量为 1000m³；乙企业在上班后 4 小时内使用，按两班制计算，平均每小时用水量为 750m³，分别列于表 3-1 中的第（7）、（11）项。

（三）市政用水量计算

$$Q_5 = \frac{1}{1000}(n_5 A_5 q_5 + A'_5 q'_5)$$

$$= \frac{1.5 \times 45000 \times 1 + 2.0 \times 60000}{1000}$$

$$= 67.5 + 120 = 187.5 \text{m}^3/\text{d}$$

考虑到供水的安全可靠性，在设计时市政用水量一般放在用水高峰时段，市政用水量列于表 3-1 中第（12）项。

（四）未预见水量及管网漏失水量计算

未预见水量及管网漏失水量计算按上述各项用水量总和的 20% 计入，则：

$$Q_6 = 0.2 \times (Q_1 + Q_2 + Q_3 + Q_4 + Q_5)$$

$$= 0.2 \times (19270 + 490 + 732 + 30000 + 187.5)$$

$$= 10135.9 \text{m}^3/\text{d}$$

取 $Q_6 = 10136 \text{m}^3/\text{d}$

在工程规模、施工质量和维护管理水平一定时，系统每小时漏失的水量与管网压力 H 的二分之一次方成正比；发生在每小时的未预见水量基本上随用水量的增加而增加。权衡考虑诸因素，未预见及管网漏失水量 24h 均匀分配，较为经济合理，见表 3-1 第（13）项。

因此，该工业区最高日设计用水量可按式（3-10）计算

$$Q_6 = 1.2 \times (Q_1 + Q_2 + Q_3 + Q_4 + Q_5)$$

$$= 1.2 \times (19270 + 490 + 732 + 30000 + 187.5)$$

$$= 60815.4 \text{m}^3/\text{d}$$

取 $Q_d = 60816 \text{m}^3/\text{d}$

该工业区的用水量变化如表 3-1 第（14）、（15）项所列。

二、最高日平均时和最高时设计用水量计算

（一）最高日平均时设计用水量，按式（3-11）计算：

$$\overline{Q}_h = \frac{Q_d}{T} = \frac{60816}{24} = 2534 \text{m}^3/\text{h}$$

（二）最高日最高时设计用水量，由表 3-1 第（14）项查出：最高用水时发生在 8~9 时，$Q_h = 3845.4 \text{m}^3/\text{h}$ 占最高日设计用水量的百分数为 6.32%，则：

$$K_h = \frac{Q_h}{\overline{Q}_h} = \frac{3845.4}{2534} = 1.52$$

或

$$K_h = \frac{6.32}{4.17} = 1.52$$

三、工业区所需消防用水量

该工业区在规划年限内的人口为10万人,参照国家现行《建筑设计防火规范》,确定消防用水量为35L/s,同时发生火灾次数为2次。则该工业区所需消防总流量,按式(3-13)计算:

$$Q_x = N_x q_x = 2 \times 35 = 70 \text{L/s}$$

设计该工业区给水系统时作为消防校核计算的依据。

华北某工业区用水量计算表　　　　　　　　　　表3-1

时间	居住区(包括公共建筑)用水量		甲企业				乙企业				市政用水 (m³)	未预见水量 (m³)	每小时用水量	
	占一天用水量(%)	(m³)	高温车间生活用水		淋浴用水 (m³)	生产用水 (m³)	一般车间生活用水		淋浴用水 (m³)	生产用水 (m³)			(m³)	占最高日用水量百分数(%)
			变化系数	(m³)			变化系数	(m³)						
1	2	3	4	5	6	7	8	9	10	11	12	13	14	15
0~1	1.10	211	(31.30)	16.4	180	1000	(37.50)	16.4	96			423	1942.8	3.19
1~2	0.70	135	12.05	12.6		1000						422	1569.6	2.58
2~3	0.90	174	12.05	12.7		1000						423	1609.7	2.65
3~4	1.10	211	12.05	12.7		1000						422	1645.7	2.71
4~5	1.30	251	12.05	12.6		1000						423	1686.6	2.77
5~6	3.91	754	12.05	12.7		1000						422	2188.7	3.60
6~7	6.61	1274	12.05	12.7		1000					67.5	422	2776.2	4.61
7~8	5.84	1125	12.05	12.6		1000						423	2560.6	4.21
8~9	7.04	1357	(31.30)	16.4	180	1000				750	120	422	3845.4	6.32
9~10	6.69	1289	12.05	12.6		1000	6.25	5.47		750		423	3480.07	5.72
10~11	7.17	1382	12.05	12.7		1000	12.50	10.94		750		422	3577.64	5.88
11~12	7.31	1409	12.05	12.7		1000	12.50	10.94		750		422	3604.64	5.93
12~13	6.62	1276	12.05	12.6		1000	18.75	16.4				423	2728.00	4.49
13~14	5.23	1008	12.05	12.7		1000	6.25	5.47				422	2448.17	4.03
14~15	3.59	692	12.05	12.7		1000	12.50	10.94				423	2138.64	3.57
15~16	4.76	917	12.05	12.7		1000	12.50	10.94				422	2362.54	3.88
16~17	4.24	817	(31.30)	16.4	180	1000	(37.50)	16.4	96	750		422	3297.8	5.42
17~18	5.99	1154	12.05	12.6		1000	6.25	5.47		750		422	3344.07	5.50
18~19	6.97	1343	12.05	12.7		1000	12.50	10.94		750		422	3538.64	5.82
19~20	5.66	1091	12.05	12.7		1000	12.50	10.94		750		422	3286.64	5.40
20~21	3.05	588	12.05	12.6		1000	18.75	16.4				423	2040.00	3.35
21~22	2.01	387	12.05	12.7		1000	6.25	5.47				422	1827.17	3.00
22~23	1.42	274	12.05	12.7		1000	12.50	10.94				422	1719.64	2.83
23~24	0.79	151	12.05	12.6		1000	12.50	10.94				422	1596.54	2.63
累计	100	19270		315	540	24000		175.00	192	6000	187.5	10136	60816.0	100

注:变化系数指该小时用水量占一班水量的百分数;加括号的数值表示只在半小时内用水。

思考题与习题

1. 设计城市给水系统时应考虑哪些用水量？
2. 什么是用水定额？设计时，用水定额选定的高低对给水工程有何影响？
3. 影响生活用水量的主要因素有哪些？
4. 说明日变化系数 K_d 和时变化系数 K_h 的意义，并解释各符号的意义。
5. 时变化系数大小对设计流量有何影响？如何选定设计规范中的推荐值？
6. 怎样估算工业企业生产用水量？
7. 工业企业为什么要提高水的重复利用率？
8. 对于多目标供水的给水系统，其设计流量是否是各种用水最高时用水量的叠加值？为什么？
9. 城市大小和消防流量的关系如何？
10. 某城市最高日用水量为 15 万 m^3/d，每小时用水量变化如下表：求（1）该城市最高日平均时和最高时的流量，（2）绘制用水量变化曲线。

时间	0~1	1~2	2~3	3~4	4~5	5~6	6~7	7~8	8~9	9~10	11~12	11~12
用水量（%）	2.53	2.45	2.50	253	2.57	3.09	5.31	4.92	5.17	5.10	5.21	5.21
时间	12~13	13~14	14~15	15~16	16~17	17~18	18~19	19~20	20~21	21~22	22~23	23~24
用水量（%）	5.09	4.81	4.99	4.70	4.62	4.97	5.18	4.89	4.39	4.17	3.12	2.48

11. 某城镇平均日用水量为 1.5 万 m^3/d，日变化系数为 1.4，时变化系数为 1.8，求该城镇最高日平均时和最高时设计用水量。

12. 浙江省某城市计划人口 40 万，用水普及率预计为 95%。城市每年工业总产值为 15 亿元，万元产值用水量为 $200m^3$，工业用水重复利用率为 45%。试确定该城市：（1）最高日设计用水量；（2）消防用水量。

第四章 给水系统的工作工况

无论是生活用水，还是生产用水，其用水量都是经常发生变化的。因此给水系统在工作时，必须能适应这种变化的供求关系，以保证在各种工作条件下，经济合理地满足用户对水量、水压的要求。给水系统最不利的工作情况，一般有以下几种：

(1) 最高日最高用水时，此种情况属于正常供水中最不利的工作情况，此时供水流量较大，分析推算出来的出厂水压较大。为确保供水安全可靠，系统中的给水管网、水泵扬程和水塔高度等都是按此时的工况设计的。

(2) 消防时，此种情况是指在最高日最高用水时发生火灾，此时管网既供应最高时用水量 Q_h，又供应消防所需流量 Q_x，其总流量为 $Q_h + Q_x$，是用水流量最大的一种工作情况。虽然消防时比最高时用水时所需服务水头要小得多，但因消防时通过管网的流量增大，各管段的水头损失相应增加，按最高用水时确定的水泵扬程有可能不能满足消防时的需要，这时须放大个别管段的直径，以减小水头损失，个别情况下因最高用水时和消防时的水泵扬程相差很大（多见于中小型管网），须设专用消防泵供消防时使用。

(3) 最大转输时，当设置对置水塔或靠近供水末端的网中水塔的管网系统，当泵站供水流量大于用户用水流量时，多余的水将通过管网流入水塔内贮存，流入水塔的流量叫做转输流量，其中转输流量为最大的那一小时的流量称为最大转输流量。此时虽然管网中用水量较小，但因最大转输流量通过整个管网才能进入水塔，输水距离长，其管网水头损失可能仍较大，且水塔较高，因此也可能出现要求出厂水压最高的情况。

(4) 最不利管段发生故障时，管网主要管线损坏时必须及时检修，在检修期间和恢复供水前，该管段停止输水，整个管网的水力特性必然改变，供水能力降低。国家有关规范规定，城市给水管网在事故工况下，必须保证 70% 以上用水量，但设计水压不能降低，在这种情况下，大部分管线流量减小，水头损失减小，但由于主要管线损坏不能通水，部分管线的流量会明显增加，使水头损失增加很多，因此所需出厂水压仍有可能最大。

给水系统是由功能互不相同而且又彼此密切联系的各组成部分连接而成，它们必须共同工作满足用户对给水的要求。因此，除考虑上述最不利的工作情况外，还需从整体上对给水系统各组成部分的工作特点和它们在流量、压力方面的关系进行分析，从中得出各种管道和设备的设计或运行参数，以便正确地对计划中的给水系统进行设计计算，对已建成的给水系统进行运转管理。

第一节 给水系统的流量关系

为了保证供水的可靠性，给水系统中所有构筑物都应以最高日设计用水量 Q_d 为基础进行设计计算。但是，给水系统中各组成部分的工作特点不同，其设计流量也不一样。

一、取水构筑物和给水处理系统各组成部分的设计流量

城市的最高日设计用水量确定后,取水构筑物和水厂的设计流量将随一级泵站的工作情况而定,通常一级泵站和水厂应该是连续、均匀地运行。原因是:(1)从水厂运行角度,流量稳定,有利于水处理构筑物稳定运行和管理;(2)从工程造价角度,每日24h均匀工作,平均每小时的流量将会比最高时流量有较大的降低,同时又能满足最高日供水要求,这样,取水和水处理系统的各项构筑物尺寸、设备容量及连接管直径等都可以最大限度地缩小,从而降低工程造价。因此,为使水厂稳定运转和便于操作管理,降低工程造价,通常取水和水处理工程的各项构筑物、设备及其连接管道,以最高日平均时设计用水量加上水厂的自用水量作为设计流量,即:

$$Q_1 = \frac{aQ_d}{T} \quad (m^3/h) \tag{4-1}$$

式中 a——水厂本身用水量系数,以供沉淀池排泥、滤池冲洗等用水,其值取决于水处理工艺、构筑物类型及原水水质等因素,一般在1.05~1.10之间;

T——每日工作小时数,水处理构筑物不宜间歇工作,一般按24h均匀工作考虑;只有夜间用水量很小的县镇、农村等才考虑一班或两班制运转。

取用地下水若仅需在进入管网前消毒而无需其他处理时,一级泵站可直接将井水输入管网,但为提高水泵的效率和延长井的使用年限,一般先将水输送到地面水池,再经二级泵站将水池水输入管网。因此,取用地下水的一级泵站计算流量为:

$$Q_1 = \frac{Q_d}{T} \quad (m^3/h) \tag{4-2}$$

和式(3-1)不同的是,水厂本身用水量系数 a 为1。

二、二级泵站、输水管和配水管网设计流量关系

二级泵站、输水管、配水管网的设计流量及水塔、清水池的调节容积,都应按照用户用水情况和一、二级泵站的工作情况确定。

(一)二级泵站的工作情况

二级泵站的工作情况与管网中是否设置流量调节构筑物(水塔或高地水池等)有关。当管网中无流量调节构筑物时,为安全、经济地满足用户对给水的要求,二级泵站必须按照用户用水量变化曲线工作,即每时每刻供水量应等于用水量。这种情况下,二级泵站最大供水流量,应等于最高日最高时设计用水量 Q_h;为使二级泵站在任何时候既能保证安全供水,又能在高效率下经济运转,设计二级泵站时,应根据用水量变化曲线选用多台大小搭配的水泵(或采用改变水泵转速的方式)来适应用水量变化。实际运行时,由管网的压力进行控制。例如,管网压力上升时,表明用水量减少,应适当减开水泵或大泵换成小泵(或降低水泵转速);反之,应增开水泵或小泵换成大泵(或提高水泵转速)。水泵切换(或转速改变)均可自动控制。这种供水方式,完全通过二级泵站的工况调节来适应用水量的变化,使二级泵站供水曲线符合用户用水曲线。目前,大中城市一般不设水塔,均采用此种供水方式。

对于用水量变化较大的小城镇、农村或自备给水系统的小区域供水问题,除采用上述供水方式外,修建水塔或高地水池等流量调节构筑物来调节供水与用水之间的流量不平衡,以改善水泵的运行条件,也是一种常见的供水方式。

(二) 二级泵站设计流量

给水管网最高时供水来自给水处理系统，水厂处理好的清水先存放在清水池中，由供水泵站加压后送入管网。对于单水源给水系统或用水量变化较大时，可能需要在管网中设置水塔或高位水池，水塔或高位水池在供水低峰时将水量贮存起来，而在供水高峰时与供水泵站一起向管网供水，这样可以降低供水泵站设计规模。

供水设计的原则是：

(1) 设计供水总流量必须等于设计用水量，即：

$$Q_s = Q_h = \frac{K_h Q_d}{86.4}$$

式中 Q_s——设计供水总流量，L/s。

(2) 对于多水源给水系统，由于有多个泵站，水泵工作组合方案多，供水调节能力比较强，所以一般不需要在管网中设置水塔或高位水池进行用水量调节，设计时直接使各水源供水泵站的设计流量之和等于最高时用水量，但各水源供水量的比例应通过水源能力、制水成本、输水费用、水质情况等技术经济比较确定。

(3) 对于单水源给水系统，可以考虑管网中不设水塔（或高位水池）或者设置水塔（或高位水池）两种方案。当给水管网中不设水塔（或高位水池）时，供水泵站设计供水流量为最高时用水流量；当给水管网中设置水塔（或高位水池）时，应先设计泵站供水曲线，具体要求是：

1) 供水一般分二级，如高峰供水时段分一级，低峰供水时段分一级，最多可以分三级，即在高峰和低峰供水量之间加一级，分级太多不便于水泵机组的运转管理；

2) 泵站各级供水线尽量接近用水线，以减小水塔（或高位水池）的调节容积，一般各级供水量可以取相应时段用水量平均值；

3) 分级供水时，应注意每级能否选到合适的水泵，以及水泵机组的合理搭配，并尽可能满足目前和今后一段时间内用水量增长的需要。

4) 必须使泵站24h供水量之和与最高日用水量相等，如果在用水量变化曲线上绘制泵站供水量曲线，各小时供水量也要用其最高日总用水量（也就是总供水量）的百分数表示，24小时供水量百分数之和应为100%。

如图4-1中有两条虚线，4.17%处的虚线代表日平均供水量，相当于给水处理系统的供水量。另一条虚线即泵站供水曲线，分为两级，第一级为从22点到5点，供水量为2.22%，第二级为从5点到22点，供水量为4.97%，最高日泵站总供水量为2.22%×7 + 4.97%×17 = 100%。

从图4-1所示的用水量曲线和泵站供水曲线可以看出水塔（或高位水池）的流量调节作用。供水量高于用水量时，多余的水进入水塔或高位水池内贮存；相反，当供水量低于用水量时，则从水塔或高位水池流出以补充泵站供水量的不足。由此可见，如供水线和用水线越接近，则为了适应流量的变化，泵站工作的分级数或水泵机组数可能增加，但是水塔或高位水池的调节容积可以减小。尽管各城市的具体条件有差别，水塔或高位水池在管网内位置可能不同，例如可放在管网的起端、中间或末端，但水塔或高位水池的调节流量作用并不因此而有变化。

【例4-1】 某市最高日设计用水量为45000m³/d，最高日内用水量时变化曲线如图4-1

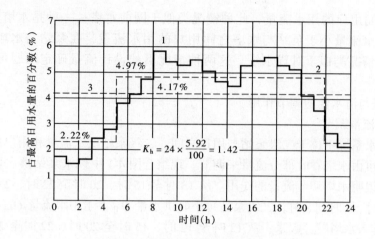

图 4-1 某城市最高日用水量变化曲线
1—用水曲线；2—供水泵站供水曲线；3—取水泵站供水曲线

所示。(1) 若管网中不设水塔或高位水池，试求供水泵站设计供水流量；(2) 若管网中设置水塔或高位水池，试求供水泵站设计供水流量是多少？水塔或高位水池的设计供水流量是多少？水塔或高位水池的最大进水量为多少？

【解】 (1) 管网中不设水塔或高位水池时，供水泵站设计供水流量为：

$$45000 \times 5.92\% \times 1000 \div 3600 = 740 \text{L/s}$$

(2) 管网中设置水塔或高位水池时，供水泵站设计供水流量为：

$$45000 \times 4.97\% \times 1000 \div 3600 = 620 \text{L/s}$$

水塔或高位水池的设计供水流量为：

$$45000 \times (5.92 - 4.97)\% \times 1000 \div 3600 = 120 \text{L/s}$$

水塔或高位水池的最大进水量为：

$$45000 \times (4.97 - 3.65)\% \times 1000 \div 3600 = 165 \text{L/s}$$

(三) 输水管和配水管网的设计流量

输水管和配水管网的计算流量均应按输配水系统在最高日最高用水时工作情况确定，并随有无水塔（或高地水池）及其在管网中的位置而定。

无水塔时，泵站到管网的输水管和配水管网都应以最高日最高时设计用水量 Q_h 作为设计流量。

设有网前水塔时，泵站到水塔的输水管直径应按泵站分级工作线的最大一级供水流量 $Q_{\text{II max}}$ 计算；水塔到管网的输水管和配水管网仍按最高时用水量 Q_h 计算。

设有对置水塔时，泵站到管网的输水管应以泵站分级工作线的最大一级供水流量 $Q_{\text{II max}}$ 作为设计流量；水塔到管网的输水管流量则应按 ($Q_h - Q_{\text{II max}}$) 计算；配水管网仍以 Q_h 作为设计流量，但须指出，在最高用水时，由泵站和水塔分别从两端供水，共同满足最高用水时设计流量 Q_h 的需要，这种情况下，确定的管网管径往往比一端供水时小，所以在确定管径后，为保证安全供水，还需按最大转输时进行核算。

设有网中水塔时，有两种情况，一种是水塔靠近二级泵站，并且泵站的供水流量大于泵站与水塔之间用户的用水流量，此种情况类似于网前水塔；一种是水塔离泵站较远，以致泵站的供水流量小于泵站与水塔之间用户的用水流量，在泵站与水塔之间将出现供水分界线，情况类似于对置水塔。这两种情况下的设计流量确定问题可参见前文所述。

（四）水塔与清水池的调节作用

1. 水塔的流量调节

水塔在给水系统中位于二级泵站与用户之间，二级泵站供水流量和用户用水流量不相等时，其差额可由水塔吞吐部分流量来调节。现结合图4-1中供水泵站供水量和用户用水量变化曲线来说明水塔调节流量的作用。从13时至15时、20时至22时、23时至24时及次日0时到3时、5时到8时，二级泵站每小时供水量Q_{II}大于用水流量$Q_{用}$，多余的流量（$Q_{II}-Q_{用}$）进入水塔贮存起来；从12时至13时、15时至20时、22时至23时及次日3时至5时、8时至13时每小时供水量Q_{II}小于用水流量$Q_{用}$，不足的流量（$Q_{用}-Q_{II}$）由水塔流入管网进行补充。很明显，供水曲线2与用水曲线1所围成的面积就是在某一时段内流入水塔或流出水塔的水量。最高日逐时累积存入及流出水塔的水量值，所得的最大值与最小值的差值就是水塔调节流量所必需的容积，称为调节容积。

2. 清水池的流量调节

一级泵站通常均匀供水，而二级泵站一般为分级供水，所以一、二级泵站的每小时供水量并不相等。为了调节两泵站供水量的差额，必须在一、二级泵站之间建造清水池。图4-2中，实线2表示二级泵站工作线，虚线1表示一级泵站工作线。一级泵站供水量大于二级泵站供水量这段时间内，图4-2中为22时到次日5时，多余水量在清水池中贮存；而在5时至22时，因一级泵站供水量小于二级泵站，这段时间内需取用清水池中存水，以满足用水量的需要。但在一天内，贮存的水量刚好等于取用的水量，即清水池所需调节容积或等于图4-2中二级泵站供水量大于一级泵站时累计的A部分面积，或等于B部分面积。换言之，等于累计贮存水量或累计取用的水量。

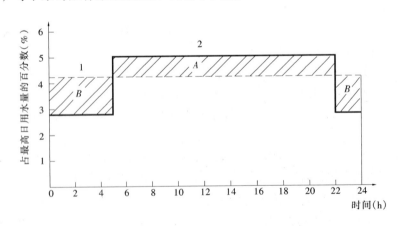

图4-2 清水池的调节容积计算
1—水厂产水曲线；2—二级泵站的供水曲线

上述分析可知，水塔和清水池都是给水系统中调节流量的构筑物，彼此之间存在着密切联系。水塔的调节容积取决于二级泵站供水量和用户用水量的组合曲线，而清水池的调节容积则决定于水厂产水量和二级泵站供水量的组合曲线。若水厂产水曲线和用户用水曲线一定时，水塔和清水池的调节容积将随二级泵站供水曲线的变化而变化。由图 4-1 很容易看出，如果二级泵站供水曲线越接近用水曲线，必然远离水厂产水曲线，则水塔的调节容积可以减小，但清水池的调节容积将会增大，如二级泵站供水曲线与用户用水曲线重合，则水塔调节容积等于零，即成为无水塔的管网系统，但清水池的调节容积达到最大值。反之，清水池的调节容积可大为减小，但水塔的调节容积将明显增大。由此可见，给水系统中流量的调节由水塔和清水池共同分担，并且通过二级泵站供水曲线的拟定，二者所需的调节容积可以相互转化。由于单位容积的水塔造价远高于清水池造价，所以在工程实践中，一般均增大清水池的容积而缩减水塔的容积，以节省投资。

第二节 清水池和水塔

由前面分析可知，清水池和水塔在给水系统中除了起流量调节作用之外，清水池还兼有贮存水量和保证氯消毒接触时间等作用，水塔还兼有贮存水量和保证管网水压的作用。下面将具体介绍清水池和水塔的构造及其容积的确定方法。

一、清水池和水塔的容积计算

（一）清水池和水塔的调节容积计算

清水池和水塔的调节容积的计算，通常采用两种方法：一种是根据 24h 供水量和用水量变化曲线推算，一种是凭经验估算。以图 4-1 为例，用水量变化幅度从最高日用水量的 1.70%（1~2 时）到 5.92%（8~9 时）。二级泵站供水线按用水量变化情况，采用 2.22%（22~5 时）和 4.97%（5~22 时）两级供水，见表 4-1 中的第（3）项，它比均匀地一级供水，可减少水塔调节容积，节省造价。

无论是清水池还是水塔，调节构筑物的共同特点是调节流入和流出两个流量之差，其调节容积为：

$$W = Max\Sigma(Q_1 - Q_2) - Min\Sigma(Q_1 - Q_2) \quad (m^3) \tag{4-3}$$

式中　Q_1、Q_2——表示要调节的两个流量，m^3/h。

水塔和清水池的调节容积计算见表 4-1 中第（4）项。参照附近某城市最高日用水量变化曲线得出，第（2）项为假定一级泵站 24h 均匀供水，当管网中设置水塔时，清水池调节容积计算见表 4-1 中第 5、6 列，Q_1 为第（2）项，Q_2 为第（3）项，第 5 列为调节流量 $Q_1 - Q_2$，第 6 列为调节流量累计值 $\Sigma(Q_1 - Q_2)$，其最大值为 9.74，最小值为 -3.89，则清水池调节容积为：9.74 -（-3.89）= 13.63（%）。

当管网中不设水塔时，清水池调节容积计算见表 4-1 中第 7、8 列，Q_1 为第（2）项，Q_2 为第（4）项，第 7 列为调节流量 $Q_1 - Q_2$，第 8 列为调节流量累计值 $\Sigma(Q_1 - Q_2)$，其最大值为 10.40，最小值为 -4.06，则清水池调节容积为：10.40 -（-4.06）= 14.46（%）。

水塔调节容积计算见表 4-1 中第 9、10 列，Q_1 为第（3）项，Q_2 为第（4）项，第 9 列为调节流量 $Q_1 - Q_2$，第 10 列为调节流量累计值 $\Sigma(Q_1 - Q_2)$，其最大值为 2.43，最小值为 -1.78，则水塔调节容积为：2.43 -（-1.78）= 4.21（%）。

清水池与水塔调节容积计算表   表 4-1

小时	一级泵站供水量（%）	二级泵站供水量（%）		清水池调节容积计算（%）				水塔调节容积计算（%）	
		设置水塔	不设水塔	设置水塔		不设水塔			
(1)	(2)	(3)	(4)	(2)−(3)	Σ	(2)−(4)	Σ	(3)−(4)	Σ
0~1	4.17	2.22	1.92	1.95	1.95	2.25	2.25	0.30	0.30
1~2	4.17	2.22	1.70	1.95	3.90	2.47	4.72	0.52	0.82
2~3	4.16	2.22	1.77	1.94	5.84	2.39	7.11	0.45	1.27
3~4	4.17	2.22	2.45	1.95	7.79	1.72	8.83	−0.23	1.04
4~5	4.17	2.22	2.87	1.95	9.74	1.30	10.13	−0.65	0.39
5~6	4.16	4.97	3.95	−0.81	8.93	0.21	10.34	1.02	1.41
6~7	4.17	4.97	4.11	−0.80	8.13	0.06	10.40	0.86	2.27
7~8	4.17	4.97	4.81	−0.80	7.33	−0.64	9.76	0.16	2.43
8~9	4.16	4.97	5.92	−0.81	6.52	−1.76	8.00	−0.95	1.48
9~10	4.17	4.96	5.47	−0.79	5.73	−1.30	6.70	−0.51	0.97
10~11	4.17	4.97	5.40	−0.80	4.93	−1.23	5.47	−0.43	0.54
11~12	4.16	4.97	5.66	−0.81	4.12	−1.50	3.97	−0.69	−0.15
12~13	4.17	4.97	5.08	−0.80	3.32	−0.91	3.06	−0.11	−0.26
13~14	4.17	4.97	4.81	−0.80	2.52	−0.64	2.42	0.16	−0.10
14~15	4.16	4.96	4.62	−0.80	1.72	−0.46	1.96	0.34	0.24
15~16	4.17	4.97	5.24	−0.80	0.92	−1.07	0.89	−0.27	−0.03
16~17	4.17	4.97	5.57	−0.80	0.12	−1.40	−0.51	−0.60	−0.63
17~18	4.16	4.97	5.63	−0.81	−0.69	−1.47	−1.98	−0.66	−1.29
18~19	4.17	4.96	5.28	−0.79	−1.48	−1.11	−3.09	−0.32	−1.61
19~20	4.17	4.97	5.14	−0.80	−2.28	−0.97	−4.06	−0.17	−1.78
20~21	4.16	4.97	4.11	−0.81	−3.09	0.05	−4.01	0.86	−0.92
21~22	4.17	4.97	3.65	−0.80	−3.89	0.52	−3.49	1.32	0.40
22~23	4.17	2.22	2.83	1.95	−1.94	1.34	−2.05	−0.61	−0.21
23~24	4.16	2.22	2.01	1.94	−0.00	2.15	0.00	0.21	0.00
累计	100.00	100.00	100.00	调节容积=13.63		调节容积=14.46		调节容积=4.21	

（二）清水池和水塔的容积设计

清水池中除了贮存调节用水量以外，还存放消防用水量和给水处理系统生产自用水量，因此，清水池设计有效容积为：

$$W = W_1 + W_2 + W_3 + W_4 \quad (m^3) \tag{4-4}$$

式中 W_1——清水池调节容积，m^3；

W_2——消防贮备水量，m^3，按 2h 室外消防水量计算；

W_3——给水处理系统生产自用水量，m^3，一般取最高日用水量的 5%~10%；

W_4——安全贮备水量,m^3。

在缺乏资料,不能进行水量调节计算的情况下,城市水厂的清水池调节容积可凭运转经验,一般可按最高日用水量的10%~20%设计。供水量大的城市,因24h的用水量变化较小,可取低百分数,以免清水池过大。至于生产用水的清水池调节容积,应按工业生产的调度、事故和消防等要求确定。

清水池应设计成相等容积的两个,如仅有一个,则应分格或采取适当措施,以便清洗或检修时不间断供水。

水塔除了贮存调节用水量以外,还需贮存室内消防用水量。因此,水塔设计有效容积为:

$$W = W_1 + W_2 \quad (m^3) \tag{4-5}$$

式中　W_1——水塔调节容积,m^3;

W_2——室内消防贮备水量,m^3,按10min室内消防用水量计算。

在缺乏资料,不能进行水量调节计算的情况下,水塔容积可按最高日用水量的2.5%~3%至5%~6%计算,当城市用水量大时取低值。工业用水可按生产上的要求(调度、事故和消防)确定水塔调节容积。

二、清水池和水塔的构造

(一)清水池的构造

在给水工程中,常采用钢筋混凝土水池、预应力钢筋混凝土水池或砖石水池,一般将其做成圆形或矩形。钢筋混凝土水池使用最广,见图4-3。一般当水池容积小于2500m^3时,以圆形为较经济,大于2500m^3时以矩形为较经济。

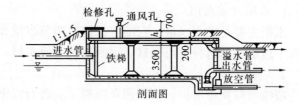

水池应有单独的进水管和出水管,安装地点应保证池水的经常循环,一般从池一侧上部进水,从另一侧下部出水。进水管和出水管分别按最高的进、出水流量确定管径,管内流速在0.7~1m/s左右。确定管径时,应适当留有余地,以满足水量发展时的需要。此外,应有溢水管,其管径和进水管相同,管端有喇叭口,管上不设阀门,出口应设网罩,防止

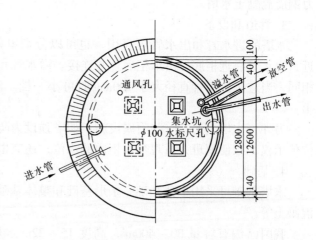

图4-3　圆形钢筋混凝土水池

虫类进入池内。水池的放空管设在集水坑内,管径一般按最低水位时2h内将池水放空计算。容积在1000m^3以上的水池,至少应设两个检修孔,孔的尺寸应满足池内管配件的进出。为避免池内水的短流,池内应设导流墙,在导流墙底部,隔一定距离设过水孔,使洗池时排水方便。为使池内自然通风,应设若干通风孔,孔口高出水池填土面0.7m以上。

池顶覆土厚度视当地平均室外气温而定，一般在 0.3～0.7m 之间，气温低则覆土厚一些。此外，覆土厚度还应考虑到池体抗浮要求。当地下水位较高、温度低时则覆土厚一些。应设水位仪，可就地指示或远传水位，常用的水位传示仪有电阻式、电容式和数字显示液位计等。

清水池个数或分格数，一般不少于两个，并且可以单独工作，分别检修。如近期只建造一个清水池时，水厂应设超越管绕过清水池，以便清洗时仍可供水。

钢筋混凝土水池易出现裂缝，有时即使采用防水层措施也未必解决问题。预应力钢筋混凝土水池水密性高，不出现裂缝。大型预应力钢筋混凝土水池可较同容积的钢筋混凝土水池节约造价。

装配式钢筋混凝土水池近年也有采用。它是将水池的柱、梁、板等构件事先预制，因此可节约模板。各构件拼装完毕后，外面再加钢箍，并加张力，接缝处喷涂砂浆使之不漏水。

我国已编有容量 50～1000m³ 圆形钢筋混凝土蓄水池国家标准图 96S811～96S820，矩形钢筋混凝土蓄水池国家标准图 96S823～96S833，可供设计时选用。

(二) 水塔的构造

水塔主要由水柜（或水箱）、塔体、管道及基础组成。

1．水柜（或水箱）

水柜主要是贮存水量，它的容积包括调节容量和消防贮量。水柜通常做成圆形，必须牢固不透水。其材料可用钢材、钢筋混凝土或木材，容积很小时，可用砖砌。

2．塔体

塔体可以支撑水柜，常用钢筋混凝土、砖石或钢材建造。近年来也采用装配式和预应力钢筋混凝土水塔。

3．管道和设备

水塔的进水管和出水管可合用，也可以分别单独设置。合用时进水管伸到高水位附近，出水管靠近柜底，出水柜后合并连接。溢水管和放空管可合并。管径可和进、出水管相同，当进、出水管直径大于 200mm 时可小一档。溢水管上不装阀门，放空管从柜底接出。

另外，水塔上还有一些附属设施，如塔顶设为防雷电的避雷针；设置浮标水位池或水位传示仪，以便值班人员观察水柜内的水位；还应根据当地气温采取水柜保温措施。

4．基础

水塔基础可采用单独基础、条形基础和整体基础。常用的材料有砖石、混凝土、钢筋混凝土等。

我国已编有容量 30～400m³，高度 15～32m 水塔的国家标准图 S843～845、90S846、90S847。

第三节　给水系统的水压关系

给水系统应保证一定的水压，能供给用户足够的生活用水或生产用水。城市给水管网需保持最小的服务水头为：从地面算起 1 层为 10m，2 层为 12m，2 层以上每层增加 4m。

例如，当地房屋按7层楼考虑，则最小服务水头应为32m。至于城市内个别高层建筑物或建筑群，或建筑在城市高地上的建筑物等所需的水压，不应作为管网水压控制的条件。为满足这类建筑物的用水，可单独设置局部加压装置，这样比较经济。

泵站、水塔或高地水池是给水系统中保证水压的构筑物，因此需了解水泵扬程和水塔（或高地水池）高度的确定方法，以满足设计的水压要求。

一、水泵扬程确定

由水泵扬程的定义可知，水泵扬程就是指单位重量液体通过水泵后所获得的能量增值。水泵扬程 H_p 等于静扬程和水头损失之和：

$$H_p = H_0 + \Sigma h \tag{4-6}$$

静扬程 H_0 需根据抽水条件确定。一级泵站静扬程是指水泵吸水井最低水位与水厂的前端处理构筑物（一般为混合絮凝池）最高水位的高程差。在工业企业的循环给水系统中，水从冷却池（或冷却塔）的集水井直接送到车间的冷却设备，这时静扬程等于车间所需水头（车间地面标高加所需服务水压）与集水井最低水位的高程差。

水头损失 Σh 包括水泵吸水管、压水管和泵站连接管线的水头损失。

所以一级泵站的扬程为（见图4-4）：

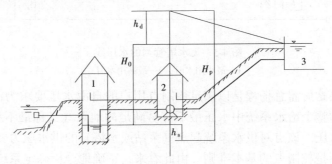

图4-4 一级泵站扬程计算
1—吸水井；2——级泵站；3—絮凝池

$$H_p = H_0 + h_s + h_d \quad (m) \tag{4-7}$$

式中 H_0——静扬程，m；

h_s——由最高日平均时供水量加水厂自用水量确定的吸水管路水头损失，m；

h_d——由最高日平均时供水量加水厂自用水量确定的压水管和泵站到絮凝池管线中的水头损失，m。

二级泵站是从清水池取水直接送向用户或先送入水塔，而后流进用户。无论是哪一种管网系统，在哪一种最不利情况下工作，其所需水泵总扬程均由两部分组成：一部分是为克服地形高差满足控制点用户所要求的自由水压而必需的能量，即所需的静扬程；另一部分是为将所需的流量从泵站吸水池通过管道系统送至各用户，必然要克服各种阻力而消耗的能量，即各种阻力引起的水头损失。所以，泵站所需总扬程的计算公式可表达如下：

$$H_p = H_{ST} + \Sigma h_p + \Sigma h \tag{4-8}$$

式中 H_p——泵站所需总扬程，m；

H_{ST}——所需静扬程，m，等于控制点要求的水压标高（$Z_c + H_c$）与吸水井最低设计水位标高（Z_0）之差，即 $H_{ST} = (Z_c + H_c) - Z_0$（m），其中 Z_c 为控制点处的地形标高，m；H_c 为控制点所要求的自由水压值，m，管网设计时根据该点建筑物层数确定；

Σh_p——泵站内水头损失，m，等于泵站的吸水管水头损失（h_s）与压水管水头损失（h_d）之和，即：$\Sigma h_p = h_s + h_d$（m）；

Σh——泵站至控制点之间管路水头损失，m，等于输水管路的水头损失（h_c）与配水管网的水头损失（h_n）之和，即：$\Sigma h = h_c + h_n$（m），此项数值可通过管网水力计算获得。

上式中各符号的意义可用水压线图表示，见图 4-5。

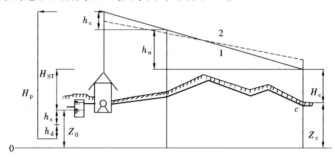

图 4-5 无水塔管网的水压线
1—最小用水时；2—最高用水时

上述可知，泵站所需总扬程是以满足控制点用户的自由水压要求为前提计算得出的。所谓的控制点是指整个给水系统中水压最不容易满足的地点（又称最不利点），用以控制整个供水系统的水压。该点对供水系统起点（泵站或水塔）的供水压力要求最高，这一特征是判断某点是不是控制点的基本准则。由此看来，正确地分析确定系统的控制点非常重要，它是正确进行给水系统水压分析的关键。一般情况下，控制点通常在系统的下列地点：

（1）地形最高点；
（2）要求自由水压最高点；
（3）距离供水起点最远点。

当然，若系统中某一地点能同时满足上述条件，这一地点一定是控制点，但实际工程中，往往不是这样，多数情况下只具备其中的一个或两个条件，这时需选出几个可能的地点通过分析比较才能确定。另外，选择控制点时，应排除个别对水压要求很高的特殊用户（如高层建筑、工厂等），这些用户对水压的要求应自行加压解决；对于同一管网系统，各种工况（最高时、消防时、最不利管段损坏时、最大转输时等）的控制点往往不是同一地点，需根据具体情况正确选定。

二、水塔高度确定

水塔是靠重力作用将所需的流量压送到各用户的。大中城市一般不设水塔，因城市用水量大，水塔容积小了不起作用，如容积太大造价又太高，况且水塔高度一经确定，对今后给水管网的发展将产生影响。小城镇和工业企业则可考虑设置水塔，既可缩短水泵工作时间，又可保证恒定的水压。水塔在管网中的位置，可靠近水厂、位于管网中间或靠近管

网末端等。不管哪类水塔,水塔的高度是指水柜底面或最低水位离地面的高度。这一高度可参考图 4-6,按下式计算:

$$H_t = H_c + \Sigma h' - (Z_t - Z_c) \quad (m) \quad (4-9)$$

式中 H_t——水塔高度,m;

H_c——控制点要求的自由水压,m;

$\Sigma h'$——按最高时用水量计算的从水塔至控制点之间管路的水头损失,m;

Z_t——水塔处的地形标高,m;

Z_c——控制点处的地形标高,m。

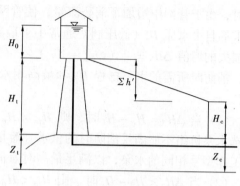

图 4-6 水塔高度计算图

从上式看出,建造水塔处的地面标高 Z_t 越高,则水塔高度 H_t 越低,这就是水塔建在高地的原因。离二级泵站越远地形越高的城市,水塔可能建在管网末端而形成对置水塔的管网系统。这种系统的给水情况比较特殊,在最高用水量时,管网用水由泵站和水塔同时供给,两者各有自己的给水区,在给水区分界线上,水压最低。求对置水塔管网系统中的水塔高度时,式(4-9)中的 Σh 是指水塔到分界线处的水头损失,H_c 和 Z_c 分别指水压最低点的服务水头和地形标高。这里,水头损失和水压最低点的确定必须通过管网计算。

三、无水塔管网系统的水压情况

(一)最高用水时水压情况

管网中不设水塔而由二级泵站直接供水时,管网水压情况如图 4-5 所示。供水过程中,用水量总是变化的,用水量变化必然引起管网水压的波动,用水量变化越大,管网压力波动也就越大。最高用水时,二级泵站所需总扬程 H_p 直接由控制点按式(4-8)推算得出。

(二)消防时的水压情况

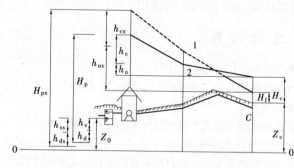

图 4-7 无水塔管网在消防时的水压线
1—消防时;2—最高用水时

管网的管径和二级泵站的水泵型号和台数都是根据最高用水时的设计流量和设计水压确定,但在消防时,管网额外增加了大量的消防流量,管网的水头损失会明显增大,管网系统在消防时的水压会发生变化。因此,为保证安全供水,必须按消防时的条件进行核算,我国城镇给水一般均按低压制消防条件进行核算,即管网通过的总流量按最高时设计用水量加消防流量($Q_h + Q_x$),消防时管网的自由水压值应保证不低于 10mH$_2$O 进行核算,以确定按最高用水时确定的管径和水泵扬程是否能适应这一工作情况的需要。

无水塔管网系统在消防时的水压线如图 4-7 所示(着火点可考虑在控制点 C 处)。消防时，由于管网中增加了消防流量，使管网系统的水头损失明显增大，另一方面，消防时要求的自由水压 H_f（低压制）通常小于最高用水时要求的自由水压 H_c。因此，视管网水头损失的增值 $\Delta H_X = [(\Sigma h_{px} + \Sigma h_x) - (\Sigma h_p + \Sigma h)]$ 和减少的自由水压值 $(H_c - H_f)$ 大小，消防时所需的水泵扬程 H_{px} 和最高用水时所需的水泵扬程 H_p 的关系可有以下几种情况：

(1) 当 $\Delta H_X = H_c - H_f$ 时，则 $H_{px} = H_p$，但由于消防时增加了消防流量，所以最高时所选水泵机组不能满足消防时的供水（流量）要求，这时只需在二级泵站内多设置与最高时工作型号相同的水泵，以满足最高时兼消防的需要。

(2) 当 $\Delta H_X < H_c - H_f$ 时，则 $H_{px} < H_p$，这时视 $(H_p - H_{px})$ 值大小，应核算最高用水所选水泵机组，通过工况点的改变（扬程降低，流量增加）能否满足消防时的流量（$Q_h + Q_x$）要求，若不能满足时，只需按第一种情况采取措施即可。

(3) 当 $\Delta H_X > H_c - H_f$ 时，则 $H_{px} > H_p$，这时视 $(H_{px} - H_p)$ 值大小采取相应措施。若按最高时所选水泵通过工况点改变（流量减少，扬程增高）能够满足消防时对扬程 H_{px} 的要求时，只需按第一种情况采取措施即可，否则应放大部分管段的管径或设专用消防泵。

综上所述，管网水力计算应满足四种情况流量及水压的需要：(1) 最高日最高用水时；(2) 消防时；(3) 最高日最高时有一处最不利管段发生损坏时（限于环状管网）；(4) 最大转输时（限于设有对置水塔的管网）。第 (2)、(3) 种情况出现的机会很少，历时较短，一般说来，二级泵站最高时供水量大于最大转输时的供水量，所以决定管网管径及选择二级泵站的水泵型号主要依据最高时管网的计算结果。后三种只是在管网管径和水泵型号确定的基础上进行核算。后三种情况可通过二级泵站水泵运行方式（水泵并联等）及工况点的改变来满足其对流量和扬程的需要［第 (2)、(3) 种情况水泵工况点在高效段以外是允许的］。如不能满足需要时，可适当放大管网个别（水力坡度较大）管段的管径来解决。第 (2)、(3)、(4) 种情况设专用水泵不经济且不便管理。但在用水量少而消防流量占比例较大的小型水厂，最高用水时的水泵扬程与最高时加消防时的水泵扬程相差很大，且放大管网管径不经济时，只得专设消防泵供最高时加消防时使用。

思 考 题 与 习 题

1. 取用地表水源时，水处理构筑物、泵站和管网等按什么流量设计？
2. 管网中有、无水塔及水塔位置的变更，对二级泵站的工作情况和设计流量有何影响？
3. 已知用水量曲线时，怎样定出二级泵站工作线？
4. 清水池和水塔各起什么作用？其有效容积由哪几部分组成？哪些情况下应设置水塔？
5. 怎样确定清水池和水塔的调节容积？
6. 无水塔的管网系统，二级泵站可采取什么方法和措施来适应用户用水量的变化？试举例说明之。
7. 你如何理解水塔和清水池的调节容积是可以相互转移的？
8. 在水厂运行中，你通过哪些措施可减小清水池调节水量所需的调节容积？为什么？
9. 写出消防时（图4-7）的二级泵站扬程计算式。
10. 有水塔和无水塔的管网，二级泵站的计算流量有何差别？
11. 什么是控制点？它具有什么基本特征？每一管网系统各种工况的控制点是否是同一地点？举例说明之。
12. 为什么水塔应建造在地形较高的地方？

13. 管网应按哪种供水条件进行设计计算？设计计算完毕后还应按哪些供水条件进行校核计算？
14. 为什么要进行管网的校核计算？各自的核算条件？怎样根据设计计算和校核计算结果进行二级泵站的水泵组合设计？
15. 有水塔和无水塔的管网，二级泵站的计算流量有何差别？
16. 某城市最高日用水量为 15 万 m^3/d，用水量变化曲线参照图 4-1，求最高日最高时、平均时、一级和二级泵站的设计流量（m^3/s）。
17. 某城市给水系统由地表水源、一级泵站、水处理构筑物、清水池、二级泵站、输水管、管网和水塔组成。该城市最高日设计用水量为 25 万 m^3/d，最高日用水量变化如图 4-1，一级泵站 24h 均匀供水，试确定：

(1) 二级泵站供水曲线；
(2) 各组成部分的设计流量；
(3) 清水池和水塔的总有效容积（室内消防流量按 10L/s 计）。

第五章 给水管网的设计计算

第一节 概 述

给水工程总投资中,输水管渠和管网费用(包括管道、阀门、附属设施等)约占70%~80%。因此,必须进行多种方案的计算与比较,以达到经济合理地满足近期和远期用水的目的。

在管网计算中常会遇到两类课题:

第一类为设计计算,即按最高日最高时流量求出各节点流量后,进行流量分配,确定管网中各管段的管径及水头损失,再推算出给水管网系统的水压关系。在具体设计时,常有两种情况:

(1) 供水起点水压未知时,应按经济流速选定各管段的管径,再由管段流量、管径和管长计算各管段的水头损失,然后由控制点的地形标高、要求的自由水压推出各节点水压,计算水泵扬程和水塔高度,最终得出管网中各管段的管径、水塔高度,进而确定水泵型号、台数。

(2) 供水起点水压能满足用户要求,从现有管网或泵站接出一个分系统,且不需设置增压设施。此时,应充分利用起点水压条件来选定经济管径,此时经济流速不起主导作用,计算出各管段的水头损失,由起点现有水压条件推出各节点水压,并复核水压是否大于或等于控制点所需水压,若小于控制点所需水压或大得很多时,均须调整个别管段的管径,重新计算,最后得出管网各管段的管径和各节点水压。

第二类为管网复核计算,即在管网管径已知的前提下,按管网在各种用水情况下的工作流量,分别求出集中于各节点的计算流量,确定各管段的流量和水头损失,并对管网在各种用水条件下的工作情况进行水力计算,分析计算结果,得出管网在各种用水情况下的流量和水压。

例如新建管网,首先按最高时用水量确定给水管网所有管段的直径、水头损失、水泵扬程和水塔高度,然后根据管网布置情况,分别进行消防时、最大转输时、事故时的复核条件,核算由设计计算确定的管径和水泵等能否满足上述最不利情况下的流量和扬程要求,以确定设计计算结果是否需要调整修改,并结合复核结果确定此时水泵型号和台数。又如,对现有管网在各种用水情况下(包括最高时)的运转情况进行水力分析计算,找出管网工作的薄弱环节,为加强管网管理、挖潜、扩建或改建提供技术依据。管网在扩建或改建后在多大程度上改善供应的水量和水压等问题,都需要通过管网的复核计算才能确定。

以上两类课题并不能截然划分,需根据具体条件确定,例如关于管网扩建问题,既可属于第一类课题,也可属于第二类课题。

第二节 管网图形的性质与简化

一、管网图形的性质

给水管网是由管段和节点构成的有向图。管网图形中每个节点通过一条或多条管段与其他节点相连接。

如图 5-1 所示的管网，图中标有 1、2、3……8 的点称为节点，包括：(1) 配水源节点，如泵站、水塔或高地水池等；(2) 不同管径或不同材质的交接点；(3) 管网中管段的交汇点或集中向大用户供水的点，因管中流量发生变化，也是节点。图 5-1 中，两个相邻节点之间的管道称为管段，如管段 2-5。管段顺序连接形成管线，如图中的管线 1-2-3-4-7-8，是指从泵站到水塔的一条管线。起点与终点重合的管线构成环，如图中 2-3-6-5-2 构成环Ⅰ。在一个环中不包含其他环时，称为基环，如环Ⅰ、Ⅱ都是基环。几个基环合成的大环，如环Ⅰ、Ⅱ合成的大环 2-3-4-7-6-5-2 就不再是基环。

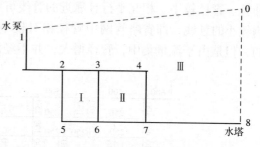

图 5-1 干管网的组成

多水源管网，为了计算方便，有时将两个或两个以上水压一定的水源节点（泵站、水塔等）用虚管线与虚节点 0 连接时，也形成环，如图 5-1 中实管线 1-2-3-4-7-8 和虚管线 8-0-1 所形成的环Ⅲ，因实际上并不存在，故称为虚环。两个配水源时可形成一个虚环，三个配水源时形成两个虚环，由此推知虚环数等于配水源数减一，或等于虚管段数减一。

由多面体的欧拉定理，可导出平面管网图形的节点（包括虚节点 0）数 J、管段（包括虚管段）数 P 和基环（包括虚环）数 L 之间的关系：

$$P = J + L - 1 \tag{5-1}$$

对于枝状管网，因环数 $L=0$，所以 $P = J - 1$ 即管段数等于节点数减一。由此可知，要将环状管网转化为枝状管网，必须在每一个基环中去掉一条管段，最少去除的管段数须等于基环数 L，管段去除后节点数保持不变。因所去除的管段可以不同，所以同一环状管网可以转变成为各种形式的枝状管网。

二、管网图形的简化

在管网计算中，城市管网的现状核算及旧管网的扩建计算最为常见。由于给水管线遍布在街道下，非但管线很多而且管径差别很大，如果计算全部管线，实际上既无必要，也不大可能。因此，除了新设计的管网，因定线和计算仅限于干管网的情况外，对城镇管网的现状核算以及管网的扩建或改建往往需要将实际的管网适当加以简化，保留主要的干管，略去一些次要的、水力条件影响较小的管线，使简化后的管网基本上能反映实际用水情况，而计算工作量大大减轻。通常管网越简化，计算工作量越小，但过分简化的管网，其计算结果与实际用水情况的偏差就会过大。因此，管网图形简化是在保证计算结果接近于实际情况的前提下，对管线进行的简化。

图 5-2 (a) 为某城市管网的管线布置，共计 42 个环，管段旁注明管径（以 mm 计）。

图 5-2(b) 表示管网在分解、合并、简化时的考虑。图 5-2(c) 为简化后的管网,环数减少了一半,计 21 个环。

在进行管网简化时,首先应对实际管网的管线情况进行充分了解和分析,然后采用分解、合并、省略等方法进行简化。从图 5-2(b) 可见,只有一条管线连接的两个管网,可以把连接管线断开,分解成为两个独立的管网;有两条管线连接的分支管网,若其位于管网的末端且连接管线的流向和流量可以确定时,也可以进行分解,管网分解后即可分别计算。管径较小、相互平行且靠近的管线可考虑合并。管线省略时,首先略去水力条件影响较小的管线,即省略管网中管径相对较小的管线。管线省略后的计算结果是偏于安全的,但是由于流量集中,管径增大,并不经济。

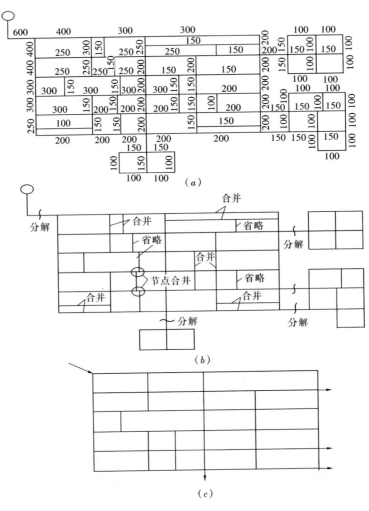

图 5-2 管网简化

第三节 管段设计流量计算

在管网水力计算过程中,要确定各管段的直径,必须首先确定各管段的设计流量。为此，需先求出各管段的沿线流量和各节点的节点流量。

一、沿线流量

工企业的给水管网，用水集中在少数车间，配水情况比较简单。城镇给水管线，由于干管和分配管上承接了许多用户，既有工厂、医院、旅馆等大用户，其流量称为集中流量，常用 Q_1、Q_2、Q_3……表示，又有数量很多但用水量较小的居民用水，其用水量常用 q_1、q_2、q_3……表示。我们把管网中管段配水干管或配水支管沿线输出的流量之和，称为该管段的沿线流量，即供给该管段两侧用户所需的流量。由于沿线分布不均匀，因此，干管和分配管沿线配水情况均很不规则。干管的配水情况如图5-3（a）所示。

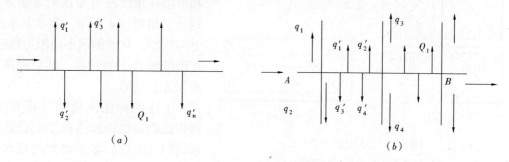

图 5-3　干管和分配管配水情况
（a）干管配水情况；（b）分配管配水情况

分配管沿线配出的流量如图5-3（b）所示，既有数量较多的小用户用水 q_1'、q_2'……，也有少数大用户的集中流量 Q_1；而干管上还有分配管的取水流量 q_1、q_2……，这些流量大小不等，并且用水量经常发生变化。若按实际情况计算，非常复杂且没有必要。所以，为了计算方便，常采用简化法——比流量法，即假定小用水户的流量均匀分布在全部干管上。比流量法有长度比流量和面积比流量两种。

（一）长度比流量

所谓长度比流量法是假定沿线流量 q_1'、q_2'……均匀分布在全部配水干管上，则管线单位长度上的配水流量称为长度比流量，记作 q_{cb}，按下式计算：

$$q_{cb} = \frac{Q - \Sigma Q_i}{\Sigma L} \quad [L/(s \cdot m)] \tag{5-2}$$

式中　Q——管网总用水量，L/s；

ΣQ_i——工业企业及其他大用户的集中流量之和，L/s；

ΣL——管网配水干管总计算长度，m；单侧配水的管段（如沿河岸等地段敷设的只有一侧配水的管线）按实际长度的一半计入；双侧配水的管段，计算长度等于实际长度；两侧不配水的管线长度不计。

比流量的大小随用水量的变化而变化。因此，控制管网水力情况的不同供水条件下的比流量（如在最高用水时、消防时、最大转输时的比流量）是不同的，须分别计算。

必须指出，按照用水量全部均匀分布在干管上的假定来求比流量的方法，存在一定的缺点，因为忽视了沿管线供水人数多少的影响。所以，不能反映各管段的实际配水量。显然，不同管段上，它的供水面积和供水居民数不会相同，配水量不可能均匀。因此，提出一种改进的计算方法，即按管段供水面积决定比流量的计算方法——面积比流量法。

（二）面积比流量

假定沿线流量 q'_1、q'_2……均匀分布在整个供水面积上，则单位面积上的配水流量称为面积比流量，记作 q_{mb}，按下式计算：

$$q_{mb} = \frac{Q - \Sigma Q_i}{\Sigma \omega} \quad [\text{L}/(\text{s} \cdot \text{m}^2)] \tag{5-3}$$

式中　$\Sigma \omega$——给水区域内沿线配水的供水面积总和，m^2。

其余符号意义同前。

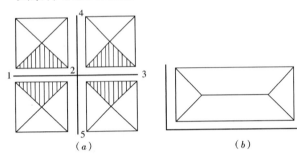

图 5-4　供水面积划分
(a) 对角线法；(b) 分角线法

干管每一管段所负担的供水面积可按分角线或对角线的方法进行划分，如图 5-4 所示。在街区长边上的管段，其单侧供水面积为梯形；在街区短边上的管段，其单侧供水面积为三角形。

上述两种比流量的计算方法，面积比流量法由于考虑了沿管线供水面积（人数）多少对管线配水流量的影响，故计算结果与长度比流量法相比更接近实际配水情况，但此法计算过程较麻烦。当供水区域的干管分布比较均匀，干管距大致相同的管网，无必要使用，改用长度比流量法较为简便。

由比流量 q_{cb}、q_{mb} 可计算出各管段的沿线配水流量即沿线流量，记作 q_y，则任一管段的沿线流量 q_y 可按下式计算：

$$q_y = q_{cb} \cdot L_i \quad (\text{L/s}) \tag{5-4}$$

或

$$q_y = q_{mb} \cdot A_i \quad (\text{L/s}) \tag{5-5}$$

式中　L_i——该管段的计算长度，m；
　　　A_i——该管段所负担的供水面积，m^2。

二、节点流量

管网中任一管段内的流量，包括两部分：一部分是沿本管段均匀泄出供给各用户的沿线流量 q_y，如图 5-5 (a)，流量大小沿程直线减小，到管段末端等于零；另一部分是通过本管段流到下游管段的流量，沿程不发生变化如图 5-5 (b)，称为转输流量 q_{zs}。从图 5-5 (a) 可以看出，从管段起端 A 到末端 B 管段内流量由 $q_{zs} + q_y$ 变为 q_{zs}，流量仍是变化的。对于流量变化的管段，难以确定管径和水头损失。因此，需对其进一步简化。简化的方法是以变化的沿线流量折算为管段两端节点流出的流量，即节点流量。全管段引用一个不变的流量，称为折算流量，记为 q_{if}，使它产生的水头损失与实际上沿线变化的流量产生的水头损失完全相同，从而得出管线折算流量的计算公式为：

$$q_{if} = q_{zs} + \alpha q_y \quad (\text{L/s}) \tag{5-6}$$

式中　α——折减系数，其值根据简化条件经推算在 0.5～0.58 之间。

α 值与管段中 q_{zs}/q_y 有关。一般，在靠近管网起端的管段，因转输流量比沿线流量大得多，α 值接近于 0.5；相反，靠近管网末端的管段，α 值则趋近于 0.58。为便于管网计算，通常统一采用 0.5，即将管段沿线流量平分到管段两端的节点上，在解决工程问题时，已足够精确。

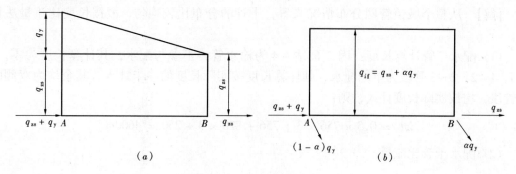

图 5-5 管段输配水情况

因此管网任一节点的节点流量为：

$$q_i = 0.5\Sigma q_y \quad (\text{L/s}) \tag{5-7}$$

即管网中任一节点的节点流量 q_i 等于与该节点相连各管段的沿线流量总和的一半。

当整个给水区域内管网的比流量 q_{cb} 或 q_{mb} 相同时，由式（5-4）、（5-5）可得节点流量计算式（5-7）的另一种表达形式：

$$q_i = 0.5 q_{cb} \Sigma L_i \quad (\text{L/s}) \tag{5-8}$$

或

$$q_i = 0.5 q_{mb} \Sigma A_i \quad (\text{L/s}) \tag{5-9}$$

式中　ΣL_i——与该节点相连各管段的计算长度之和，m；

　　　ΣA_i——与该节点相连各管段所负担的配水面积之和，m²。

城市管网中，工企业等大用户所需流量，可直接作为接入大用户节点的节点流量。工业企业内的生产用水管网，水量大的车间用水量也可直接作为节点流量。

这样，管网图上各节点的流量包括由沿线流量折算的节点流量和大用户的集中流量。大用户的集中流量可以在管网图上单独注明，也可与节点流量加在一起，在相应节点上注出总流量。一般在管网计算图的各节点旁引出细实线箭头，并在箭头的前端注明该节点总流量的大小。

【例 5-1】　某城镇最高时总用水量为 284.7L/s，其中集中供应工业用水量为 189.2L/s。干管各管段编号及长度如图 5-6 所示，管段 4-5、1-2 及 2-3 为单侧配水，其余为

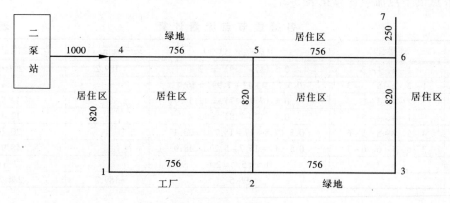

图 5-6 节点流量计算（单位：m）

两侧配水。试求：(1) 干管的比流量；(2) 各管段的沿线流量；(3) 各节点流量。

【解】 从整个城镇管网分布情况来看，干管的分布比较均匀，故按长度比流量法计算。

(1) 配水干管计算长度：因二泵站~4为输水管，不参与配水，其计算长度为零，4~5、1~2、2~3管段为单侧配水，其计算长度按实际长度的一半计入，其余均为双侧配水管段，均按实际长度计入，则：

$$\Sigma L = 0.5 \times 756 \times 3 + 756 + 820 \times 3 + 250 = 4600 \text{m}$$

(2) 配水干管比流量

$$q_{cb} = \frac{284.7 - 189.2}{4600} = 0.0208 \text{ L/(s·m)}$$

(3) 沿线流量：

管段1~2的沿线流量为：

$$q_{1-2} = q_{cb} L_{1-2} = 0.0208 \times 0.5 \times 756 = 7.9 \text{ L/s}$$

各管段的沿线流量计算见表5-1。

各管段的沿线流量计算 表5-1

管段编号	管段长度（m）	管段计算长度（m）	比流量[L/(s·m)]	沿线流量（L/s）
1~2	756	0.5×756=378	0.0208	7.9
2~3	756	0.5×756=378		7.9
1~4	820	820		17
2~5	820	820		17
3~6	820	820		17
4~5	756	0.5×756=378		7.9
5~6	756	756		15.7
6~7	250	250		5.2
合计		4600		95.6

(4) 节点流量计算：

如节点5的节点流量为：

$$q_5 = 0.5 \Sigma q_l = 0.5(q_{4-5} + q_{5-6} + q_{5-2}) = 0.5(7.8 + 15.7 + 17) = 20.3 \text{L/s}$$

各节点的节点流量计算见表5-2。

各管段节点流量计算 表5-2

节点	连接管段	节点流量（L/s）	集中流量（L/s）	节点总流量（L/s）
1	1~4、1~2	0.5(17+7.9)=12.4	189.2	201.6
2	1~2、2~5、2~3	0.5(7.9+17+7.9)=16.4		16.4
3	2~3、3~6	0.5(7.9+17)=12.5		12.5
4	1~4、4~5	0.5(17+7.8)=12.4		12.4
5	4~5、2~5、5~6	0.5(7.8+17+15.7)=20.3		20.3
6	3~6、5~6、6~7	0.5(17+15.7+5.2)=18.9		18.9
7	6~7	0.5×5.2=2.6		2.6
合计		95.5	189.2	284.7

将节点流量和集中流量标注于相应节点上，如图5-7。

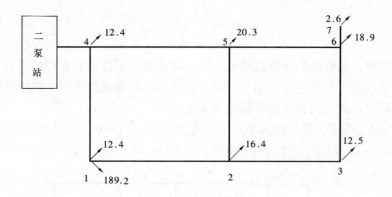

图 5-7 节点流量图

三、管段的设计流量

管网各管段的沿线流量简化成各节点流量后，可求出各节点流量，并把大用水户的集中流量也加于相应的节点上，则所有节点流量的总和，便是由二级泵站送来的总流量（即总供水量）。按照质量守恒原理，每一节点必须满足节点流量平衡条件：流入任一节点的流量必须等于流出该节点的流量，即流进等于流出。

若规定流入节点的流量为负，流出节点为正，则上述平衡条件可表示为：

$$q_i + \Sigma q_{ij} = 0 \tag{5-10}$$

式中 q_i——节点 i 的节点流量，L/s；

q_{ij}——连接在节点 i 上的各管段流量，L/s。

依据式（5-10），用二级泵站送来的总流量沿各节点进行流量分配，所得出的各管段所通过的流量，就是各管段的设计流量。

在单水源枝状管网中，各管段的计算流量容易确定。从配水源（泵站或水塔等）供水到任一节点只能沿惟一的一条管路通道，即管网中每一管段的水流方向和计算流量都是确定的，并且是惟一的。每一管段的计算流量等于该管段后面（顺水流方向）所有节点流量和大用户集中用水量之和。因此，对于枝状管网，若任一管段发生事故，该管段以后地区就会断水。

如图 5-8 所示的一枝状管网，部分管段的计算流量为：

$$q_{4\sim5} = q_5;$$

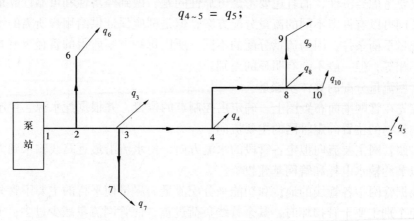

图 5-8 枝状管网管段流量计算

$$q_{8\sim10} = q_{10};$$
$$q_{3\sim4} = q_4 + q_5 + q_8 + q_9 + q_{10}$$

对于环状管网，各管段的计算流量不是惟一确定的，不像枝状管网那样容易确定。配水干管相互连接环通，环路中每一用户所需水量可以沿两条或两条以上的管路供给，各环内每条配水管段的水流方向和流量值都是不确定的。

如图5-9中的1节点，图中流入节点1的流量只有 $q_{0\sim1} = Q$（泵站供水流量），流出节点1的流量有 q_1、$q_{1\sim2}$、$q_{1\sim5}$ 和 $q_{1\sim7}$，由公式（5-10）得：

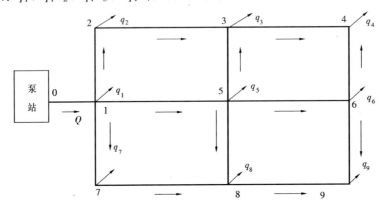

图5-9 环状管网流量分配

$$-Q + q_1 + q_{1\sim2} + q_{1\sim5} + q_{1\sim7} = 0$$
或 $$Q - q_1 = q_{1\sim2} + q_{1\sim5} + q_{1\sim7}$$

可以看出，对于节点1来说，当进入管网的总流量 Q 和节点流量 q_1 已知时，各管段的流量，如 $q_{1\sim2}$、$q_{1\sim5}$、$q_{1\sim7}$ 可以有不同的分配，也就是有不同的管段流量。为了确定各管段的计算流量，需人为地假定各管段的流量分配值称为流量预分配，以此确定经济管径。如果在管段 $1\sim5$ 中分配很大流量值，管段 $1\sim2$、$1\sim7$ 分配很小的流量值 $q_{1\sim2}$、$q_{1\sim7}$，使三者之和等于 $Q-q_1$，这样敷设管道虽然造价较低，但当管道 $1\sim5$ 损坏时，另两条管段将会负荷过重，以致不能满足供水安全可靠性的要求。说明在环状管网流量预分配时，不仅要考虑经济性，而且还要考虑可靠性问题，做到经济性和可靠性并重。

环状管网可以有许多不同的流量分配方案，但是都应保证供给用户所需的水量，并且满足节点流量平衡条件。因为流量分配的不同，所以每一方案所得的管径也有差异，管网总造价也不相等，但一般不会有明显的差别。

环状管网流量分配的具体步骤是：

（1）首先在管网平面布置图上，确定出控制点的位置，并根据配水源、控制点、大用户及调节构筑物的位置确定管网的主要流向。

（2）参照管网主要流向拟定各管段的水流方向，使水流沿最近路线输水到大用户和边远地区，以节约输水电耗和管网基建投资。

（3）根据管网中各管线的地位和功能来分配流量。尽量使平行的主要干管分配相近的流量，以免个别主要干管损坏时，其余管线负荷过重，使管网流量减少过多；干管与干管之间的连接管，起作用主要是沟通平行干管之间的流量，有时起输水作用，有时只是就近供水到用户，平时流量一般不大，只有在干管损坏时，才转输较大流量，因此，连接管中可分配较少的流量。

（4）分配流量时应满足节点流量平衡条件，即在每个节点上满足 $q_i + q_{ij} = 0$。

由于实际管网的管线错综复杂，大用户位置不同，上述原则必须结合具体条件，分析水流情况加以运用。

四、多水源管网

对于多水源管网，会出现由两个或两个以上水源同时供水的节点，这样的节点叫供水分界点；各供水分界点的连线即为供水分界线；各水源供水流量应等于该水源供水范围内的全部节点流量加上分界线上由该水源供给的那部分节点流量之和。因此，流量分配时，应首先按每一水源的供水量确定大致的供水范围，初步划定供水分界线，然后从各水源开始，向供水分界方向逐节点进行流量分配。

环状管网流量分配后得出的是各管段的计算流量，由此流量即可确定管径，计算水头损失，但环状管网各管段计算流量的最后数值必须由平差计算结果来定出。

第四节 管径计算

确定管网中每一管段的直径是输水和配水系统设计计算的主要课题之一。管段的直径应按分配后的流量确定。

在设计中，各管段的管径按下式计算：

$$D = \sqrt{\frac{4q}{\pi v}} \tag{5-11}$$

式中　q——管段流量，m^3/s；

　　　v——管内流速，m/s。

由上式可知，管径不但和管段流量有关，而且还与流速有关。因此，确定管径时必须先选定流速。

为了防止管网因水锤现象出现事故，在技术上最大设计流速限定在 2.5～3.0m/s 范围内，在输送浑浊的原水时，为了避免水中悬浮物质在水管内沉积，最低流速通常应大于 0.60m/s，可见技术上允许的流速幅度是较大的。因此，还需在上述流速范围内，根据当地的经济条件，考虑管网的造价和经营管理费用，来选定合适的流速。

从公式（5-11）可以看出，流量一定时，管径与流速的平方根成反比。如果流速选用得大一些，管径就会减小，相应的管网造价便可降低。但水头损失明显增加，所需的水泵扬程将增大，从而使经营管理费（主要指电费）增大，同时流速过大，管内压力高，因水锤现象引起的破坏作用也随之增大。相反，若流速选用小一些，因管径增大，管网造价会增加。但因水头损失减小，可节约电费，使经营管理费降低。因此，管网造价和经营管理费（主要指电费）这两项经济因素是决定流速的关键。由前述可知，流速变化对这两项经济因素的影响趋势恰好相反。所以必须兼顾管网造价和经营管理费。按一定年限 t（称为投资偿还期）内，管网造价和经营管理费用之和为最小的流速（称为经济流速），来确定管径。

若管网造价为 C，每年的经营管理费用为 M，投资偿还期为 t 年，则 t 年内的经营管

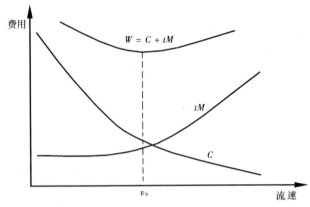

图 5-10 流速和费用的关系

理费用为 tM，总费用为 $W = C + tM$。以费用为纵坐标，以流速为横坐标，分别绘制 v-C、v-tM 和 v-W 曲线，如图 5-10 所示。总费用 W 曲线的最低点表示管网造价和经营管理费用之和为最小时的流速称为经济流速 v_e。

各城市的经济流速值应按当地条件，如水管材料和价格、施工条件、电费等来确定，不能直接套用其他城市的数据。另外，管网中各管段的经济流速也不一样，须随管网图形、该管段在管网中的位置、该管段流量和管网总流量的比例等决定。因为计算复杂，有时简便地应用"界限流量表"（表 5-3）确定经济管径。

界限流量表 表 5-3

管径 （mm）	界限流量 （L/s）	管径 （mm）	界限流量 （L/s）	管径 （mm）	界限流量 （L/s）
100	<9	350	68~96	700	355~490
150	9~15	400	96~130	800	490~685
200	15~28.5	450	130~168	900	685~822
250	28.5~45	500	168~237	1000	822~1120
300	45~68	600	237~355		

由于实际管网的复杂性，加上情况在不断的变化，例如流量在不断增加，管网逐步扩展，诸多经济指标如水管价格、电费等也随时变化，要从理论上计算管网造价和年管理费用相当复杂且有一定难度。在条件不具备时，设计中也可采用平均经济流速，见表 5-4。

一般大管可取较大的经济流速，小管可取小值。

平均经济流速 表 5-4

管径（mm）	平均经济流速 v_e（m/s）
$D = 100 \sim 400$mm	0.6~0.9
$D > 400$mm	0.9~1.4

在使用各地区提供的经济流速或按平均经济流速确定管网管径时，还需考虑下列因素：

（1）首先定出管网所采用的最小管径（由消防流量确定），按 v_e 确定的管径小于最小管径时，一律采用最小管径；

（2）连接管属于管网的构造管，应注重安全可靠性，其管径应由管网构造来确定，即按与它连接的次要干管管径相当或小一号确定；

（3）由管径和管道比阻 α 之间的关系可知，当管径较小时，管径缩小或放大一号，水头损失会大幅度增减，而所需管材变化不多；相反，当管径较大时，管径缩小或放大一号，水头损失增减不很明显，而所需管材变化较大。因此，在确定管网管径时，一般对于管网起端的大口径管道可按略高于平均经济流速来确定管径，对于管网末端较小口径的管道，可按略低于平均经济流速确定管径，特别是对确定水泵扬程影响较大的管段，适当降低流速，使管径放大一号，比较经济。

以上是指水泵供水时的经济管径确定方法，在求经济管径时，考虑了抽水所需的电费。重力供水时，由于水源水位高于给水区所需水压，两者的标高差 H 可使水在管内重力流动。此时，各管段的经济管径应按输水管和管网通过设计流量时，供水起点至控制点的水头损失总和等于或略小于可利用的水头来确定。

在城市规划设计中，为简化计算，也可根据人口数和用水量定额，直接从附录 5-2 中查出所需的直径。

第五节　枝状管网水力计算

多数小型给水和工业企业给水在建设初期采用枝状管网，以后随着用水量的发展，可根据需要逐步连接形成环状管网。枝状管网中的计算比较简单，因为水从供水起点到任一节点的水流路线只有一个，每一管段也只有惟一确定的计算流量。因此，在枝状管网计算中，应首先计算对供水经济性影响最大的干管，即管网起点到控制点的管线，然后再计算支管。

当管网起点水压未知时，应先计算干管，按经济流速和流量选定管径，并求得水头损失；再计算支管，此时支管起点及终点水压均为已知，支管计算应按充分利用起端的现有水压条件选定管径，经济流速不起主导作用，但需考虑技术上对流速的要求，若支管负担消防任务，其管径还应满足消防要求。

当管网起点水压已知时，仍先计算干管，再计算支管，但注意此时干管和支管的计算方法均与管网起点水压未知时的支管相同。

枝状管网水力计算步骤：

(1) 按城镇管网布置图，绘制计算草图，对节点和管段顺序编号，并标明管段长度和节点地形标高；

(2) 按最高日最高时用水量计算节点流量，并在节点旁引出箭头，注明节点流量。大用户的集中流量也标注在相应节点上；

(3) 在管网计算草图上，按照任一管段中的流量等于其下游所有节点流量之和的关系，求出每一管段流量；

(4) 选定泵房到控制点的管线为干线，按经济流速求出管径和水头损失；

(5) 按控制点要求的最小服务水头和从水泵到控制点管线的总水头损失，求出水塔高度和水泵扬程；

(6) 支管管径参照支管的水力坡度选定，即按充分利用起点水压的条件来确定；

(7) 根据管网各节点的压力和地形标高，绘制等水压线和自由水压线图。

【例 5-2】　某城镇有居民 6 万人，用水量定额为 120L/(cap·d)，用水普及率为 83%，时变化系数为 1.6。要求最小服务水头为 20m。管网布置见图 5-11。用水量较大的一工厂和一公共建筑集中流量分别为 25.0L/s 和 17.4L/s，分别由管段 3~4 和 7~8 供给，其两侧无其他用户。城镇地形平坦，高差极小。节点 4、5、8、9 处的地面标高分别为 56.0、56.1、55.7、56.0m。水塔处地面标高为 57.4m，其他点的地形标高见表 5-5，管材选用给水铸铁管。试完成枝状给水管网的设计计算，并求水塔高度和水泵扬程。

节　点　地　形　标　高　　　　　　　　　　　　表 5-5

节　　点	2	3	6	7
地形标高（m）	56.6	56.3	56.3	56.2

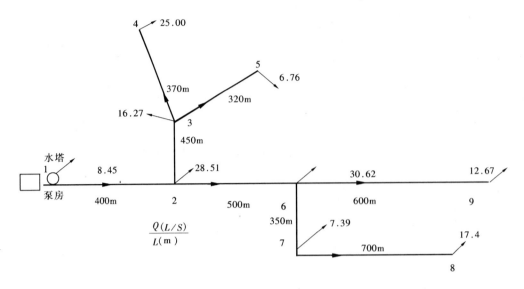

图 5-11 枝状管网计算

【解】 (1) 计算节点流量。

计算过程略,结果见图 5-11。

(2) 选择控制点,确定干管和支管。

由于各节点要求的自由水压相同,根据地形和用水量情况,控制点选为节点 9,干管定为 1~2~6~9,其余为支管。

(3) 编制干管和支管水力计算表格,见表 5-6、表 5-7。

(4) 将节点编号、地形标高、管段编号和管段长度等已知条件分别填于表 5-6、表 5-7 中的第 (1)、(2)、(3)、(4) 项。

干管水力计算表　　　　表 5-6

节点	地形标高 (m)	管段编号	管段长度 (m)	流量 (L/s)	管径 (mm)	1000i	流速 (m/s)	水头损失 (m)	水压标高 (m)	自由水压 (m)
(1)	(2)	(3)	(4)	(5)	(6)	(7)	(8)	(9)	(10)	(11)
9	56.0	6~9	600	12.67	150	7.20	0.73	4.32	76.00	20.0
6	56.3	2~6	500	68.08	300	4.90	0.96	2.45	80.32	24.02
2	56.6	1~2	400	144.62	500	1.53	0.73	0.61	82.77	26.17
1	57.4								83.38	25.98

(5) 确定各管段的计算流量。

按 $q_i + \Sigma q_{ij} = 0$ 的条件,从管线终点(包括各支管)开始,同时向供水起点方向逐个节点推算,即可得到各管段的计算流量:

由 9 节点得 $q_{6-9} = q_9 = 12.67$ L/s

由 6 节点得 $q_{2-6} = q_6 + q_{6-9} + q_7 + q_{7-8} = 30.62 + 12.67 + 7.39 + 17.4 = 68.08$ L/s

同理,可得其余各管段计算流量,计算结果分别列于表 5-6、5-7 中第 (5) 项。

(6) 干管水力计算。

1) 由各管段的计算流量,查铸铁管水力计算表,参照经济流速,确定各管段的管径

和相应的 $1000i$ 及流速。

管段 6~9 的计算流量 12.67L/s，由铸铁管水力计算表查得：当管径为 125mm、150mm、200mm 时，相应的流速分别 1.04m/s、0.72m/s、0.40m/s。前已指出，当管径 $D<400$mm 时，平均经济流速为 0.6~0.9m/s，所以管段 6~9 的管径应确定为 150mm，相应的 $1000i = 7.20$，$v = 0.73$m/s。同理，可确定其余管段的管径和相应的 $1000i$ 和流速，其结果见表 5-6 中第（6）、（7）、（8）项。

2) 根据 $h = i \cdot L$ 计算出各管段的水头损失，即表 5-6 中第（9）项等于 $\left[\frac{(7)}{1000} \times (4)\right]$，则 $h_{6~9} = \frac{7.20}{1000} \times 600 = 4.32$m

同理，可计算出其余各管段的水头损失，计算结果见表 5-6 中第（9）项。

3) 计算干管各节点的水压标高和自由水压。

因管段起端水压标高 H_i 和终端水压标高 H_j 与该管段的水头损失 h_{ij} 存在下列关系：

$$H_i = H_j + h_{ij} \tag{5-12}$$

节点水压标高 H_i、自由水压 H_{0i} 与该处地形标高 Z_i 存在下列关系：

$$H_{0i} = H_i - Z_i \tag{5-13}$$

由于控制点 9 节点要求的水压标高为已知：

$$H_9 = Z_9 + H_{09} = 56.0 + 20 = 76.0\text{m}$$

因此，在本例中要从节点 9 开始，按式（5-12）和（5-13）逐个向供水起点推算：

节点 4 　　　$H_6 = H_9 + h_{6~9} = 76.0 + 4.32 = 80.32$m

　　　　　　$H_{0~6} = H_6 - Z_6 = 80.32 - 56.3 = 24.02$m

同理，可得出干管上各节点的水压标高和自由水压。计算结果见表 5-6 中第（10）、（11）项。

(7) 支管水力计算

由于干管上各节点的水压已经确定（见表 5-6），即支管起点的水压已定，因此支管各管段的经济管径选定必须满足：从干管节点到该支管的控制点（常为支管的终点）的水头损失之和应等于或小于干管上此节点的水压标高与支管控制点所需的水压标高之差，即按平均水力坡度确定管径。但当支管由两个或两个以上管段串联而成时，各管段水头损失之和可有多种组合能满足上述要求。现以支管 6~7~8 为例说明：

首先计算支管 6~7~8 的平均允许水力坡度，即：

$$允许 1000i = 1000 \times \frac{80.32 - (55.7 + 20.0)}{350 + 700} = 4.4$$

由 $q_{6~7} = 24.79$L/s，查铸铁管水力计算表，参照允许 $1000i = 4.4$，得 $D_{6~7} = 200$mm，相应的实际 $1000i = 5.88$，则：

$$h_{6~7} = \frac{5.88}{1000} \times 350 = 2.06\text{m}$$

按式（5-12）、（5-13）计算 7 点得水压标高和自由水压：

$$H_7 = H_6 - h_{6~7} = 8032 - 2.06 = 78.26\text{m}$$

$$H_{07} = H_7 - Z_7 = 78.26 - 56.2 = 22.06\text{m}$$

由节点 7 的水压标高即可计算管段 7~8 的平均允许 $1000i$ 为：

$$\text{允许} 1000i = 1000 \times \frac{78.26 - (55.7 + 20.0)}{7000} = 3.66$$

由 $q_{7\sim 8} = 17.4\text{L/s}$，查铸铁管水力计算表，参照允许 $1000i = 3.66$，得 $D_{7\sim 8} = 200\text{mm}$，相应的实际 $1000i = 2.99$，则：

$$h_{7\sim 8} = \frac{2.99}{1000} \times 700 = 2.09\text{m}$$

同理，可计算出节点 8 的水压标高和自由水压：

$$H_8 = H_7 - h_{7\sim 8} = 78.26 - 2.09 = 76.17\text{m}$$
$$H_{08} = H_8 - Z_8 = 76.17 - 55.7 = 20.47\text{m}$$

按上述方法可计算出所有支管管段，计算结果见表 5-7、图 5-12。

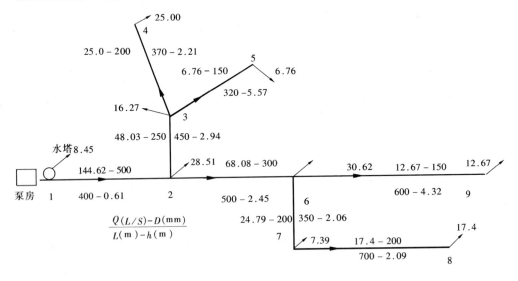

图 5-12 枝状管网计算

支 管 水 力 计 算 表　　　　　　　　表 5-7

节 点	地形标高 (m)	管段编号	管段长度 (m)	管段流量 (L/s)	允许 1000i	管段管径 (mm)	实际 1000i	水头损失 (m)	水压标高 (m)	自由水压 (m)
(1)	(2)	(3)	(4)	(5)	(6)	(7)	(8)	(9)	(10)	(11)
6	56.3	6~7	350	24.79	4.4	200	5.88	2.06	80.32	24.02
7	56.2								78.26	22.06
8	55.7	7~8	700	17.4	3.66	200	2.99	2.09	76.17	20.47
2	56.6	2~3	450	48.03	8.7	250	6.53	2.94	82.77	26.17
3	56.3								79.83	23.53
3	56.3	3~5	320	6.76	11.65	150	2.31	0.74	79.83	23.53
5	56.1								79.09	22.99
3	56.3	3~4	370	25.00	10.35	200	5.98	2.21	79.83	23.53
4	56.0								77.62	21.62

注：管段 7~8、3~5 按现有水压条件均可选用 100mm 管径，但考虑到消防流量较大（$q_x = 35\text{L/s}$），管网最小管径定为 150mm。

(8) 确定水塔高度。

由表 5-6 可知，水塔高度应为 $H_t = 25.98\text{m}$。

(9) 确定二级泵站所需的总扬程。

设吸水井最低水位标高 $Z_p = 53.00m$，泵站内吸、压水管的水头损失取 $\Sigma h_p = 3.0m$，水塔水柜深度为4.5m，水泵至1点间的水头损失为0.5m，则二级泵站所需总扬程为：
$$H_P = H_{ST} + \Sigma h + \Sigma h_p = (Z_t + H_t + H_0 - Z_P) + h_{泵-1} + \Sigma h_p$$
$$= (57.4 + 25.98 + 4.5 - 53.0) + 0.5 + 3.0 = 38.38m$$

第六节 环状管网水力计算

一、环状管网水力计算步骤：

(1) 按城镇管网布置图，绘制计算草图，对节点和管段顺序编号，并标明管段长度和节点地形标高。

(2) 按最高日最高时用水量计算节点流量，并在节点旁引出箭头，注明节点流量。大用户的集中流量也标注在相应节点上。

(3) 在管网计算草图上，将最高用水时由二级泵站和水塔供入管网的流量（指对置水塔的管网），沿各节点进行流量预分配，定出各管段的计算流量。

(4) 根据所定出的各管段计算流量和经济流速，选取各管段的管径。

(5) 计算各管段的水头损失 h 及各个环内的水头损失代数和 Σh。

(6) 若 Σh 超过规定值（即出现闭合差 Δh），须进行管网平差，将预分配的流量进行校正，以使各个环的闭合差达到所规定的允许范围之内。

(7) 按控制点要求的最小服务水头和从水泵到控制点管线的总水头损失，求出水塔高度和水泵扬程。

(8) 根据管网各节点的压力和地形标高，绘制等水压线和自由水压线图。

二、环状管网计算的理论

环状管网计算时，必须满足下列基本水力条件：

(1) 连续性方程（又称节点流量平衡条件）：即对任一节点来说，流入该节点的流量必须等于流出该节点的流量。

若规定流出节点的流量为正，流入节点的流量为负，则任一节点的流量代数和等于零，即：
$$q_i + \Sigma q_{ij} = 0$$

(2) 能量方程（又称闭合环路内水头损失平衡条件）：即环状管网任一闭合环路内，水流为顺时针方向的各管段水头损失之和应等于水流为逆时针方向的各管段水头损失之和。若规定顺时针方向的各管段水头损失为正，逆时针方向为负，则在任一闭合环路内各管段水头损失的代数和等于零，即：
$$\Sigma h_{ij} = 0 \qquad (5-14)$$

如图5-13，由并联管路的基本公式可

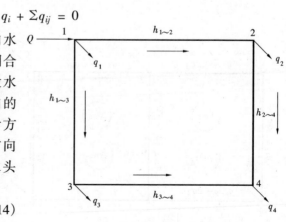

图5-13 单环管网

知,节点 1 至节点 4 之间均有下列关系成立:

$$h_{1\sim2\sim4} = h_{1\sim3\sim4} = H_1 - H_4$$

式中 $h_{1\sim2\sim4}$ ——管线 1~2~4 的水头损失;

$h_{1\sim3\sim4}$ ——管线 1~3~4 的水头损失;

H_1、H_4 ——分别为节点 1 和节点 4 的水压标高值或测压管水头值(每一节点只有一个数值)。

另由串联管路的基本公式,得:

$$h_{1\sim2\sim4} = h_{1\sim2} + h_{2\sim4} \quad h_{1\sim3\sim4} = h_{1\sim3} + h_{3\sim4}$$

所以有: $h_{1\sim2} + h_{2\sim4} = h_{1\sim3} + h_{3\sim4}$ 或 $h_{1\sim2} + h_{2\sim4} - h_{1\sim3} - h_{3\sim4} = 0$

环状管网在流量预分配时,已经符合每一节点 $q_i + \Sigma q_{ij} = 0$,但在参照经济流速确定管径并计算水头损失以后,往往不能满足每一闭合环路内水头损失平衡条件。若不能满足 $\Sigma h_{ij} = 0$ 的条件,则说明此时管网中的流量和水头损失与实际水流情况不符,不能用来推求各节点水压、计算水泵扬程和水塔高度。因此,必须求出各管段的真实流量和水头损失。

若闭合环路内顺、逆时针两个水流方向的管段水头损失不相等,即 $\Sigma h_{ij} \neq 0$,存在一定差值,这一差值就叫环路闭合差,记作 Δh。

在计算过程中,若闭合差为正,即 $\Delta h > 0$,说明水流为顺时针方向的各管段中所分配的流量大于实际流量值,而水流为逆时针方向各管段中所分配的流量小于实际流量值;若闭合差为负,即 $\Delta h < 0$,则恰好相反。因此,需根据具体情况重新调整各管段的流量,即在每一节点均满足 $q_i + \Sigma q_{ij} = 0$ 的条件下,在流量偏大的各管段中减去一些流量,加在流量偏小的各管段中去。每次调整的流量值称为校正流量,记作 Δq。如此反复,直到各闭合环路均满足 $\Sigma h_{ij} = 0$ 的条件为止。这种为消除闭合差而进行流量调整计算的过程,叫做管网平差。

一般基环和大环闭合差达到一定精度要求后,管网平差即可结束。手算时,基环闭合差要求小于 0.5 m,大环闭合差小于 1.0~1.5 m;电算时,闭合差值可达到任何精度,一般采用 0.01~0.05 m。

顺便指出,由于不同方向管段中所增减的流量都是校正流量,所以调整后的流量,仍满足节点连续性方程。

三、环状管网平差方法

(一)哈代-克罗斯法

最早和应用广泛的管网分析方法有哈代-克罗斯法和洛巴切夫法,即每环中各管段的流量用 Δq 修正的方法。现以图 5-14 为例加以说明,各参数的符号仍规定:顺时针方向为正,逆时针方向为负。

环状管网初步分配流量后,管段流量 $q_{ij}^{(0)}$ 为已知,并满足节点流量平衡条件,由 $q_{ij}^{(0)}$ 选出管径,计算出各

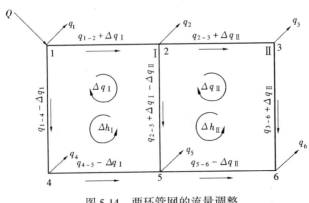

图 5-14 两环管网的流量调整

管段的水头损失 h_{ij} 和各环的水头损失代数和 Σh_{ij}，一般 $\Sigma h_{ij} = \Delta h \neq 0$，不满足水头损失平衡条件，须引入校正流量 Δq 以减小闭合差。校正流量可按下式估算确定：

$$\Delta q = -\frac{\Delta h_k}{2\Sigma S_{ij}|q_{ij}|} = -\frac{\Delta h_k}{2\Sigma \frac{S_{ij}|q_{ij}|^2}{|q_{ij\Delta}|}} = -\frac{\Delta h_k}{2\Sigma \left|\frac{h_{ij}}{q_{ij}}\right|} \tag{5-15}$$

式中　Δq_k——环路 k 的校正流量，L/s；

Δh_k——环路 k 的闭合差，等于该环内各管段水头损失的代数和，m；

$\Sigma s_{ij}|q_{ij}|$——环路 k 内各管段的摩阻 $s = \alpha_{ij}l_{ij}$ 与相应管段流量 q_{ij} 的绝对值乘积之总和；

$\Sigma \left|\frac{h_{ij}}{q_{ij}}\right|$——环路 k 的各管段的水头损失 h_{ij} 与相应管段流量 q_{ij} 之比的绝对值之总和。

应该注意，上式中 Δq_k 和 Δh_k 符号相反，即闭合差 Δh_k 为正，校正流量 Δq_k 就为负，反之则为正；闭合差 Δh_k 的大小及符号，反映了与 $\Delta h = 0$ 时的管段流量和水头损失的偏离程度和偏离方向。显然，闭合差 Δh_k 的绝对值越大，为使闭合差 $\Delta h_k = 0$ 所需的校正流量 Δq_k 的绝对值也越大。各环校正流量 Δq_k 用弧形箭头标注在相应的环内，如图 5-14 所示，然后在相应环路的各管段中引入校正流量 Δq_k，即可得到各管段第一次修正后的流量 $q_{ij}^{(1)}$，即：

$$q_{ij}^{(1)} = q_{ij}^{(0)} + \Delta q_s^{(0)} + \Delta q_n^{(0)} \tag{5-16}$$

式中　$q_{ij}^{(0)}$——本环路内初步分配的各管段流量，L/s；

$\Delta q_s^{(0)}$——本环路内初次校正的流量，L/s；

$\Delta q_n^{(0)}$——邻环路初次校正的流量，L/s。

如图 5-14 中环Ⅰ和环Ⅱ：

环Ⅰ：$q_{1\sim2}^{(1)} = q_{1\sim2}^{(0)} + \Delta q_{\mathrm{I}}^{(0)}$　　$q_{4\sim5}^{(1)} = q_{4\sim5}^{(0)} - \Delta q_{\mathrm{I}}^{(0)}$　　$q_{2\sim5}^{(1)} = q_{2\sim5}^{(0)} + \Delta q_{\mathrm{I}}^{(0)} - \Delta q_{\mathrm{II}}^{(0)}$

环Ⅱ：$q_{2\sim3}^{(1)} = q_{2\sim3}^{(0)} + \Delta q_{\mathrm{II}}^{(0)}$　　$q_{5\sim6}^{(1)} = q_{5\sim6}^{(0)} - \Delta q_{\mathrm{II}}^{(0)}$　　$q_{2\sim5}^{(1)} = -q_{2\sim5}^{(0)} - \Delta q_{\mathrm{I}}^{(0)} + \Delta q_{\mathrm{II}}^{(0)}$

由于初步分配流量时，已经符合节点流量平衡条件，即满足了连续性方程，所以每次调整流量时能自动满足此条件。

流量调整后，各环闭合差将减小，如仍不符合精度要求，应根据调整后的新流量求出新的校正流量，继续平差。在平差过程中，每环的闭合差可能改变符号，即从顺时针方向改为逆时针方向，或相反，有时闭合差的绝对值反而增大，这是因为推导校正流量公式时，略去了其他项以及各环相互影响的结果。

采用哈代-克罗斯法进行管网平差的步骤：

(1) 根据城镇的供水情况，拟定环状网各管段的水流方向，按每一节点满足连续性方程的条件，并考虑供水可靠性要求分配流量，得初步分配的管段流量 $q_{ij}^{(1)}$。

(2) 由 $q_{ij}^{(1)}$ 计算各管段的水头损失 $h_{ij}^{(0)}$。

(3) 假定各环内水流顺时针方向管段中的水头损失为正，逆时针方向管段中的水头损失为负，计算该环内各管段的水头损失代数和 $\Sigma h_{ij}^{(0)}$，如 $\Sigma h_{ij}^{(0)} \neq 0$，其差值即为第一次闭合差 $\Delta h_k^{(0)}$。

如 $\Delta h_k^{(0)} > 0$，说明顺时针方向各管段中初步分配的流量多了些，逆时针方向管段中分配的流量少了些，反之，如 $\Delta h_k^{(0)} < 0$，说明顺时针方向各管段中初步分配的流量少了些，

逆时针方向管段中分配的流量多了些。

(4) 计算每环内各管段的 $\Sigma\left|\dfrac{h_{ij}}{q_{ij}}\right|$，按式（5-15）求出校正流量。如闭合差为正，则校正流量为负；反之，则校正流量为正。

(5) 设图上的校正流量 Δq_k 符号以顺时针方向为正，逆时针方向为负，凡是流向和校正流量 Δq_k 方向相同的管段，加上校正流量，否则减去校正流量，据此调整各管段的流量，得第一次校正的管段流量。对于两环的公共管段，应按相邻两环的校正流量符号，考虑邻环校正流量的影响。

按此流量再计算，如闭合差尚未达到允许的精度，再从第 2 步按每次调整后的流量反复计算，直到每环的闭合差达到要求为止。

由此可见，哈代·克罗斯法应用的是近似渐近法，适合列表运算，并可避免计算上的错误，易为初学者掌握，但此法收敛速度较慢。管网平差运算的表格形式见表 5-8。

管 网 平 差 计 算　　　　　　　　　　表 5-8

环号	管段编号	管长 L (m)	管径 D (mm)	初分配流量			第 一 次 校 正				
				q (L/s)	$1000i$	h (m)	$\left\|\dfrac{h}{q}\right\|$	Δq (L/s)	q (L/s)	$1000i$	h (m)
(1)	(2)	(3)	(4)	(5)	(6)	(7)	(8)	(9)	(10)	(11)	(12)

（二）最大闭合差法

管网计算过程中，在每次迭代时，可对管网中的各环同时进行校正流量，但也可以只对管网中闭合差最大的一部分环进行校正，称为最大闭合差的环校正法。

由图 5-15 知，环Ⅰ、Ⅱ和其构成的大环Ⅲ（1-2-3-6-5-4-1）闭合差之间的关系为：

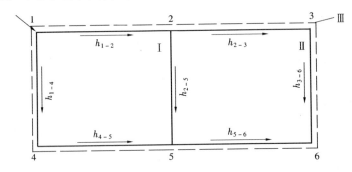

5-15　基环与大环

$$\Delta h_{\text{Ⅰ}} = \Sigma h_{\text{Ⅰ}} = h_{1\sim 2} + h_{2\sim 5} - h_{4\sim 5} - h_{1\sim 4}$$

$$\Delta h_{\text{Ⅱ}} = \Sigma h_{\text{Ⅱ}} = h_{2\sim 3} + h_{3\sim 6} - h_{5\sim 6} - h_{2\sim 5}$$

$$\Delta h_{\text{Ⅰ}} + \Delta h_{\text{Ⅱ}} = h_{1\sim 2} + h_{2\sim 3} + h_{3\sim 6} - h_{5\sim 6} - h_{4\sim 5} - h_{1\sim 4}$$

$$\Delta h_{\text{Ⅲ}} = \Sigma h_{\text{Ⅲ}} = h_{1\sim 2} + h_{2\sim 3} + h_{3\sim 6} - h_{5\sim 6} - h_{4\sim 5} - h_{1\sim 4}$$

即　　$\Delta h_{\text{Ⅲ}} = \Delta h_{\text{Ⅰ}} + \Delta h_{\text{Ⅱ}}$

由此可知，大环闭合差就等于构成该大环各基环闭合差 Δh 的代数和，即：

$$\Delta h_{大环} = \Sigma \Delta h_i \tag{5-17}$$

如图 5-16，若环 I 和环 II 的闭合差方向相同，都是顺时针方向，即 $\Delta h_I > 0$，$\Delta h_{II} > 0$，即大环 III 的闭合差 $\Delta h_{III} = \Delta h_I + \Delta h_{II} > 0$，也为顺时针方向。

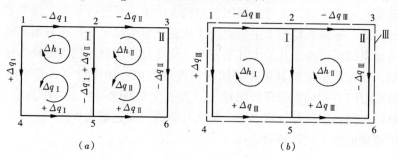

图 5-16 闭合差方向相同的两基环

为降低环 I 和环 II 的闭合差，分别对环 I 和环 II 引入校正流量 Δq_I 和 Δq_{II}，图 5-16 (a) 中，引入 Δq_I 和 Δq_{II}，使环 I 和环 II 的闭合差减小，但公共管段 2~5 的校正流量为 $\Delta q_{II} - \Delta q_I$，由于相互抵消作用，使环 I 和环 II 的闭合差降低幅度减小，平差效率较低；若只对环 I 引入校正流量 Δq_I，Δh_I 会降低，但 Δh_{II} 反而增大，反之亦然。可见，对这种情况单环平差效果不大好。若考虑对环 I 和环 II 构成的大环 III 引入校正流量 Δq_{III}，如图 5-16 (b) 所示。大环闭合差降低的同时，基环 I、II 闭合差的绝对值亦随之减少。因此，构成大环后，对大环校正，多环受益，平差效果好。

图 5-17 中，如环 I 和环 II 的闭合差方向相反，即 $\Delta h_I > 0$，$\Delta h_{II} < 0$ 且 $|\Delta h_I| > |\Delta h_{II}|$，$\Delta h_{III} = \Delta h_I - \Delta h_{II}$。

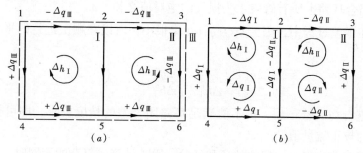

图 5-17 闭合差方向相反的两基环

图 5-17 (a) 中，若对大环 III 引入校正流量 Δq_{III}，大环 III 闭合差降低的同时，与大环闭合差同号的环 I 闭合差亦随之降低，但与大环异号的环 II 闭合差的绝对值反而增大。因此，相邻基环闭合差异号时，不宜做大环平差。但若考虑分别对环 I 和环 II 引入校正流量 Δq_I 和 Δq_{II}，如图 5-17 (b) 所示，由于公共管段的校正流量为 $\Delta q_I + \Delta q_{II}$，从而可加速环 I 和环 II 闭合差的绝对值减小，平差效果较好；若只对环 I 引入 Δq_I，则 Δh_I 会降低。由于 Δq_I 对公共管段 2~5 修正后，使邻环 II 闭合差绝对值也减小。因此，相邻各基环闭合差异号时，宜选择其中闭合差较大的环进行平差，不仅该环本身闭合差减小，与其异号且相邻的基环闭合差也随之降低，从而一环平差，多环受益，计算工作量较逐环平差方法

为少。如第一次校正并不能使各环的闭合差达到要求,可按第一次计算后的闭合差重新选择闭合差较大的一个环或几个环连成的大环继续计算,直到满足要求为止。

使用平差简化法,首先对各环的闭合差大小进行综合分析,经分析和判断,确定哪些环应进行平差。可将闭合差方向相同且数值相差不太悬殊的相邻各基环构成大环进行平差。若不宜运用大环平差时,也可运用闭合差较大的重点环进行平差,或二者兼顾进行平差。此法比较灵活,平差运算效率主要取决于校正流量的确定和校正方案的选择。

大型管网如果同时可连成几个大环平差时,应先计算闭合差最大的环,使对其他环产生较大的影响,有时甚至可使其他环的闭合差改变方向。如先对闭合差小的大环进行计算,则计算结果对闭合差较大的环影响较小,为了反复消除闭合差,将会增大计算次数。使用本法计算时,同样需反复计算多次,每次计算需重新选定大环。

初次校正流量值按下式计算确定:

$$\Delta q_k = -\frac{\Delta h_k}{2\Sigma S_{ij}|q_{ij}|} = -\frac{\Delta h_k}{2\Sigma\left|\dfrac{h_{ij}}{q_{ij}}\right|}$$

由上式可知:计算环路内管线越长,管径越小,即 ΣS_{ij} 越大,流量变化对水头损失的影响越大。因此,也可按计算经验,并参考计算环路内的闭合差大小和各管段的管径 D_{ij}、管长 L_{ij},估计校正流量值。

若闭合环路上各管段的长度和管径相差不大时,可按下式估算:

$$\Delta q_k = -\frac{q_a \cdot \Delta h_k}{2\Sigma|h_{ij}|} \tag{5-18}$$

式中 q_a——闭合环路上各管段流量的平均值,L/s;

Δh_k——闭合差,m;

$\Sigma|h_{ij}|$——闭合环路上所有管段水头损失的绝对值之和,m。

闭合环路在平差过程中,因为 $\Sigma s_{ij}|q_{ij}|$ 变化很小,所以在顺次进行的平差中,有下式近似关系成立:

$$\frac{\Delta q_k}{\Delta h_k} = \frac{\Delta q'_k}{\Delta h'_k} = \frac{\Delta q''_k}{\Delta h''_k} = \cdots\cdots \tag{5-19}$$

即以 Δq_k 进行初次校正后,仍不能满足环路闭合差的精度要求,即可按上式的比例关系求得下次的校正流量值。

使用最大闭合差法需有一定的技巧和经验,手工计算较复杂的管网时,有经验的计算人员可用这种方法缩短计算时间。

四、管网核算

管网的管径和水泵扬程,按设计年限内最高日最高用水时的用水量和水压要求决定。但是用水量也是经常变化的,为了核算所定的管径和水泵能否满足不同工作情况(消防时、最大转输、事故时)下的要求,就需进行其他用水量条件下的计算,以确保经济合理地供水。通过核算,有时需将管网中个别管段的直径适当放大,也有可能需要另选合适的水泵。

管网的核算条件如下:

1. 消防时

消防时的核算，是以最高时用水量确定的管径为基础，然后按最高时用水量另加消防流量进行流量分配。因此，应按最高时用水流量加消防流量及消防压力进行核算。核算时，将消防流量加在设定失火点处的节点上，即该节点总流量等于最高用水时节点流量加一次灭火用水流量，其他节点仍按最高用水时的节点流量，管网供水区内设定的灭火点数目和一次灭火用水流量均按现行的《建筑设计防火规范》确定。若只有一处失火，可考虑发生在控制点处；若同时有两处失火，应从经济和安全等方面考虑，一处可放在控制点，另一处可设定在离二级泵站较远或靠近大用户的节点。

核算时，应按消防对水压的要求进行管网的水压分析计算，低压消防制一般要求失火点处的自由水压不低于 $10mH_2O$（98kPa）。虽然消防时比最高时所需的服务水头要小得多，但因消防时通过管网流量增大，各管段的水头损失相应增加，按最高时确定的水泵扬程有可能不满足消防时的需要，这时需放大个别管段的管径，以减小水头损失。若最高时和消防时的水泵扬程相差很大，须专设消防泵供消防时使用。

2. 事故时

管网主要管段发生损坏时，必须及时检修，在检修时间内供水量允许减少，但设计水压一般不应降低。事故时管网供水流量与最高时设计流量之比，称为事故流量降落比，用 R 表示。R 的取值根据供水要求确定，城镇的事故流量降落比 R 一般不低于 70%，工业企业的事故流量按有关规定确定。

核算时，管网各节点的流量应按事故时用户对供水的要求确定。若无特殊要求，也可按事故流量降落比统一折算，即事故时管网的节点流量等于最高时各节点的节点流量乘上事故降落比 R。

经过核算后不符合要求时，应在技术上采取措施。若当地给水管理部门检修力量较强，损坏的管段能及时修复，且断水产生的损失较小时，事故时的管网核算要求可适当降低。

3. 最大转输时

设对置水塔的管网，在最高用水时由泵站和水塔同时向管网供水，但在一天内抽水量大于用水量的时段内，多余的水经过管网送入水塔贮存，因此，这种管网还应按最大转输流量来核算，以确定水泵能否将水送进水塔。核算时，管网各节点的流量需按最大转输时管网各节点的实际用水量求出。因节点流量随用水量的变化成比例地增减，所以最大转输时各节点流量可按下式计算：

$$q_{zi} = k_{zs}q_i \tag{5-20}$$

式中　q_i——最高用水时的节点流量，L/s；

　　　k_{zs}——最大转输时节点流量折减系数，其值可按下式计算：

$$k_{zs} = \frac{Q_{zy} - \Sigma Q_{zi}}{Q_h - \Sigma Q_i} \tag{5-21}$$

式中　Q_{zy}、Q_h——分别为最大转输时和最高用水时管网总用水量，L/s；

　　　Q_{zi}、Q_i——分别为最大转输时已确定（常为集中流量）的节点流量和与之相对应的最高用水时的节点流量，L/s。

然后，按最大转输时的流量进行分配和计算。核算时，应按最大转输流量输入水塔水柜中最高水位所需水压进行管网的水压计算。

五、管网计算结果的整理

管网平差结束后，将最终平差结果按 $\dfrac{l_{ij}(\text{m}) - D_{ij}(\text{mm})}{q_{ij}(\text{L/s}) - 1000i - h_{ij}(\text{m})}$ 的形式标注在管网平面图上相应的管段旁，继续进行下列内容的计算：

1. 管网各节点水压标高和自由水压计算

起点水压未知的管网进行水压计算时，应首先选择管网的控制点，由控制点所要求的水压标高依次推出各节点的水压标高和自由水压，计算方法同枝状管网。由于存在闭合差，即 $\Delta h \neq 0$，利用不同管线水头损失所求得的同一节点的水压值常不同，但差异较小，不影响选泵，可不必调整。

网前水塔管网系统在进行消防和事故工作校核时，由控制点按相应条件推算到水塔处的水压标高可能出现以下三种情况：一是高于水塔最高水位，此时必须关闭水塔，其水压计算与无水塔管网系统相同；二是低于水塔最低水位，此时水塔无需关闭，仍可由其起调节流量作用，但由于水塔高度一定，不能改变，所以这种情况管网系统的水压应由水塔控制，即由水塔开始，推算到各节点（包括二级泵站）；三是介于水塔最高水位和最低水位之间，此种情况水塔调节容积不能全部利用，应视具体情况按上述两种情况之一进行水压计算。

对于起点水压已定的管网进行水压计算时，无论何种情况，均从起点开始，按该点现有的水压值推算到各节点，并核算各节点的自由水压是否满足要求。

经上述计算得出的各节点水压标高、自由水压及该节点处的地形标高，按一定格式写在相应管网平面图的节点旁。

2. 绘制管网水压线图

管网水压线图分等水压线图和等自由水压线图两种，其绘制方法与绘制地形等高线图相似。两节点间管径无变化时，水压标高将沿管线的水流方向均匀降低，据此从已知水压点开始，按 0.5~1.0 m 的等高距（水压标高差）推算出各管段上的标高点。在管网平面图，用插值法按比例用细实线连接相同的水压标高点即可绘出等水压线图。水压线的疏密可反映出管线的负荷大小，整个管网的水压线最好均匀分布。如某一地区的水压线过密，表示该处管网的负荷过大，所选用的管径偏小。水压线的密集程度可作为今后放大管径或增敷管线的依据。

由等水压线图标高减去各点地面标高得自由水压，用细实线连接相同的自由水压即可绘出等自由水压线图。管网等自由水压线图可直观反映整个供水区域内高、低压区的分布情况和服务水压偏低的程度。因此，管网水压线图对供水企业的管理和管网改造有很好的参考价值。

3. 水塔高度计算

按最高时平差结果和设计水压求出水塔高度。在核算时，水塔高度若不能满足其他最不利工作情况的供水要求，一般不修正水塔高度。网前水塔只需将水塔关闭，而对置水塔只需调整供水流量。

4. 水泵扬程及供水总流量计算

由管网控制点开始，按相应的计算条件（最高时、消防时、事故时、最大转输时），经管网和输水管推算到二级泵站，求出水泵扬程和供水总流量，便于选泵。管网有几种计算情况就对应有几组数据。各种管网系统在各种最不利工作情况下，二级泵站的设计供水参数见表5-9。

二级泵站设计供水参数　　　　　　表5-9

管网系统种类 工作情况		无水塔 管网系统	网前水塔管网系统		对置水塔 管网系统
			不关闭水塔时	关闭水塔时	
最高时	流量	Q_h	Q_{IImax}	—	Q_{IImax}
	扬程	H_p	H_p		H_p
消防时	流量	$Q_h + Q_x$	$Q_{IImax} + Q_x$	$Q_h + Q_x$	$Q_h + Q_x$
	扬程	H_{px}	H_{px}	H_{px}	H_{px}
事故时	流量	RQ_h	RQ_{IImax}	RQ_h	RQ_{IImax}
	扬程	H_{psk}	H_{psk}	H_{psk}	H_{psk}
最大转输时	流量	—			Q_{IIzs}
	扬程				H_{pz}

注：1. Q_{IImax}、Q_{IIzs}分别表示二级泵站最大一级和最大转输时供水流量。
2. 设置水塔（或高地水池）的管网系统，应考虑水塔（或高地水池）因检修等关闭对供水情况的影响，必要时应进行核算。

六、多水源管网平差

许多大城市由于用水量的增长，往往逐步发展成为多水源（包括泵站、水塔、高地水池等也看作是水源）的给水系统。多水源管网计算原理与单水源管网相同，但是，在几个水源同时向管网供水时，每一水源输入管网的流量不仅取决于管网用水量，并随管网阻抗和每个水源输入的水压而变化，从而存在各水源之间的流量分配问题。

应用虚环的概念，可将多水源管网转化为只从虚节点0供水的单水源管网，如图5-18所示。虚节点0的位置可任意选定，其水压可假设为零；虚管段中无流量，不考虑摩阻，只表示按某一基准面算起的配水源水压（泵站或水塔）。

在最高用水时，管网用水量为ΣQ，从虚节点0流向泵站的流量Q_p即为泵站的供水量，此时水塔也供水到管网，虚节点0到水塔的流量Q_t即为水塔供水量，则最高时虚节点0的流量平衡条件为：

$$Q_p + Q_t - \Sigma Q = 0$$

或　　$Q_p + Q_t = \Sigma Q$　　(5-22)

最大转输时，管网用水量为$\Sigma Q'$，泵站的流量为Q'_p，经过管网用水后，以转输流量Q'_t从水塔经虚管段流向虚节点0，则最大转输时虚节点0的流量平衡条件为：

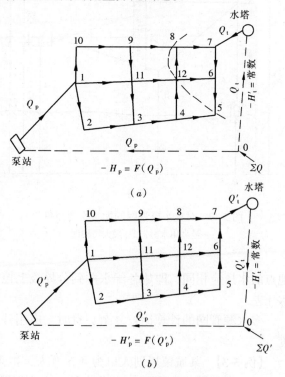

图5-18 对置水塔的工作情况
(a) 最高用水时；(b) 最大转输时

$$Q'_p + Q'_t = \Sigma Q' \qquad (5\text{-}23)$$

水压 H 的符号规定如下：流向虚节点的虚管段，水压为正，流离虚节点的虚管段，水压为负。在虚环内水头损失和水压均规定为顺时针流向为正，逆时针流向为负。则在任意虚环内虚管段水压和实管段水头损失的代数和为零，最高时虚环的能量平衡条件参见图 5-19，可用下式表示：

$$-H_p + \Sigma h_p - \Sigma h_t - (-H_t) = 0$$
$$\text{或} \quad H_p - \Sigma h_p + \Sigma h_t - H_t = 0 \qquad (5\text{-}24)$$

式中　H_p——最高用水时泵站的水压，m；

　　　Σh_p——最高用水时从泵站供水到分界线上某一地点的管线总水头损失，m；

　　　Σh_t——最高用水时从水塔供水到分界线上同一地点的管线总水头损失，m；

　　　H_t——最高用水时水塔的水位标高，m。

最大转输时虚环的能量平衡条件见图 5-19，可用下式表示：

$$-H'_p + \Sigma h' + H'_t = 0$$
$$H'_p - \Sigma h' - H'_t = 0 \qquad (5\text{-}25)$$

式中　H'_p——最大转输时的泵站水压，m；

　　　$\Sigma h'$——最大转输时从泵站到水塔的总水头损失，m；

　　　H'_t——最大转输时的水塔水位标高，m。

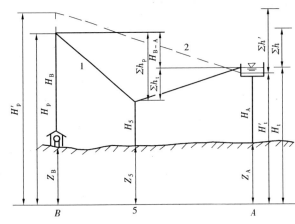

图 5-19　对置水塔管网的能量平衡条件

1—最高用水时；2—最大转输时

在多水源环状管网的计算中，由于考虑了多个配水源与管网的联合工作情况，所以，管网平差时，虚环和实环须看成一个整体，即不分虚环和实环同时平差。闭合差和校正流量的计算方法与单水源管网相同。管网计算结果应满足下列条件：

（1）进出每一节点的流量（包括虚流量）总和等于零，即满足连续性方程 $q_i + \Sigma q_{ij} = 0$；

（2）每环（包括虚环）各管段的水头损失代数和为零，即满足能量方程 $\Sigma h_{ij} = 0$；

（3）各配水源供水至分界线上同一地点的水压应相同，即从各配水源到分界线上控制点的沿线水头损失之差应等于各水源的水压差。

多水源管网的计算比较复杂、费时，应用计算机运算可缩短计算时间，并提高计算精度。

【例 5-3】　某城镇规划人口为 4.5 万人，拟采用高地水池调节供水量，管网布置及节点地形标高如图 5-20 所示。各节点的自由水压要求不低于 24mH₂O。该城镇最高日设计用水量为 $Q_d = 12400\text{m}^3/\text{d}$，其中工业集中流量为 80L/s，分别在 3、6、7、8 节点集中流出，

3、6节点的工业24h均匀用水,7、8节点为一班制(8~16时)均匀用水。用水量及供水量曲线见图5-21。水厂在城北1000m处,二级泵站按两级供水设计,每小时供水量:6~22时为4.5%Q_d,22~6时为3.5%Q_d。试对该城镇给水管网进行设计计算。

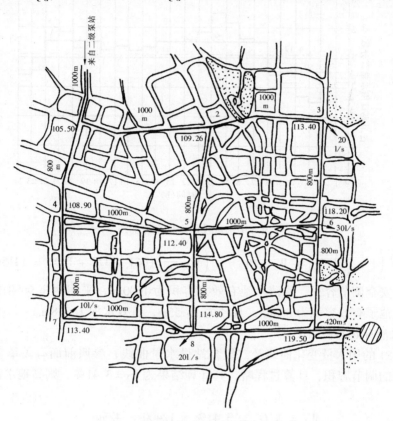

图 5-20 环状网计算例题

【解】 (一)确定清水池和高地水池的容积和尺寸

1. 清水池容积和尺寸

根据图5-21,清水池所需调节容积为:

$$W_1 = k_1 Q_d = \left(4.5 - \frac{100}{24}\right) \times 16 Q_d = 5.33\% \times 12400 = 661 m^3$$

水厂自用水量调节容积按最高日设计用水量的3%计算,则:

$$W_2 = 3\% Q_d = 3\% \times 12400 = 372 m^3$$

该城镇规划人口为4.5万人,查附录3-5,确定同一时间内的火灾次数为两次,一次灭火用水量为25 L/s。火灾延续时间按2.0 h计,故火灾延续时间内所需总水量为:

$$Q_X = 2 \times 25 \times 3.6 \times 2.0 = 360 m^3$$

因本题采用对置高地水池,且单位容积造价较为经济,故考虑清水池和高地水池共同分担消防贮备水量,以实现安全供水,即清水池消防贮备容积W_3可按180m^3计算。

清水池的安全储量W_4可按以上三部分容积和的1/6计算。因此,清水池的有效容积为:

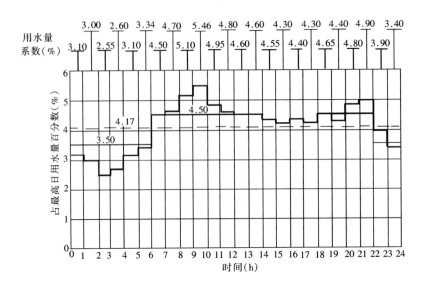

图 5-21 用水量及供水量变化曲线

$$W_c = \left(1 + \frac{1}{6}\right)(W_1 + W_2 + W_3) = \left(1 + \frac{1}{6}\right)(661 + 372 + 180) = 1415 \text{m}^3$$

考虑部分安全调节容积,取清水池有效总容积为 1600m³,采用两座 96S819 钢筋混凝土水池。每座池子有效容积为 800m³,直径为 16.55m,有效水深为 3.8m。

2. 高地水池有效容积和尺寸

根据图 5-21 的用水量变化曲线及二级泵站供水量曲线,参照前面有关章节所讲方法确定高地水池的调节容积,计算过程略,其计算结果为 $k_2 = 3.41\%$,则高地水池调节容积为:

$$W_1 = k_2 Q_d = 3.41\% \times 12400 = 423 \text{m}^3$$

高地水池消防贮备容积 W_2 按 180m³ 计,则高地水池的有效容积为:

$$W_c + W_1 + W_2 = 423 + 180 = 603 \text{m}^3, 取 600 \text{m}^3$$

(二)最高日最高时设计计算

1. 确定设计用水量及供水量

由用水量及供水量曲线图 5-21 知:

最高日最高时设计用水量为:

$$Q_h = 5.46\% Q_d = 5.46\% \times 12400 = 677.04 \text{m}^3/\text{h} = 188 \text{L/s}$$

二级泵站最高时供水量为:

$$Q_{I\max} = 4.5\% Q_d = 4.5\% \times 12400 = 558 \text{m}^3/\text{h} = 155 \text{L/s}$$

高地水池最高时的供水量为:

$$Q_t = Q_h - Q_{I\max} = 188 - 155 = 33 \text{L/s}$$

2. 节点流量计算

由于该城镇各区的人口密度、给排水卫生设备完善程度基本相同,干管分布比较均匀,可按长度比流量法计算沿线流量,求得各节点的节点流量。

由图 5-20 求出配水干管计算总长度为:

$$\Sigma L = 6 \times 1000 + 6 \times 800 = 10800 \text{m}$$

管网的集中流量 ΣQ_i 为80L/s，则干管比流量为：

$$q_{cb} = \frac{Q_h - \Sigma Q_i}{\Sigma L} = \frac{188 - 80}{10800} = 0.01 \text{L/(s·m)}$$

按 $q_i = 0.5 q_{cb} \Sigma L_i$ 计算各节点流量，过程略，结果见图5-22。

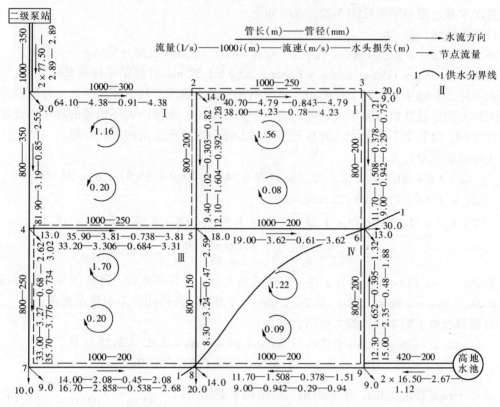

图 5-22 最高用水时管网平差计算

3．流量分配

为保证安全供水，二级泵站和高地水池至给水区的输水管，均采用两根。

根据管网布置和用水情况，假定各管段的流向（见图5-22），按环状管网流量分配原则和方法进行流量预分配，现对设计要点加以说明。

由于干管1~4担负干线4~5~6和4~7~8的转输任务，故应多分配一些流量，但考虑到供水可靠性，1~4和1~2管段的流量分配值也不宜相差过大。由于6、7、8节点附近有大用户，故4~7和4~5管段、9~6和9~8管段应大致分配接近的流量。2~5和5~8管段在管网中主要起连接管作用，故平时应尽量少转输流量，一般以满足本管段沿线配水量略有多余。各管段流量预分配结果见图5-22。

4．确定管径和水头损失

各管段流量预分配后，参照经济流速选定管径。管段7~8、3~6、9~8、9~6虽然平时通过的流量较小，但考虑到其他工作情况（如消防时和转输时）需要输送较大的流量，故管径应适当放大。而2~5和5~8管段在事故时将转输较大的流量，其管径一般与所连接干管线的次要干管管径相当或小一号，2~5 管段管径确定为 200mm，5~8 管段为 150mm。管径初选结果见图 5-22。

由管段预分配流量和所选管径，查铸铁管水力计算表，即可求得各管段的 $1000i$，按 $h = iL$ 计算出各管段的水头损失，其结果见图 5-22。

5. 管网平差

首次平差过程和结果见图 5-22。说明如下：

计算各环闭合差 Δh_k：

环 I 为：$\Delta h_{\mathrm{I}} = h_{1-2} + h_{2-5} - h_{1-4} - h_{4-5} = 4.38 + 0.82 - 2.55 - 3.81 = -1.16\mathrm{m}$

同理可得 $\Delta h_{\mathrm{II}} = 1.56\mathrm{m}$，$\Delta h_{\mathrm{III}} = 1.70\mathrm{m}$，$\Delta h_{\mathrm{IV}} = 1.22\mathrm{m}$。计算结果标在相应环内。

由上述计算结果知，四个环的闭合差均不符合规定数值，其中环 II、III、IV 闭合差均为顺时针方向，且数值相差不大，可构成一个大环平差。而与该大环相邻的环 I 闭合差为逆时针方向，且数值不算太大，故首先采用对大环引入校正流量的平差方案。

大环校正流量计算：

$$q_a = (9.4 + 40.7 + 11.7 + 12.3 + 11.7 + 14.0 + 33.0 + 35.9) \div 8 = 21.09 \mathrm{L/s}$$

$$\Delta h_k = 1.56 + 1.70 + 1.22 = 4.48 \mathrm{m}$$

$$\Sigma |h_{ij}| = 0.82 + 4.79 + 1.21 + 1.32 + 1.51 + 2.08 + 2.62 + 3.81 = 18.16 \mathrm{m}$$

$$\Delta q_k = -\frac{q_a \Delta h_k}{2\Sigma|h_{ij}|} = -\frac{21.09 \times 4.48}{2 \times 18.16} = -2.6 \mathrm{L/s}$$

将 $\Delta q_k = -2.6\mathrm{L/s}$ 引入由 II、III、IV 构成的大环，进行平差后，各环闭合差减为 $\Delta h_{\mathrm{I}} = -0.2\mathrm{m}$，$\Delta h_{\mathrm{II}} = 0.08\mathrm{m}$，$\Delta h_{\mathrm{III}} = 0.2\mathrm{m}$，$\Delta h_{\mathrm{IV}} = 0.09\mathrm{m}$。各环闭合差均满足要求。

自管网起点 1 到 7 节点的大环闭合差为：

$$\Delta h = 4.38 + 4.23 + 0.75 - 1.88 + 0.94 - 2.68 - 3.02 - 2.55 = 0.17\mathrm{m}$$

或

$$\Delta h = -0.2 + 0.08 + 0.20 + 0.09 = 0.17\mathrm{m}$$

远小于规定数值 1.0m，平差结束。将最终平差结果以 $\frac{l_{ij}(\mathrm{m}) - D_{ij}(\mathrm{mm})}{q_{ij}(\mathrm{L/s}) - 1000i - h_{ij}(\mathrm{m})}$ 的形式注写在绘制好的管网平面图的相应管段旁（见图 5-23）。

6. 水压计算

选择 6 节点为控制点，由此点开始，按该点要求的水压标高 $Z_c + H_c = 118.20 + 24 = 142.20\mathrm{m}$，分别向泵站及高地水池方向推算，计算各节点的水压标高和自由水压，将计算结果及相应节点处的地形标高注写在相应节点上，如图 5-23 所示。

7. 高地水池设计标高计算

由上述水压计算结果可知，所需高地水池供水水压标高为 145.20m，即为消防贮水量的水位标高（也为平时供水的最低水位标高）。所以，高地水池的设计标高应为：

$$145.20 - \frac{4 \times 180}{3.14 \times 14.08^2} = 144.05\mathrm{m}$$

8. 二级泵站总扬程计算

由水压计算结果可知，所需二级泵站最低供水水压标高为 154.45m。设清水池底标高（由水厂高程设计确定）为 105.50m，则平时供水时清水池的最低水位标高为：

$$105.50 + 0.5 + \frac{4 \times 180}{2 \times 3.14 \times 16.55^2} = 106.42\mathrm{m}$$

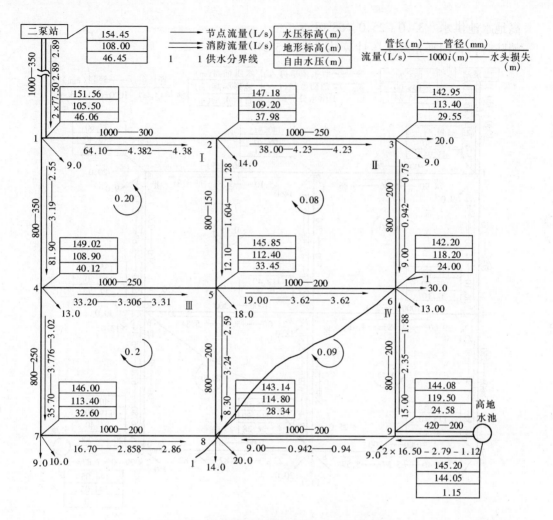

图 5-23 最高用水时管网平差及水压计算成果

泵站内吸、压水管路的水头损失取 3.0 m，则最高用水时所需二级泵站总扬程为：

$$H_p = 154.45 - 106.42 + 3.0 = 51.03 \text{m}$$

（三）管网核算

设对置调节构筑物的管网按最高时进行设计计算后，还应以最高时加消防时、事故时和最大转输时的工作情况进行校核计算。

无论是哪一种情况核算，均是利用最高用水时选定的管径，即管网管径不变，按核算条件拟定节点流量，然后假定各管段水流方向，重新分配流量，并进行管网平差。管网平差方法与最高时相同。

1. 消防时核算

该城镇同一时间火灾次数为两次，一次灭火用水量为 25L/s。从安全和经济角度来考虑，失火点分别设在 6 节点和 8 节点处。消防时管网各节点的流量，除 6、8 节点各附加 25L/s 的消防流量外，其余各节点的流量与最高时相同（见图 5-24）。消防时，需向管网供应的总流量为，$Q_h + Q_x = 188.0 + 2 \times 25.0 = 238.0$L/s，其中：

二级泵站供水　$155.0 + 25.0 = 180.0$L/s

高地水池供水　$33.0+25.0=58.0$L/s

消防时，管网平差及水压计算结果见图5-24。

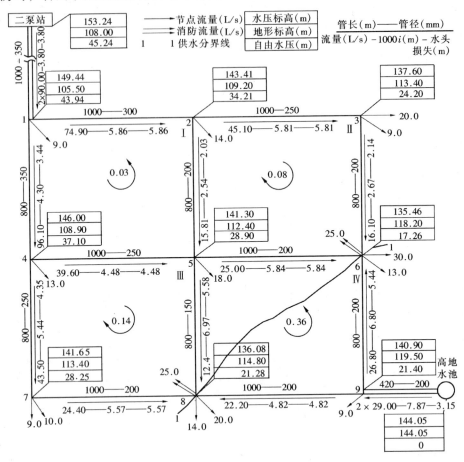

图5-24　消防时管网平差及水压计算成果

由图5-24可知，管网各节点处的实际自由水压均大于10mH₂O（98kPa），符合低压消防制要求。因此，高地水池设计标高满足消防时核算条件。

消防时，所需二级泵站最低供水水压标高为153.24m，清水池最低设计水位标高等于池底标高105.50m加安全贮量水深0.5m，泵站内水头损失取3.0m，则所需二级泵站总扬程为：

$$H_{px}=153.24-(105.50+0.50+3.0)=50.24\text{m}$$

2. 事故时核算

设1~4管段损坏需关闭检修（见图5-25），并按事故时流量降落比$R=70\%$及设计水压进行核算，此时管网供应的总流量为$Q_a=70\%\times188.0=131.6$L/s，其中，二级泵站供水流量为$70\%Q_{II}=70\%\times155.0=108.5$L/s；高地水池供水流量为$131.6-108.5=23.1$L/s。

事故时，管网各节点流量可按最高时各节点流量的70%计算。管网平差及水压计算成果见图5-25所示。

由图5-25可知，管网中各节点处的实际自由水压均大于24.0mH₂O（235.2kPa）。因此

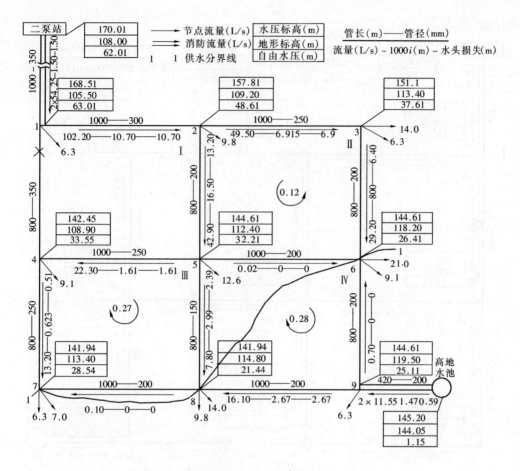

图 5-25 事故时管网平差及水压计算成果（$R=70\%$）

高地水池设计标高满足事故时核算条件。

事故时，所需二级泵站最低供水水压标高为 170.01m，清水池最低水位（即消防贮水位）标高为 106.42m，泵站内水头损失取 2.5m，则所需二级泵站总扬程为：

$$H_{psk} = 170.01 - 106.42 + 2.5 = 66.09m$$

大于最高时所需水泵扬程 $H_p = 51.03m$。

3. 最大转输时核算

最大转输时发生在 2～3 时（见图 5-21），此时管网用水量为最高日设计用水量的 2.55%，即为 $2.55\% \times 12400 = 316.2 m^3/h = 87.83 L/s$，此时二级泵站供水量为：

$$3.5\% \times 12400 = 434.0 m^3/h = 120.56 L/s$$

则最大转输流量为：

$$120.56 - 87.83 = 32.73 L/s$$

最大转输时工业集中流量为 $20 + 30 = 50 L/s$，所以最大转输时节点流量折减系数为：

$$\frac{87.83 - 50}{188 - 80.0} = \frac{37.83}{108} = 0.35$$

最高时管网的节点流量（生活用水）乘以折减系数 0.35 得最大转输时管网的节点流量。管网平差及水压计算成果见图 5-26。图中高地水池水压标高 147.85m 是高地水池最高

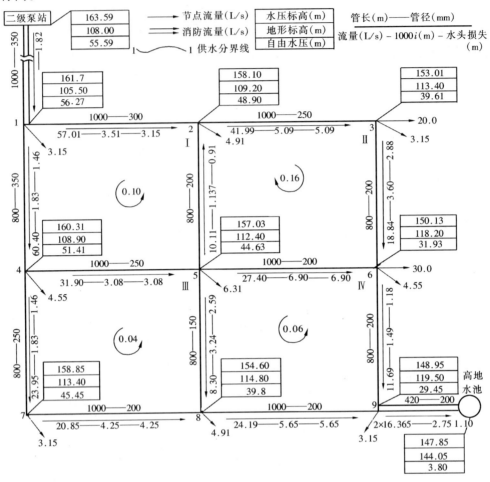

图 5-26 转输时管网平差及水压计算成果

最大转输时,所需二级泵站供水水压标高为 163.59m,清水池最低设计水位标高为 106.42m,泵站内水头损失取 2.5m,安全出流水头取 1.5m,则所需二级泵站总扬程为:

$$H_{pzs} = 163.59 - 106.42 + 2.5 + 1.5 = 61.17m$$

大于最高时所需水泵扬程 $H_p = 51.03m$。

(四)计算成果及水泵选择

上述核算结果表明,最高时选定的管网管径、高地水池设计标高均满足核算条件,管网水头损失分布也比较均匀,且各核算工况所需水泵扬程与最高时相比相差不大(事故时 H_{psk} 与 H_p 相差 15.06m),经水泵初选基本可以兼顾,故计算成果成立,不需调整。

管网设计管径和计算工况的各节点水压及高地水池设计供水参数如图 5-23~图 5-26 所示。二级泵站设计供水参数及选泵结果见表 5-10。

因此,二级泵站共需设置 5 台水泵(包括备用泵),其中 3 台 8Sh—9 型水泵,1 台 8Sh—9A 型水泵,1 台 6Sh—6A 型水泵。正常工作情况下,共需 3 台水泵。其中 6~22 时,1 台 8Sh—9 和 1 台 8Sh—9A 并联工作;22~6 时,1 台 8Sh—9 和 1 台 6Sh—6A 并联工作。

每一级供水中水泵的切换可通过水位远传仪由高地水池水位控制。

消防时和事故时,由两台 8Sh—9 型水泵并联工作即可得到满足。

给水工程建成通水需若干年后达到最高日设计用水量,达到后每年也有许多天用水量低于最高日用水量。本例题二级泵站还可设置 2 台 8Sh—9 型、1 台 8Sh—9A 型、2 台 6Sh—6A 型水泵以满足最高用水时、最大转输时、消防时和事故时的设计要求。设置 2 台 6Sh—6A 型水泵可互为备用,且可作为 1 台 8Sh—9 型水泵的备用泵。

二级泵站设计供水参数及选泵　　　　　　表 5-10

项目\工况	设计供水参数		水泵选择			备注
	流量(L/s)	扬程(m)	型号	性能	台数	
最高用水时	155.00	51.03	8Sh—9	$Q=97.5\sim 60L/s$ $H=50\sim 69m$	1 台	备用两台 8Sh—9
			8Sh—9A	$Q=90\sim 50L/s$ $H=37.5\sim 54.5m$	1 台	
最大转输时	120.56	61.17	8Sh—9	$Q=97.5\sim 60L/s$ $H=50\sim 69m$	1 台	备用两台 8Sh—9
			6Sh—6A	$Q=50\sim 31.5L/s$ $H=55\sim 67m$	1 台	
消防时	180.00	50.24	8Sh—9	同上	2 台	由备用泵满足
事故时	108.50	66.09	8Sh—9	同上	2 台	

本例题属于多水源管网系统,各种工况下配水源(泵站和高地)水池的真实流量分配及管网实际运行情况,只能在上述选泵的基础上,应用虚环概念,进行多水源管网平差后,才能获得。

第七节 输水管水力计算

从水源到城市水厂或工业企业自备水厂的输水管渠设计流量,应按最高日平均时供水量与水厂自用水量之和确定。当远距离输水时,输水管渠的设计流量应计入管渠漏失水量。

从水源到水厂或从水厂到管网的输水管必须保证不间断输水。输水系统的一般特点是距离长,和河流、高地、交通路线等交叉较多。

输水管渠有多种形式,常用的有:

1. 压力输水管渠

此种形式通常用得最多,当输水量大时可采用输水渠。常用于高地水源或水泵供水。

2. 无压输水管渠(非满流水管或暗渠)

无压输水管渠的单位长度造价较压力管渠低,但在定线时,为利用与水力坡度相接近的地形,不得不延长路线,因此,建造费用相应增加。重力无压输水管渠可节约水泵输水所耗电费。

3. 加压与重力相结合的输水系统

在地形复杂的地区常用加压与重力结合的输水方式。

4. 明渠

明渠是人工开挖的河槽，一般用于远距离输送大量水。

以下重点讨论压力输水管。

输水管平行工作的管线数，应从可靠性要求和建造费用两方面来比较。若增加平行管线数，虽然可提高供水的可靠性，但输水系统的建造费用随之增大。实际上，常采用简单而造价又增加不多的方法，以提高供水的可靠性，即在平行管线之间设置连接管，将输水管线分成多段，分段数越多，供水可靠性越高。合理的分段数应根据用户对事故流量的要求确定。

输水管计算的任务是确定管径和水头损失，以及达到一定事故流量所需的输水管条数和需设置的连接管条数。确定大型输水管的管径时，应考虑具体的埋管条件、管材和形式、附属构筑物数量和特点、输水管条数等，通过方案比较确定。具体计算时，先确定输水管条数，依据经济供水的原则，即按设计流量和经济流速（或可资用水头）确定管径，进而计算水头损失。

一、重力供水时的压力输水管

水源在高地时（如取用蓄水库水时），若水源水位和水厂内处理构筑物之间有足够的水位高差，可利用水源水位向水厂重力输水。

如图 5-27 所示，若水源水位标高为 Z，输水管终端要求的水压为 $Z_0 = Z_m + H_0$，则可资用水头为 $H = Z - Z_0$，用来克服输水管阻力损失。假设输水系统的总流量为 Q，平行管线（管径、管长和管材均相同）数为 n，则每条输水管的流量为 $\dfrac{Q}{n}$，如图 5-28 所示。

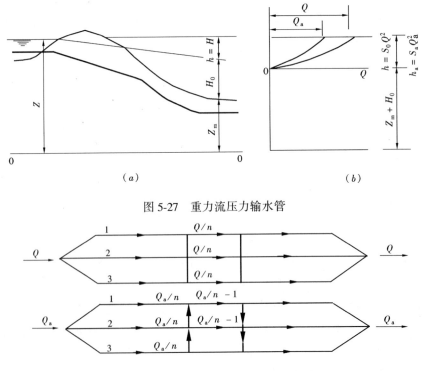

图 5-27 重力流压力输水管

图 5-28 输水管正常时与事故时工作情况

若在输水管上等距离地设置 m 条连接管，输水管被分成 $N = m + 1$ 段，则正常工作情况下的水头损失为：

$$h = s(m+1)\left(\frac{Q}{n}\right)^2 = \left[\frac{s(m+1)}{n^2}\right]Q^2 = S_0 Q^2 \qquad (5\text{-}26)$$

式中　s——每一管段的摩阻；

　　　S_0——输水系统的总摩阻，$S_0 = \dfrac{s(m+1)}{n^2}$。

如图 5-28，任一管段损坏时，流量降低为 Q_a，水头损失为：

$$h_a = S\left(\frac{Q_a}{n}\right)^2 m + S\left(\frac{Q_a}{n-1}\right)^2 = \left[S\frac{m}{n^2} + \frac{S}{(n-1)^2}\right]Q_a^2 = S_a Q_a^2 \qquad (5\text{-}27)$$

式中　S_a——n 条管线中任一段损坏时输水系统的总摩阻，$S_a = \left[S\dfrac{m}{n^2} + \dfrac{S}{(n-1)^2}\right]$。

在重力流压力输水系统中，因起、终点的水头差固定，不受管线损坏的影响，因此 $h = h_a$，但 $S_0 \neq S_a$，可得出事故时和正常工作时的流量比例，即事故时允许流量降落比 R 为：

$$R = \frac{Q_a}{Q} = \sqrt{\frac{S_0}{S_a}} = \sqrt{\frac{S\dfrac{(m+1)}{n^2}}{S\dfrac{m}{n^2} + S\dfrac{1}{(n-1)^2}}} \qquad (5\text{-}28)$$

城镇给水管网的允许流量降落比 R 值为 0.7。不同 n、m 值时的 R 值见表 5-11。由表可知：输水管线可靠性随着平行管线数和连接管数的增加而增大。两根平行的输水管时，为保证 $R = 0.7$，需设置两条连接管。

不同 m、n 值时的 R 值　　　表 5-11

n	当 m 为下列值时的 R 值				
	0	1	2	3	4
2	0.5	0.63	0.71	0.76	0.79
3	0.67	0.78	0.84	0.87	0.89
4	0.75	0.85	0.89	0.91	0.93

二、水泵供水的压力输水管

水泵供水时，流量 Q 受到水泵扬程的影响。反之，输水量变化也会影响输水管起点的水压。因此水泵供水时的实际流量，应由水泵特性曲线 $H_p = f(Q)$ 和输水管特性曲线 $H = H_{ST} + \Sigma h = f(Q)$ 的联合曲线求出。

水泵特性曲线和输水管特性曲线的联合工作情况可如图 5-29 表示，Ⅰ、Ⅱ 分别表示输水管正常工作和事故时的 $Q\text{-}\Sigma h$ 特性曲线。当输水管任一管段损坏时，系统的阻力增大，曲线的交点从正常工作时的 b 点移到 a 点，与 a 点相应的横坐标表示事故时流量 Q_a。设置连接管后，由于事故时输水系统的摩阻增加较少，即 S_a 较接近 S_0，因此曲线Ⅱ和曲线Ⅰ也比较接近，事故时流量 Q_a 可大于无连接管时。确定输水管的分段数应保证任一管段损坏检修时，供水流量不低于允许值。

1. 设有网前水塔时输水管分段数计算

$$N = \frac{(S_1 - S_d)R^2}{(S + S_p + S_d)(1 - R^2)} \qquad (5\text{-}29)$$

式中 S——水泵的摩阻,与同时工作的水泵型号和台数有关;
S_p——泵站内部管路的摩阻;
S_1——事故输水管的摩阻;
S_d——输水系统正常工作时的总摩阻;
R——事故时允许流量降落比,按供水要求确定。

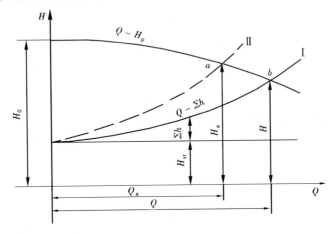

图 5-29 水泵和输水管特性曲线

2. 设对置水塔时输水管分段数计算

分段数可按下式近似计算:

$$N = \frac{(S_1 - S_d)R^2}{(S + S_p + S_c + S_d)(1 - R^2)} \tag{5-30}$$

式中 S_c——管网起点至控制点间的管路总摩阻。

第八节 给水管道的敷设

城市及工业企业的给水管道一般敷设在地下,只有在基岩露出或覆盖层很浅的地区,水管才可考虑埋在地面上或浅沟敷设,并应有防冻和安全措施。给水管道埋设于地下时,对管顶覆土、管底基础、管道附件的安装、支墩设置和管道穿越障碍物等,都有一定的技术要求,以保证供水安全可靠。

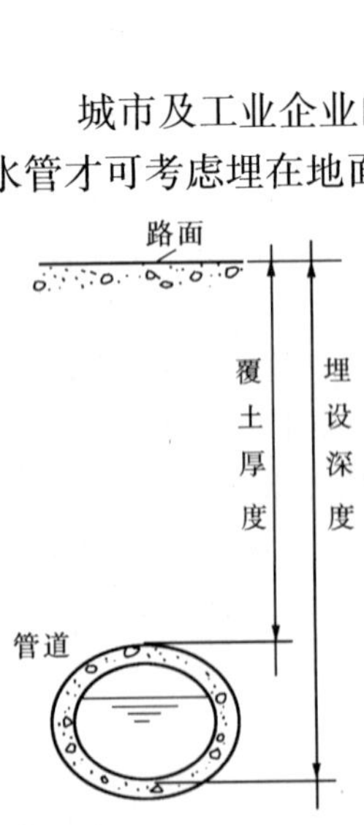

一、管道埋设深度

覆土厚度指管道外壁顶部到地面的距离;埋设深度指管道内壁底部到地面的距离。这两个数值都能说明管道的埋设深度(见图5-30)。

非冰冻地区管道覆土厚度主要由外部荷载、管道强度、管道交叉情况以及土壤地基等因素决定,金属管道的覆土厚度一般不小于0.7m,非金属管道的覆土厚度一般不小于 1.0~1.2 m,以免受到动荷载的作用而影响其强度。冰冻地区管道的埋深除决定于上述因素外,还需考虑土壤的冰冻深度。

图 5-30 管道埋设

一般管底在冰冻线以下的最小距离：

管径 $D < 300$ mm 时，为 $D + 200$ mm；

$D = 300 \sim 600$ mm 时，为 $0.75D$ mm；

$D > 600$ mm 时，为 $0.5D$ mm。

二、管道的基础

管底应有适当的基础，管道基础的作用是防止管底只支在几个点上，甚至整个管段下沉，这些情况都会引起管道破裂。根据原有土壤情况，常用的基础有三种：天然基础、砂基础和混凝土基础，见图 5-31。

当土壤耐压力较高和地下水位较低时，可不作基础处理，管道可直接埋在管沟中未扰动的天然地基上；在岩石或半岩石地基处，需铺垫厚度 100mm 以上的中砂或粗砂作为基础，再在上面埋管；在土壤松软的地基处，应采用强度等级不小于 C8 的混凝土基础。若遇土壤特别松软或流砂、通过沼泽地带，承载能力达不到设计要求时，根据一些地区的经验，可采用各种桩基础。

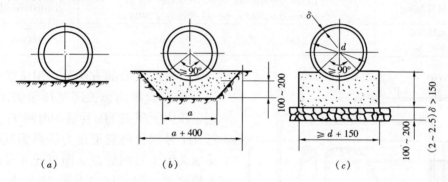

图 5-31 管道基础

(a) 天然基础；(b) 砂基础；(c) 混凝土基础

在粉砂、细砂地层中或天然淤泥层土壤中埋管，同时地下水位又高时，应在埋管时排水，降低地下水位或选择地下水位低的季节施工，以防止流砂，影响施工质量。此时，管道基础土壤应该加固，可采用换土法，即挖掉淤泥层，填入砂砾石、砂或干土夯实；或填块石法，即施工时边挖土边抛入块石到发生流砂的土层中，厚度约为 0.3~0.6m，块石间的缝隙较大时，可填入砂砾石；或在流砂层铺草包和竹席，上面放块石加固，再做混凝土基础。

三、水压试验

水压试验应在给水管道安装后进行，以检验管道安装质量、进行管道验收。水压试验按其目的分为强度试验和严密性试验两种。

管道应分段进行水压试验，每个试验管段的长度不宜大于 1km，非金属管道应短一些。试验管段的两端均应以管堵封住，并加支撑撑牢，以免接头脱开发生意外。水压试验装置如图 5-32 所示。

埋设在地下的管道必须在管道基础检查合格，回填土不小于 0.5 m 后进行水压试验；架空、明装及安装在地沟内的管道，应在外观检查合格后进行试验。

管道在测压前,应先打开6、7号阀向试验管段充水,并排除管内空气。管内充水时间满足表5-12规定后,即可进行强度试验。

埋设在地下的管道在进行水压试验时,按规范规定打开1、2、5、8号阀,关闭4、6、7号阀用试压泵将试验管段升压到试验压力(见表5-12),恒定时间至少10min(为保持试验压力,可用试验泵向管内补水),检查管道、附件和接口,若未发现管道、附件和接口破坏和较严重的渗漏现象,认为强度合格,即可进行严密性试验。

压力管道水压试验压力　　　　　　　　　　表5-12

管　材	强度试验压力（Pa）	试压前管内充水时间（h）
钢　管	应为工作压力加490kPa,并不少于882kPa	24
铸铁管	当工作压力≤490kPa,应为工作压力的2倍 当工作压力>490 kPa,应为工作压力加490kPa	24
石棉水泥管	当工作压力≤588kPa,应为工作压力的1.5倍 当工作压力>588kPa,应为工作压力加294kPa	24
预应力钢筋混凝土	当工作压力≤588kPa,应为工作压力的1.5倍 当工作压力>588kPa,应为工作压力加294kPa	$D<1000mm$时：48h
（设计无规定时） 水下管道	应为工作压力的2倍,且不少于1176kPa	$D>1000mm$时：72h

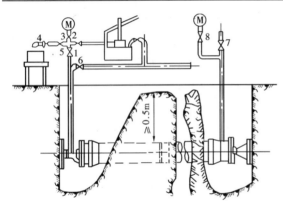

图 5-32　水压试验装置

注：1. 由自来水管向试验管道通水时,打开6、7号阀门,关闭5号阀门；
　　2. 用水泵加压时,打开1、2、5、8号阀门,关闭4、6、7号阀门；
　　3. 不用量水槽测水量时,打开2、5、8号阀门,关闭1、4、6、7号阀门；
　　4. 用量水槽测水量时,打开2、4、5、8号阀门,关闭1、6、7号阀门；
　　5. 用水泵调整3号调节阀时,打开1、2、4号阀门,关闭5号阀门。

严密性试验的方法为：用试验泵将水压升到试验压力,关闭试压泵的1号阀。记录压力下降98 kPa所需的时间T_1（min）；打开1号阀再将管道压力提高到试验压力迅速关闭1号阀后,立即打开4号阀向量水槽放水,记录压力下降98kPa所需的时间T_2（min）；同时测量在此段时间内放出的水量V（L）,试验管段的渗水量q可按下式计算：

$$q = \frac{V}{T_1 - T_2} \quad (L/min) \quad (5-31)$$

若在试验时管道未发生破坏,且渗水量不超过规范规定的数值,即认为试验合格。

管径不大于400mm的埋地压力管道在进行强度试验时,若试验压力在10min内的压力降不大于49Pa,则可不做渗水量测定,视为试验合格。

架空管道、明装管道及安装在地沟内的管道在进行水压试验时,按规范规定,先升压到试验压力,观测10min,若压力降不大于49Pa,且管道未发生破坏,然后可将压力降至工作压力,进行外观检查,如无渗漏现象即为试验合格,不需做渗水量测定。

第九节 给水管道工程图

给水管网设计通常分初步设计和施工图设计两个阶段，但一些简单的工程项目可仅作初步设计，以工程估算代替工程概算，经有关部门同意后可直接进行施工图设计。施工图设计应全面贯彻初步设计意图，在批准的初步设计的基础上，对工程项目的各单项工程进行设计，并绘制图纸，做出详细的工料分析、编制施工图预算、进行施工安装等。

管道施工图包括管道带状平面图、纵断面图和大样图等。

一、带状平面图

管道带状平面图是在管网规划的基础上进行设计的，通常采用 1:500～1:1000 的比例，带状图的宽度应根据标明管道相对位置的需要而定，一般在 30～100m 范围内。由于带状平面图是截取地形图的一部分，因此图上的地物、地貌的标注方法应与相同比例的地形图一致，并按管道图的有关要求在图上标明以下内容：

（1）现状道路或规划道路中心线及折点坐标；

（2）管道代号、管道与道路中心线或永久性地物间的相对距离、间距、节点号、管距、管道转弯处坐标及管道中心线的方位角、穿越障碍物的坐标等；

（3）与本管道相交或相近平行的其他管道的状况及相对关系；

（4）主要材料明细表及图纸说明。

对于小型或较简单的工程项目主要材料明细表及施工图说明常附在带状平面图上，对于中小型或较复杂的工程，常需单独编制整个工程的综合材料表及总说明，放在施工图图集的前部。

图 5-33（a）为一管道带状平面图。

二、纵断面图

管道纵断面图是反映管道埋设情况的主要技术资料之一，见图 5-34。一般给水管道均绘纵断面图，只有在地势平坦、交叉少且管道较短时，才允许不画纵断面图，但需在管线平面图上标注各节点及管线交叉处的管道标高等。

绘管道纵断面图时，常以水平距离为横轴，以高程为纵轴。一般横轴比例常与带状平面图一致，纵轴比例常为横轴的 5～20 倍，常采用 1:50～1:100。图中设计地面标高用细实线，原地面标高用细虚线绘出，并在纵断面图下面的图标栏内，将有关数据逐项填入：第一栏从左向右按比例标注各里程桩（节点）的位置和编号；第二栏为地面标高，若设计地面与原地面不同可将此栏分两行分别填写；第三栏为设计管中心标高；第四栏为管道坡向、坡度和水平距离；第五栏为管道直径及管材；第六栏为地段名称。若管线全部采用统一的基础形式，可在说明中注明；若基础不完全相同，应将基础形式与采用的标准图号等分别注明在该地段管道断面图上。

纵断面图中的管线可按管径大小画成双线或单线，一般以粗实线绘出。与本管道交叉的地下管线、沟槽等应按比例给出截面位置，并注明管线代号、管径、交叉管管底或管顶标高、交叉处本管道的标高及距节点或井的距离。

三、大样图

在施工图中，应绘出大样图。大样图可分为管件组合的节点大样图、附属设施（各种

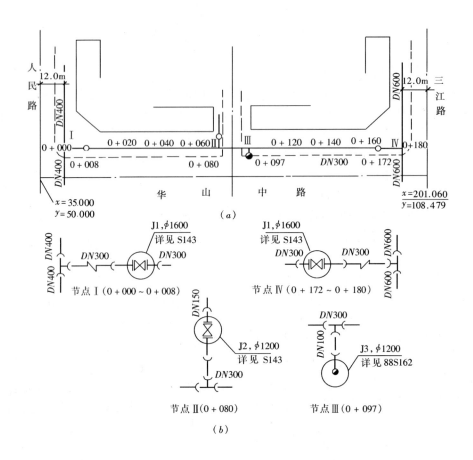

图 5-33 管道带状平面图和节点大样图

井类、支墩等）的施工大样图、特殊管段（穿越河谷、铁路、公路等）的布置大样图。

给水管网中，管线相交点称为节点。在节点上设有三通、四通、弯头、渐缩管、闸门、消火栓、短管等管道配件和附件。

给水管网设计时，选定管线的管径和管材后，应进行管网节点大样图设计，使各节点的配件、附件布置紧凑合理，以减小阀门井尺寸；应画出井的外形并注明井的平面尺寸和井号及索引详图号。井的大小和形状应尽量统一，形式不宜过多。在节点大样图上应用标准符号绘出节点上的配件、附件，如消火栓、弯管、渐缩管、阀门等。特殊的配件也应在图中注明，以便编制预算和加工订货。

节点大样图不按比例绘制，其大小根据节点上配件和附件的多少和节点构造的复杂程度而定。但管线的方向和相对位置应与管网总平面图一致。节点大样图一般附注在带状平面图上（见图 5-33b）或将带状平面图上相应节点放大标注配件和附件的组合情况，不另设节点大样图。图的大小根据节点构造的复杂程度而定。

图 5-35 为节点大样图示例。

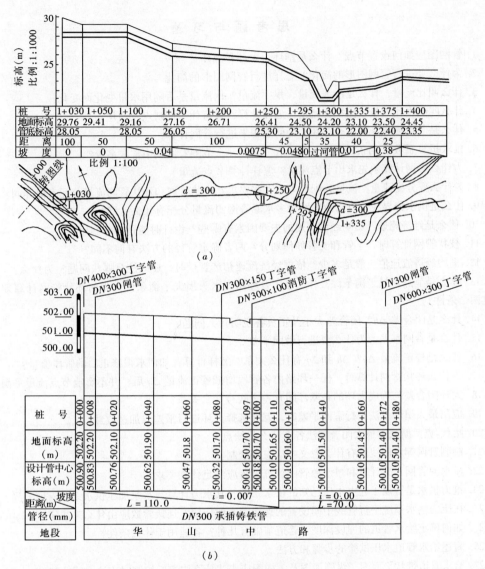

图 5-34 管道纵断面图
(a) 输水管平面及纵断面图；(b) 配水干管纵断面图

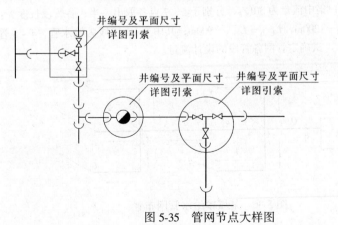

图 5-35 管网节点大样图

思考题与习题

1. 管网图应如何设置节点？什么是基环、大环和虚环？
2. 为什么要进行管网图形的简化？怎样进行管网图形的简化？
3. 什么叫比流量？什么是沿线流量、集中流量？比流量是否随用水量变化而变化？
4. 什么叫长度比流量、面积比流量？怎样计算？各有什么优缺点及适用条件？
5. 什么是节点流量？它是否存在？为何能用来进行管网计算？
6. 推求折算系数 α 的条件是什么？α 值一般在什么范围？实践中常取多少？
7. 为什么管网计算须先求出节点流量？怎样计算节点流量？
8. 为什么要分配流量？流量分配要考虑哪些要求？枝状管网和环状管网流量分配有何异同？
9. 什么是供水分界线？单水源管网与多水源管网的流量分配有什么区别？
10. 什么是经济流速？影响经济流速的主要因素有哪些？设计时能否任意套用？
11. 枝状管网计算时，干管和支管如何划分？两者确定管径的方法有何不同？
12. 平均经济流速值一般是多少？依据经济流速初选管径时，还应注意哪些问题？为什么？
13. 什么是节点流量平衡条件？什么是闭合环路内水头损失平衡条件？为何环状管网计算须同时满足这两个条件？
14. 什么是闭合差 Δh？闭合差大小及正负各说明什么问题？
15. 什么是管网平差？为什么要进行管网平差？
16. 什么是校正流量 Δq？Δh 和 Δq 有什么关系？怎样计算？如何求得修正后的管段流量？
17. 为什么环状管网计算时，任一环路内各管段增减校正流量 Δq 后，并不影响节点流量平衡条件？
18. 大环闭合差与构成大环的各基环闭合差之间有什么关系？
19. 应用最大闭合差法进行管网平差时，怎样选择大环进行平差以加速收敛？
20. 哈代-克罗斯法和最大闭合差法各有什么优缺点？
21. 绘制管网等水压线图有什么意义？应怎样绘制？
22. 多水源管网水力计算和单水源管网计算时各应满足什么要求？
23. 重力供水是否属于起点水压已知的供水系统？其水力计算与水泵加压供水系统有何差异？
24. 在压力输水系统平行管线中间设置的连接管有何作用？连接管数应由什么来决定？
25. 如何确定给水管道的埋设深度？管道基础有几种？各适用于什么条件？
26. 简述给水管道水压试验的步骤和方法。
27. 给水管道带状平面图、纵断面图及大样图应表述什么内容？绘制时应注意哪些问题？
28. 某城镇近期管网规划拟采用枝状给水管网，管网布置如图 5-36 所示。已知该城镇最高时设计用水量为 396m³/h，其中大用户集中流量为 30L/s，分别于 5、7 点各取出一半；各管段长度为：$L_{1~2} = L_{1~3} = L_{4~7} = 800m$，$L_{0~1} = L_{1~4} = 1200m$，$L_{4~6} = L_{4~5} = 900m$；其中 0~1 管段为输水管，4~5 管段为单侧配水，其余管线均为双侧配水。试确定管网各管段的设计流量。

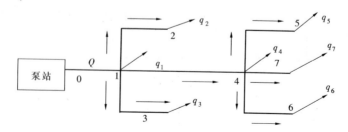

图 5-36 某城镇给水管网布置

29. 某城镇最高时设计用水量为 850 m³/h，给水管网布置和其他已知条件见节点流量计算例题和图 5-6。试初选管网管径，并计算在预流量分配下各管段的水头损失，进行最高时管网平差。

30. 如图 5-37 所示的管网，为使闭合差的收敛速度最快，应采用哪一种平差方法，说明理由。

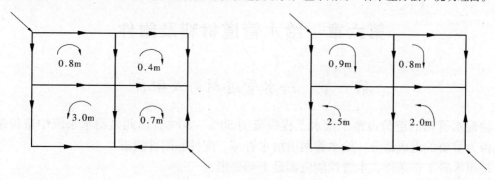

图 5-37 环状管网闭合差计算图

31. 绘出环状管网例题的等水压线。

32. 某一泵站加压输水系统，采用两条管径、管材均相同、中间不设连接管的输水管线输水到高地水池，试问当一条输水管损坏检修时，其事故时的输水量是否为正常输水量的 50%？为什么？若是重力输水系统呢？

33. 如图 5-38 所示的管网，试进行管网节点大样图的设计，并列出主要材料明细表。

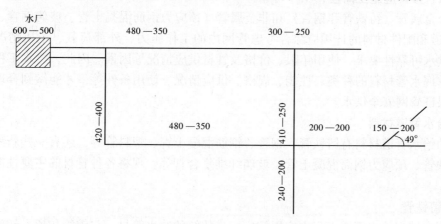

注：管段长度（m）—管径（mm）

图 5-38 管网节点示意

第六章 给水管道材料及附件

第一节 给水管道材料及配件

输配水管网的造价占整个给水工程投资的 50%～80%，因此是给水系统中造价最高并是极为重要的组成部分。给水管网由给水管道、配件和附件组成。

按照水管工作条件，水管性能应满足下列要求：

(1) 有足够的强度，可以承受各种内外荷载；

(2) 水密性，它是保证管网有效而经济地工作的重要条件。若管线的水密性差而经常漏水，会增加管理费用，同时，管网漏水严重时会冲刷地层而出现严重事故；

(3) 水管内壁应光滑以减小水头损失；

(4) 价格较低，使用年限较长，并且有较高的防止水和土壤的侵蚀能力；

(5) 水管接口应施工简便，工作可靠；

水管分金属管（铸铁管和钢管）和非金属管（预应力钢筋混凝土管、玻璃钢管、塑料管等）。管道和配件材料的选用应综合考虑管网内的工作压力、外部荷载、土质情况、施工维护、供水可靠性要求、使用年限、价格及管材供应情况等因素。因此，给水工程技术人员必须掌握水管材料的种类、性能、规格、供应情况、使用条件等，才能做到合理选用管材，以保证管网安全供水。

一、给水管道材料

常用的给水管道材料有铸铁管、钢管、钢筋混凝土管、塑料管等，还有一些新型管材如球墨铸铁管、预应力钢筒混凝土管、玻璃纤维复合管等。现将各种管材的主要性能分述如下：

(一) 铸铁管

铸铁管在城市给水管道工程中应用较广，是传统的给水管材。与钢管相比，铸铁管抗腐蚀性能较好，经久耐用，价格低。但铸铁管质脆，不耐振动和弯折，工作压力较低，重量大，一般为同规格钢管重量的 1.5～2.5 倍，且经常发生接口漏水，水管断裂和爆管事故，给生产带来很大的损失。铸铁管的性能虽相对较差，但可用在直径较小的管道上，同时采用柔性接口，必要时可选用较大一级的壁厚，以保证安全供水。

我国生产的铸铁管有砂型离心铸造和连续铸造两种，其规格及性能见国标 GB 3421—82、GB 3422—82。

铸铁管接口有两种形式：承插式（图 6-1）和法兰盘式（图 6-2）。水管接头应紧密不漏水且稍带柔性，特别是沿管线的土质不均匀而有可能发生沉陷时。

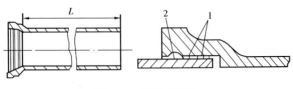

图 6-1 承插式接头

1—麻丝；2—膨胀性填料等

承插式接口适用于室外埋地管线，安装时将插口插入承口内，两口之间的环形空隙用接头材料填实。接口时施工麻烦，劳动强度大。接口材料分两层，内层常用油麻丝或胶圈，外层可用石棉水泥、自应力水泥砂浆、青铅等。目前很多单位采用膨胀性填料接口，利用材料的膨胀性密封接口。承插式铸铁管采用橡胶圈接口时，安装时无需敲打接口，因而减轻了劳动强度，并加快施工进度，应用广泛。

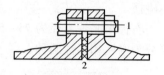

图6-2 法兰式接头
1—螺栓；2—垫片

法兰接口接头紧密，检修方便。但施工要求较高，接口管必须严格对准，为使接口不漏水，在两法兰盘之间嵌以3~5mm厚的橡胶垫片，再用螺栓上紧。由于螺栓易锈蚀，不适用于埋地管线，一般用于水塔进出水管、泵房、净水厂、车间内部等与设备明装或地沟内的管线。

（二）钢管

钢管有无缝钢管和焊接钢管两种。焊接钢管又分直缝钢管和螺旋卷焊钢管。钢管的特点是耐高压、耐振动、重量较轻、单管的长度大和接口方便，但承受外荷载的稳定性差，耐腐蚀性能差，管壁内外均需有防腐措施，并且造价较高。在给水管网中，通常只在管径大、水压高处，以及因地质、地形条件限制或穿越铁路、河谷和地震地区使用。

钢管用焊接或法兰接口，小管径可用丝扣连接。所用配件可用钢板卷焊而成，或直接用标准铸铁配件连接。

普通钢管的工作压力不超过1.0MPa；加强钢管的工作压力可达1.5MPa；高压管常用无缝钢管。室外给水用的钢管管径为100~2200mm或更大，长4~10m。

（三）球墨铸铁管

球墨铸铁管既具有铸铁管的许多优点，而且机械性能有很大提高，其强度是铸铁管的多倍，抗腐蚀性能远高于钢管，因此是理想的管材。球墨铸铁管的重量较轻，很少发生爆管、渗水和漏水现象，可减少管网漏损率和管网维修费用。目前我国球墨铸铁管的产量低，产品规格少，价格较高。

球墨铸铁管耐压能力在3MPa以上，管径80~2000mm，有效长度4~6m。

球墨铸铁管采用T型滑入式胶圈柔性接口（图6-3），也可用法兰接口（图6-4），施工安装方便，可加快施工速度，缩短工期，接口的水密性好，有适应地基变形的能力，抗震效果较好。

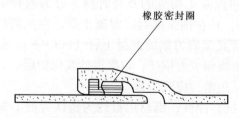

图6-3 T形滑入式接口

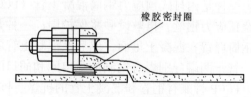

图6-4 法兰式接口

（四）石棉水泥管

石棉水泥管由2.5:7石棉水泥制成，耐压力高、表面光滑、水力性能好、绝缘性能强、质轻、价廉、易加工。但质脆，不耐弯折碰撞。在运输、安装埋设过程中注意避免发生碰撞。

石棉水泥管直径为 75～500mm，长度为 3～4m，工作压力可达 0.47MPa。接口用套箍，可分为刚性和柔性两种。

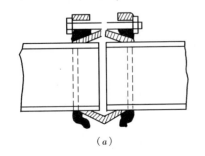 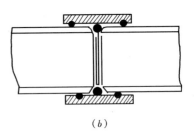

图 6-5　石棉水泥管接头
(a) 柔性接头；(b) 刚性接头

（五）预应力和自应力钢筋混凝土管

在给水工程建设中，有条件时宜以非金属管代替金属管，有利于加快工程建设可节约资金。

配有纵向和环向缠绕预应力钢筋的混凝土管，叫预应力钢筋混凝土管。其管径一般为 400～2000mm，管长 5m，工作压力可达 0.4～1.2MPa。

用自应力水泥制成的钢筋混凝土管叫自应力钢筋混凝土管，这种水泥由矾土水泥、石膏、高标号水泥（一般为 500 号）配制而成，在一定条件下，产生晶体转变，水泥自身体积膨胀（比一般膨胀水泥大 4～6 倍）。膨胀时，带着钢筋一起膨胀，张拉钢筋使之产生自应力。其管径一般为 100～800mm，管长 3～4m，工作压力可达 0.4～1.0MPa。

预应力和自应力钢筋混凝土管均具有良好的抗渗性和抗裂性，不需内外防腐，施工安装方便，输水能力强，价格便宜。但自重大，质地脆，装卸和搬运时严禁抛掷和碰撞。施工时管沟底必须平整，覆土必须夯实，不适用于地下情况复杂、土壤敷设条件差、施工期紧促的交通要道处。自应力钢筋混凝土管后期会发生膨胀，使管材疏松，很少用于重要的管道。

预应力和自应力钢筋混凝土管均为承插式接头，用圆形断面的橡胶圈为接口材料，转弯和管径变化处采用特制的铸铁或钢板配件。

（六）预应力钢筒混凝土管

预应力钢筒混凝土管 PCCP 是由钢板、钢丝和混凝土构成的复合管材，分为两种形式：一种是内衬式预应力钢筒混凝土管（PCCP-L），是在钢筒内衬以混凝土后，在钢筒外缠绕预应力钢丝，再敷设砂浆保护层；一种是埋置式预应力钢筒混凝土管（PCCP-E），是将钢筒埋置在混凝土里面，然后在混凝土管芯上缠绕预应力钢丝，再敷设砂浆保护层。

管子两端分别焊有钢制的承口圈和插口圈，采用密封橡胶圈接口。

PCCP 管兼有钢管和混凝土管的抗爆、抗渗及抗腐蚀性，钢材用量约为铸铁管的 1/3，使用寿命可达 50 年以上，管道综合造价较低，价格与普通铸铁管相近，是一种极有应用前途的管材。我国目前生产的管径为 600～3400mm，管长 5m，工作压力 0.4～2.0MPa。常作为输水管材。

（七）塑料管

塑料管有多种，常用的塑料管有硬聚氯乙烯管（UPVC 管）、聚乙烯管（PE）、聚丙烯管（PP）等。其中以 UPVC 管的力学性能和阻燃性能好，价格较低，因此应用较广。

塑料管具有强度高、表面光滑、不易结垢、水力性能较好、耐腐蚀、重量轻、加工及接口方便，施工费用低等优点，但质脆、膨胀系数较大、易老化。用作长距离管道时，需考虑温度补偿措施，例如伸缩节和活络接口。

塑料管有多种，如聚丙烯腈－丁二烯－苯乙烯塑料管（ABS）、聚乙烯管（PE）和聚丙烯塑料管（PP）、硬聚氯乙烯塑料管（UPVC）等，其中以 UPVC 管的水力性能和阻燃性能好，价格较低，因此应用较广。塑料管已在天津、沈阳、济南、青岛、成都、南通、苏州等 30 多个大中城市应用。

与铸铁管相比，塑料管的水力性能好，由于管壁光滑，在相同流量和水头损失情况下，塑料管的管径可比铸铁管小；塑料管相对密度在 1.40 左右，比铸铁管轻，又可采用橡胶圈柔性承插接口，抗震和水密性较好，不易漏水，既提高了施工效率，又可降低施工费用。可以预见塑料管将成为城市供水中、小口径管道的一种主要管材。

硬聚氯乙烯塑料管（UPVC）是一种新型管材，其工作压力宜低于 2.0MPa，用户用水管的常用管径为 $DN25$ 和 $DN50$，小区内为 $DN100 \sim DN200$，管径一般不大于 $DN400$。管道接口在无水情况下可用胶粘剂粘接，承插式管可用橡胶圈柔性接口，也可用法兰连接。塑料管在运输和堆放过程中，应防止剧烈碰撞和阳光曝晒，以防止变形和加速老化。

（八）玻璃纤维复合管

玻璃纤维复合管 GRP 是一种新型优质管材，按制管工艺分离心浇铸玻璃纤维增强树脂砂浆复合管（HOBAS）管和玻璃纤维缠绕夹砂复合管两大类。

HOBAS 管的主要特点是：管材密度为 $1.65 \sim 1.95 t/m^3$，重量轻，在同等条件下，约为钢管的 1/4、预应力钢筋混凝土管的 $1/5 \sim 1/10$，施工运输方便；耐腐蚀性好，不需做防腐及内衬，使用寿命长达 50 年以上，维护费用低；管壁结构可据设计要求，共有 14 层组成，其内压可从无压至 2.5MPa，共分 8 个等级，外压刚度由 $SN2500N/m^2$ 到 $SN15000N/m^2$ 四个等级；内壁光滑（n 值为 $0.008 \sim 0.009$），且不结垢，可降低能耗；管材、接口不渗漏，不破裂，增加供水安全可靠性，施工方便；在管径相同条件下，其综合造价介于钢管和球墨铸铁管之间。可考虑在强腐蚀性土壤处采用。

玻璃纤维复合管接口形式有承插式、外套式。

（九）孔网钢带塑料复合管

以冷轧多孔钢带焊接钢管为增强体，多孔管壁内外双面复合热塑性高密度聚乙烯形成的复合管。由于多孔壁钢管被包覆在热塑性塑料中，两种材料共同受力，构造形式、受力情况更为合理。管径为 $50 \sim 600mm$，一般用电热熔方法接口，适合作室外给水管材。

综上所述，给水管材的选择取决于承受的水压、输送的水量、外部荷载、埋管条件、供应情况、价格因素等。根据各种管材的特性，其大致适用性如下：

（1）长距离大水量输水系统，若压力较低，可选用预应力钢筋混凝土管；若压力较高，可采用预应力钢筒混凝土管和玻璃钢管；

（2）城市输配水管道系统，可采用球墨铸铁管或玻璃钢管；

（3）建筑小区及街坊内部应优先考虑 UPVC 管；

（4）穿越障碍物等特殊地段时，可考虑采用钢管。

二、给水配件

在管线转弯、分支、直径变化处及连接其他附属设备处，需采用各种标准配件。例如承接分支管用三通和四通（或称为丁字管和十字管）；管道转弯处采用各种角度的弯管；变换管径处采用变径管（或称为大小头、渐缩管）。改变接口形式采用短管，如连接法兰式和承插式，铸铁管处用承盘短管；还有检修管线时用的配件，接消火栓用的配件等，见表6-1。

表6-1 GB 3420—82 规格铸铁管

序号	名称	符号	公称直径 DN（mm）
1	承盘短管		75～1500
2	插盘短管		75～1500
3	套管		75～1500
4	90°双盘弯管		75～1000
5	45°双承短管		75～1000
6	90°双承弯管		75～1500
7	45°双承弯管		75～1500
8	22½°双承弯管		75～1500
9	11½°双承弯管		75～1500
10	90°承插弯管		75～700
11	45°承插弯管		75～700
12	22½°承插弯管		75～700
13	11¼°承插弯管		75～700
14	乙字管		75～500

续表

序号	名 称	符 号	公称直径 DN (mm)
15	全承丁字管		75～1500
16	三盘丁字管		75～1000
17	双承丁字管		75～1500
18	承插单盘排气丁字管		150～1500
19	承插泄水丁字管		700～1500
20	全承十字管		200～1500
21	承插渐缩管		75～1500
22	插承渐缩管		75～1500

钢管安装的管线配件多采用钢板焊接而成，其尺寸可查给排水设计手册或标准图集。

非金属管如石棉水泥管和预应力混凝土管采用特制的铸铁配件或钢制配件。塑料管配件则用现有的塑料产品或现场焊制。

第二节 给水管道附件

给水除了管道以外还应设置各种必要的附件，以保证管网的正常运行。

管网的附件主要有调节流量用的阀门、供应消防用水的消火栓，其他还有控制水流方向的单向阀、安装在管线高处的排气阀和安全阀等。

一、阀门

阀门是用来调节管道内水量和水压的重要设备。安装阀门的位置，一是在管线分支处，二是在较长的管线上，三是穿越障碍物时。因阀门的阻力大，价格昂贵，所以阀门的数量应保持调节灵活的前提下尽可能少。

配水干管上装设阀门的距离一般为 400～1000m，且不应超过三条配水支管，主要管线和次要管线交接处的阀门常设在次要管线上。阀门一般设在配水支管的下游，以便关闭阀门时不影响支管的供水。在支管上也应设阀门。配水支管上的阀门间距不应隔断 5 个以上消火栓。承接消火栓的水管上要接阀门。

阀门的口径一般和水管的直径相同。但当管径较大阀门价格较高时，为降低造价，可安装 0.8 倍水管直径的阀门。

给水用的阀门包括闸阀和蝶阀。

闸阀是给水管上最常见的阀门。闸阀由闸壳内的闸板上下移动来控制或截断水流。根据阀内的闸板形式分楔式和平行式两种。根据闸阀使用时阀杆是否上下移动，分为明杆和暗杆。明杆式闸阀的阀杆随闸板的启闭而升降，因此易于从阀杆位置的高低掌握阀门启闭程度，适用于明装的管道；暗杆式闸阀的闸板在阀杆前进方向留一个圆形的螺孔，当闸阀开启时，阀杆螺丝进入闸板内而提起闸板，阀杆不外露，有利于保护阀杆，通常适用于安装和操作的位置受到限制的地方，否则当阀门开启时因阀杆上升而妨碍工作。闸阀构造见图6-6。

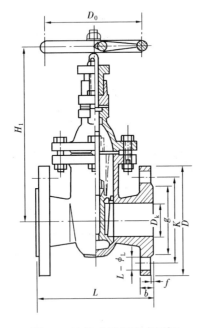 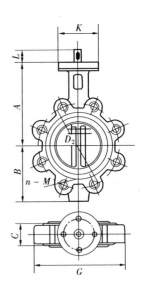

图6-6　法兰式暗杆楔式闸阀　　　　　　　图6-7　对夹式蝶阀

大口径的阀门，在手工开启或关闭时，很费时，劳动强度大。所以直径较大的阀门有齿轮传动装置，并在闸板两侧接旁通阀，以减小水压差，便于开启。开启阀门时，先开旁通阀，关闭阀门时，则后关旁通阀。或采用电动阀门以便于启闭。在压力较高的水管上，应缓慢关闭阀门，以免出现水锤现象使水管损坏。

闸阀一般用法兰连接在水管上。

蝶阀的作用和一般阀门相同，但结构简单、尺寸小、重量轻、开启方便，旋转90°即可全开或全关。因价格同闸阀接近，目前应用较广。

蝶阀是由阀体内的阀板在阀杆作用下旋转来控制或截断水流的。按照连接形式的不同，分为对夹式和法兰式。按照驱动方式不同分手动、电动、气动等。对夹式蝶阀构造见图6-7。蝶阀宽度较一般阀门小，但闸板全开时将占据上下游管道的位置，因此不能紧贴楔式和平行式阀门旁安装。由于密封结构和材料的限制，蝶阀只用在中、低压管线上，例如水处理构筑物和泵站内。

二、止回阀

止回阀也称为单向阀或逆止阀，主要用来限制水流朝一个方向流动。闸门的闸板可绕轴旋转，若水从反方向流来，闸板因自重和水压作用而自动关闭。止回阀一般安装在水压大于196kPa的水泵压水管上，防止因突然停电或其他事故时水流倒流而损坏水泵设备。

止回阀的形式很多，主要分为旋启式和升降式两大类。旋启式止回阀如图6-8所示，阀瓣可绕轴转动。当水流方向相反时，阀瓣关闭。

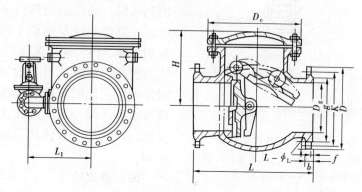

图6-8 旋启式止回阀

在直径较大的管线上，例如工业企业的冷却水系统中，常用多瓣阀门的单向阀，由于几个阀瓣不同时闭合，所以能有效减轻水锤所产生的危害。

三、水锤消除设备

水锤又称为水击，当压力管上阀门关闭过快或水泵压水管上的单向阀突然关闭时，管中水压将升高到正常时的数倍，会对管道或阀件产生破坏作用。

消除或减轻水锤破坏作用的措施有：(1)延长阀门启闭时间；(2)在管线上安装水锤消除器；(3)在管线上安装安全阀；(4)有条件时取消泵站的单向阀和底阀。

安全阀可以防止管中水压过高而发生事故，一般安装在压力管线上，或水泵压水管上的单向阀后面，可减小发生水锤时管道中的压力。按其构造分弹簧式和杠杆式两种。弹簧式安全阀（图6-9）是利用阀上的调节螺栓来调节弹簧的松紧，使阀中下盘受到的弹簧压力与管道中正常工作压力平衡而压紧下盘，不让管道中的水从侧管流出。当管道中的压力由于水锤作用而增加并大于弹簧的压力时，阀中下盘被顶起，水经侧管流出，管道中的压力被释放，从而达到减弱或消除水锤的目的。

杠杆式安全阀是以平衡重锤左右移动来调节阀中下盘受到的压力，使之与管道中正常工作压力相平衡而封闭排水口。当发生水锤而使管道中压力增大时，阀中下盘被顶起失去平衡，水则从侧管方向流出而释放水锤压力。

水锤消除器适用于消除因突然停泵产生的水锤，安装在止回阀的下游，距单向阀越近越好。

图6-10为自动复位下开式水锤消除器。其工作原理为：

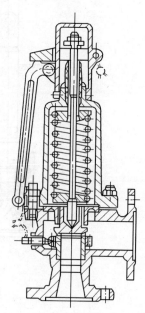

图6-9 弹簧式安全阀

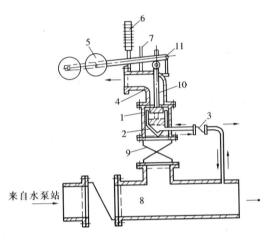

图 6-10 自动复位下开式水锤消除器
1—活塞；2—缸体；3—止回阀；4—排水管；5—重锤；
6—缓冲器；7—限位杆；8—压力水管；9—常开阀；10—活塞连杆；11—支点

水泵突然停止后，管线起端的压力下降，水锤消除器缸体 2 外部的水经阀门 9 流到压力水管 8，缸体 2 中的水经阀 3 也流到管 8，此时在重锤 5 作用下，活塞 1 下落到虚线所示位置，排水口打开。当最大水锤压力到来时，高压水经阀门 9 经排水管 4 排出。一部分水经单向阀 3 阀瓣上的小孔回流到缸体 2 内，使活塞下的水量逐渐增多，压力加大，活塞上升，直到将排水管管口封住为止。此时重锤复位准备消除下一次停泵水锤。缓冲器 6 的作用是使重锤平稳复位。消除停泵水锤还可在泵站设缓闭止回阀。

四、消火栓

消火栓分地上式和地下式两种，均设置在给水管网的管线上，可直接从分配管接出，也可从配水干管上接出支管后再接消火栓，并在支管上安装阀门，以便检修。每个消火栓的流量为 10～15L/s。

地上式消火栓一般设在街道的交叉口消防车便于驶近的地方，并涂以红色标志。适用于不冰冻地区，或不影响城市交通和市容的地区（图 6-11）。地下式消火栓（图 6-12）用

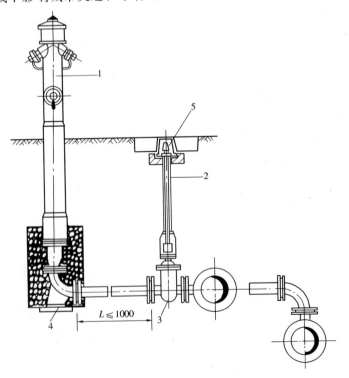

图 6-11 地上式消火栓
1—SS100 地上式消火栓；2—阀杆；3—阀门；4—弯头支座；5—阀门套筒

于冬季气温较低的地区,须安装在阀门井内,不影响市容和交通,但使用不如地上式方便。

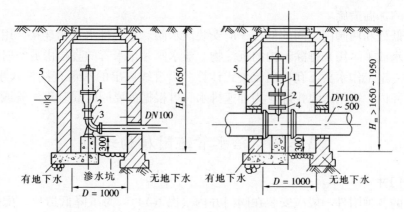

图 6-12 地下式消火栓

1—S×100 消火栓;2—短管;3—弯头支座;4—消火栓三通;5—圆形阀门井

五、排气阀和泄水阀

排气阀安装在管线的隆起部分,使管线投产或检修后通水时,管内空气经此阀排出。平时用来排出从水中释出的气体,以免空气积存管中减小管道过水断面,增加管道的水头损失。管线损坏需放空检修时,可自动进入空气保持排水通畅。产生水锤时可使空气自动进入,避免产生负压。

图 6-13 (a) 所示为常用的单口排气阀。阀壳内设有铜网,铜网里装一空心玻璃球。当水管内无气体时,浮球上浮封住排气口。随着气量的增加,空气升入排气阀上部聚积,使阀内水位下降,浮球靠自重随之下降而离开排气口,空气则由排气口排出。

排气阀分单口和双口两种。单口排气阀用在直径小于 400mm 的水管上,排气阀直径 16~25mm。双口排气阀直径 50~200mm,装在大于或等于 400mm 的水管上,排气阀口径与管线直径之比一般采用 1:8~1:12。

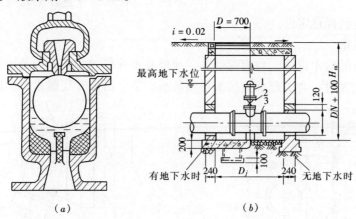

图 6-13 排气阀

(a) 阀门构造;(b) 安装方式(排气阀井)

1—排气阀;2—阀门;3—排气丁字管

119

排气阀必须垂直安装在水平管线上,如图 6-13(b)所示。可单独放在阀门井内,也可与其他管道配件合用一个阀门井。排气阀须定期检修经常维护,使排气灵活。在冰冻地区应有适当的保温措施。

在管线低处和两阀门之间的低处,应安装泄水阀。它与排水管相连接,用来在检修时放空管内存水或平时用来排除管内的沉淀物。泄水阀和排水管的直径由放空时间决定,放空时间可按一定工作水头下孔口出流公式计算。由管线放出的水可直接排入水体或沟管,或排入泄水井内,再用水泵排除。为加速排水,可根据需要同时安装进气管或进气阀。

第三节 给水管道附属构筑物

一、阀门井

管网中的各种附件一般应安装在阀门井内(图 6-14)。为了降低造价,配件和附件应布置紧凑。阀门井的平面尺寸取决于水管直径以及附件的种类和数量,应满足阀门操作及拆装管道阀件所需的最小尺寸。井的深度由管道埋设深度确定,但是,井底到水管承口或法兰盘底的距离至少为 0.1m,法兰盘和井壁的距离宜大于 0.15m,从承口外缘到井壁的距离应在 0.3m 以上,以便于接口施工。

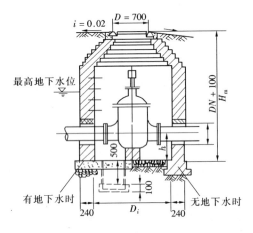

图 6-14 阀门井

阀门井一般用砖砌,也可用石砌或钢筋混凝土建造。

阀门井的形式,可根据所安装的阀件类型、大小和路面材料来选择。阀门井参见给排水标准图 S143、S144。排气阀井参见标准图 S146。室外消火栓安装参见标准图 88S162。

位于地下水位较高处的井,井底和井壁应不透水,在水管穿越井壁处应保持足够的水密性。阀门井应有抗浮稳定性。

二、管道支墩

承插式接口的给水管线,在弯管处、三通处及水管尽端盖板上以及缩管处,都会产生拉力,当拉力较大时,会引起承插接头松动甚至脱节,而使管线漏水,因此在这些部位须

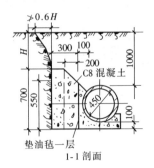

1-1 剖面

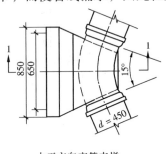

水平方向弯管支墩

图 6-15 水平方向弯管支墩

设置支墩以承受拉力和防止事故。但当管径小于300mm，或管道转弯角度小于10°，且水压力不超过980kPa时，因接口本身足以承受拉力，可不设支墩。

在管道水平转弯处设侧面支墩，见图6-15；在垂直向下转弯处设弯管支墩，见图6-16；在垂直向上转弯处用拉筋将弯管和支墩连成一个整体，见图6-17。给水管道支墩设置见给排水标准图集03S504、03SS505。

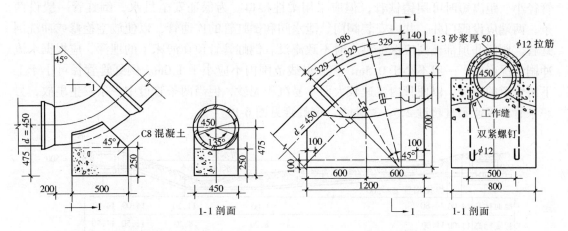

图6-16 垂直向下弯管支墩　　　　　图6-17 垂直向上弯管支墩

三、给水管道穿越障碍物

给水管道通过铁路、公路、河道及深谷时各种障碍物必须采取一定的措施。

管道穿越铁路或公路时，其穿越地点、方式和施工方法，应满足有关铁道部门穿越铁路的技术规范。根据其重要性可采取如下措施：穿越临时铁路、一般公路或非主要路线且管道埋设较深时，可不设套管，但应尽量将铸铁管接口放在轨道中间，并用青铅接口，钢管则应有防腐措施；穿越较重要的铁路或交通频繁的公路时，须在路基下设钢管或钢筋混凝土套管，套管直径根据施工方法而定，大开挖施工时，应比给水管直径大300mm，顶管法施工时应比给水管的直径大600mm。套管应有一定的坡度以便排水。路的两侧应设检查井，内设阀门及支墩，并根据具体情况在低的一侧设泄水阀、排水管或集水坑，参见图6-18。穿越铁路或公路时，水管顶（设套管时为套管管顶）在铁路轨底或公路路面的深度不得小于1.2m，以减轻动荷载对管道的冲击。管道穿越铁路时，两端应设检查井，井内设阀门或排水管等。

管线穿越河道或深谷时，可利用现有桥梁架设给水管，或敷设倒虹管，或建造专用管桥，应根据河道特性、通航情况、河岸地质地形条件、过河管材料和直径、施工条件选用。

给水管架设在现有桥下穿越

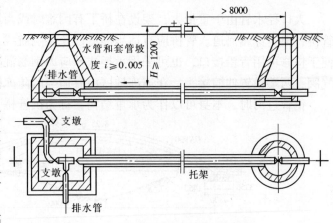

图6-18 设套管穿越铁路的给水管

河流最为经济,施工和检修比较方便,但应注意振动和冰冻的可能性。通常给水管架在桥梁的人行道下。

若无桥梁可以利用,则可考虑设置倒虹管或架设管桥。倒虹管从河底穿越,比较隐蔽,不影响航运,但施工和检修不便。倒虹管应选择在地质条件较好,河床及河岸不受或少受冲刷处,若河床土质不良时,应作管道基础。倒虹管一般用钢管并加强防腐措施。当管径小、距离短时可用铸铁管,但应采用柔性接口。为保证安全供水,倒虹管一般设两条,两端应设阀门井,井内安装阀门、泄水阀和倒虹管的连通管,以便放空检修或冲洗倒虹管。阀门井顶部标高应保证洪水时不致淹没。倒虹管管顶在河床下的埋深,应根据水流冲刷情况确定,一般不小于 0.5m,但在航线范围内不应小于 1.0m。倒虹管管径可小于上下游管道的直径,以便管内流速较大而不易沉积泥砂,但当两条管道中一条发生事故,另一条管中流速不宜超过 2.5~3.0m/s。倒虹管见图 6-19。

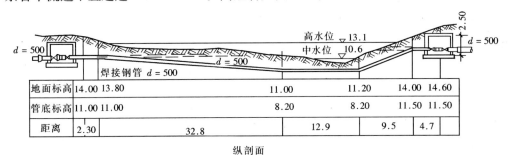

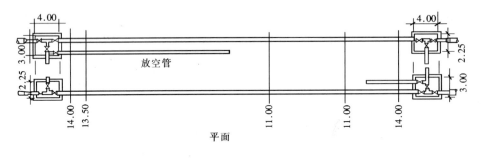

图 6-19 倒虹管

大口径水管由于重量大,架设在桥下有困难时或当地无现成桥梁可利用时,可建专用管桥,架空穿越河道。管桥应有适当高度以免影响航线。架空管一般用钢管或铸铁管,为便于检修可用青铅接口,也可采用承插式预应力钢筋混凝土管。在过桥水管的最高点设排气阀,两端设置伸缩接头。在冰冻地区应有适当的防冻措施。

钢管过河时,本身可以作为承重结构,称为拱管桥(图 6-20 所示),施工方便,并可

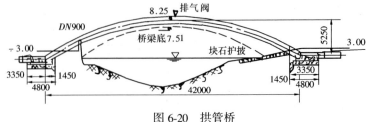

图 6-20 拱管桥

节省架设水管桥所需的支撑材料。一般拱管的矢高和跨度比约为 1/8～1/6，常取 1/8。拱管一般由每节长度为 1～1.5m 的短管焊接而成，焊接要求较高，以免吊装时拱管下垂或开裂。拱管在两岸有支座，以承受作用在拱管上的各种作用力。

思 考 题

1. 给水管道材料选择时应考虑哪些因素？常用的给水管材有哪几种？各有什么优缺点？
2. 铸铁管给水管道有哪些配件？各有什么作用？在何种情况下使用？
3. 阀门起什么作用？有几种主要形式？各安装在哪些部位？
4. 排气阀和泄水阀应在哪些情况下设置？
5. 为什么给水管道需设置支墩？应放在哪些部位？
6. 放在地下的阀门应有什么设施以便启闭和检修？
7. 给水管道穿越铁路或公路时有哪些技术要求？采用倒虹管穿越河道时应满足哪些技术要求？

第七章 污水管道系统的设计计算

在规划和设计城市排水系统时,首先要根据当地条件选择排水系统的体制。当排水体制确定为分流制时,就可分别进行污水管道系统和雨水管渠系统的设计。

污水管道系统是收集和输送城市污水的管道及其附属构筑物。它的设计依据是批准的城市规划和排水系统规划。设计的主要内容是:计算污水设计流量;进行污水管道的水力计算,从而确定污水管道的管径、设计坡度和埋设深度;确定污水管道在道路横断面上的具体位置;污水提升泵站的设置与设计;绘制污水管道的平面图和纵剖面图。

设计人员掌握了完整可靠的资料后,应根据工程的要求和特点,对工程中一些原则性的和涉及面较广的问题(如排水体制、泵站和污水厂的位置、管道的位置等)提出不同的解决方法,这样就构成了不同的设计方案。这些方案都要满足工程要求、环境保护要求和国家的政策法规要求,但在技术上应是互相补充或互相对立的。因此,必须结合国家的方针、政策和法规对这些设计方案进行深入细致的利弊分析和影响分析,并进行技术经济比较,从而确定一个技术上先进、经济上合理的方案作为最佳方案。该最佳方案即为污水管道的设计方案。

总之,污水管道系统设计前的资料调查和方案制定是一个非常重要的工作,彼此之间相互联系、相互影响、相互制约,对每一个设计人员来说,都不得轻视或省略,否则将会造成经济损失。

第一节 污水管道系统设计流量的确定

污水管道系统设计的首要任务,在于正确合理地确定污水管道系统的设计流量。污水管道系统的设计流量是污水管道及其附属构筑物能保证通过的最大流量。通常以最大日最大时流量作为污水管道系统的设计流量。它包括生活污水设计流量和工业废水设计流量两大部分。就生活污水而言又可分为居民生活污水、公共设施排水、工业企业内生活污水和淋浴污水三部分。居民生活污水和公共设施排水的总和又可称为综合生活污水。居民生活污水是指居民日常生活中洗涤、冲洗厕所、洗澡等产生的污水。公共设施排水是指娱乐场所、宾馆、浴室、商业网点、学校和机关办公室等地方产生的污水。工业废水是指工业企业在生产的过程中所产生的废水。它可分为生产污水和生产废水两种,生产污水是指在生产过程中受到严重污染的工业废水,而生产废水是指受到轻微污染的工业废水。如果工业废水的水质满足(或经过处理后满足)《污水综合排放标准》和《污水排入城市下水道水质标准》的要求,则可直接就近排入城市污水管道系统,与生活污水一起输送到污水处理厂进行处理后排放或再利用。此时,可按以下方法计算污水管道系统的设计流量。

一、居民生活污水设计流量 Q_1

居民生活污水主要来自居住区,它通常按下式计算:

$$Q_1 = \frac{n \cdot N \cdot K_z}{24 \times 3600} \tag{7-1}$$

式中 Q_1——居民生活污水设计流量，L/s；

n——居民生活污水量定额，L/(cap·d)；

N——设计人口数，cap；

K_z——生活污水量总变化系数。

1. 居民生活污水量定额

居民生活污水量定额，是指在污水管道系统设计时所采用的每人每天所排出的平均污水量。它与居民生活用水定额、居住区给水排水系统的完善程度、气候、居住条件、生活习惯、生活水平及其他地方条件等许多因素有关。

在城市中，居民用过的水绝大部分都排入污水管道，但这并不等于说污水量就等于给水量。通常生活污水量为同一周期给水量的 80%～90%，在热天、干旱地区可能小于 80%。这是因为冲洗街道和绿化用水等排入雨水管道而不排入污水管道，加之给水管道的渗漏等，造成污水量小于给水量。在某些情况下，实际排入污水管道的污水量，由于地下水的渗入和雨水经检查井口流入，还可能会大于给水量。所以在确定居民生活污水量定额时，应调查收集当地居住区实际排水量的资料，然后根据该地区给水设计所采用的用水量定额，确定居民生活污水量定额。在没有实测的居住区排水量资料时，可按相似地区的排水量资料确定。若这些资料都不易取得，则根据 1997 年版《室外排水设计规范》（GBJ 14—87）的规定，按居民生活用水定额确定污水定额。对给水排水系统完善的地区可按用水定额的 90% 计，一般地区可按用水定额的 80% 计。

实际设计时，为便于计算，对市区内居住区的污水量，通常按比流量计算。比流量是指从单位面积上排出的平均日污水量，以 L/(s·hm²) 表示，它是根据人口密度和居民生活污水定额等情况定出的一个单位居住面积上排出的污水流量综合性标准。

2. 设计人口数

设计人口数是指污水排水系统设计期限终期的规划人口数。它是根据城市总体规划确定的，在数值上等于人口密度与居住区面积的乘积。即：

$$N = \rho \cdot F \tag{7-2}$$

式中 N——设计人口数，cap；

ρ——人口密度，cap/hm²；

F——居住区面积，hm²；

cap——"人"的计量单位。

人口密度表示人口的分布情况，是指单位面积上居住的人口数，以 cap/hm² 表示。它有总人口密度和街坊人口密度两种形式。总人口密度所用的面积包括街道、公园、运动场、水体等处的面积，而街坊人口密度所用的面积只是街坊内的建筑用地面积。在规划或初步设计时，采用总人口密度，而在技术设计或施工图设计时，则采用街坊人口密度。

设计人口数也可根据城市人口增长率按复利法推算，但实际工程中使用不多。

3. 生活污水量总变化系数

由于居住区生活污水量定额是平均值，因而根据设计人口数和生活污水量定额计算所得到的是污水平均日流量。而实际上流入污水管道的污水量时刻都在变化。夏季与冬季不同,一天中白天和晚上也不相同,白天各小时的污水量也有很大差异。一般说来,居住区的居民生活污水量在凌晨几个小时最小,上午6~8时和下午5~8时最大。就是在一小时内,污水量也是有变化的,但这个变化较小,通常假定一小时内流入污水管道的污水是均匀的。这种假定,一般不会影响污水管道系统设计和运转的合理性。

污水量的变化程度通常用变化系数表示。变化系数分为日变化系数、时变化系数和总变化系数三种。

一年中最大日污水量与平均日污水量的比值称为日变化系数(K_d);

最大日最大时污水量与最大日平均时污水量的比值称为时变化系数(K_h);

最大日最大时污水量与平均日平均时污水量的比值称为总变化系数(K_z)。

显然,按上述定义有:

$$K_z = K_d \cdot K_h \tag{7-3}$$

通常,污水管道的设计管径要根据最大日最大时污水流量确定,这就需要求出总变化系数。然而,一般城市中都缺乏有关日变化系数和时变化系数的资料,直接采用上式求总变化系数难度较大。实际上,污水流量的变化随着人口数和污水量定额的变化而变化。若污水量定额一定,流量的变化幅度随人口数的增加而减小;若人口数一定,流量的变化幅度随污水量定额的增加而减小。即总变化系数随污水平均流量的大小而不同。平均流量愈大,则总变化系数愈小。我国1997年版《室外排水设计规范》(GBJ 14—87)中,规定了总变化系数与平均流量之间的变化关系,见表7-1,设计时可直接采用。

生活污水量总变化系数　　　　　　　　　　　表 7-1

污水平均日流量(L/s)	5	15	40	70	100	200	500	≥1000
总变化系数 K_z	2.3	2.0	1.8	1.7	1.6	1.5	1.4	1.3

注:1. 当污水平均日流量为中间数值时,总变化系数用内插法求得;
　　2. 当居住区有实际生活污水量变化资料时,可按实际数据采用。

我国在多年观测资料的基础上,经过综合分析归纳,总结出了总变化系数与平均流量之间的关系式,即:

$$K_z = \frac{2.7}{Q^{0.11}} \tag{7-4}$$

式中　Q——污水平均日流量,L/s。当 $Q < 5$L/s 时,$K_z = 2.3$;当 $Q > 1000$L/s 时,$K_z = 1.3$。

设计时也可采用式(7-4)直接计算总变化系数,但比较麻烦。

二、公共设施排水量 Q_2

公共设施排水量应根据公共设施的不同性质,按《建筑给水排水设计规范》(GB 50015—2003)的规定进行计算。

三、工业企业生活污水和淋浴污水设计流量 Q_3

工业企业的生活污水和淋浴污水主要来自生产区的食堂、卫生间、浴室等。其设计流量的大小与工业企业的性质、污染程度、卫生要求有关。一般按下式进行计算:

$$Q_3 = \frac{A_1 B_1 K_1 + A_2 B_2 K_2}{3600 T} + \frac{C_1 D_1 + C_2 D_2}{3600} \tag{7-5}$$

式中 Q_3——工业企业生活污水和淋浴污水设计流量，L/s；
　　　A_1——一般车间最大班职工人数，cap；
　　　B_1——一般车间职工生活污水定额，以 25L/（cap·班）计；
　　　K_1——一般车间生活污水量时变化系数，以 3.0 计；
　　　A_2——热车间和污染严重车间最大班职工人数，cap；
　　　B_2——热车间和污染严重车间职工生活污水量定额，以 35L/（cap·班）计；
　　　K_2——热车间和污染严重车间生活污水量时变化系数，以 2.5 计；
　　　C_1——一般车间最大班使用淋浴的职工人数，cap；
　　　D_1——一般车间的淋浴污水量定额，以 40L/（cap·班）计；
　　　C_2——热车间和污染严重车间最大班使用淋浴的职工人数，cap；
　　　D_2——热车间和污染严重车间的淋浴污水量定额，以 60L/（cap·班）计；
　　　T——每工作班工作时数，h。

淋浴时间按 60min 计。

四、工业废水设计流量 Q_4

工业废水设计流量按下式计算：

$$Q_4 = \frac{m \cdot M \cdot K_z}{3600T} \tag{7-6}$$

式中 Q_4——工业废水设计流量，L/s；
　　　m——生产过程中每单位产品的废水量定额，L/单位产品；
　　　M——产品的平均日产量，单位产品/d；
　　　T——每日生产时数，h；
　　　K_z——总变化系数。

工业废水量定额是指生产单位产品或加工单位数量原料所排出的平均废水量。它是通过实测现有车间的废水量而求得，在设计新建工业企业的排水系统时，可参考与其生产工艺相似的已有工业企业的排水资料来确定。若工业废水量定额不易取得，则可用工业用水量定额（生产单位产品的平均用水量）为依据估计废水量定额。各工业企业的废水量标准差别较大，即使生产同一产品，若生产设备或工艺不同，其废水量定额也可能不同。若生产中采用循环给水系统，其废水量比采用直流给水系统时会明显降低。因此，工业废水量定额取决于产品种类、生产工艺、单位产品用水量以及给水方式等。

在不同的工业企业中，工业废水的排出情况差别较大，有些工业废水是均匀排出的，而有些则不均匀排出，甚至个别车间的工业废水可能在短时间内一次排放。因而工业废水量的变化取决于工业企业的性质、生产工艺和其他具体情况。一般情况下，工业废水量的日变化不大，其日变化系数可取为 1。而时变化系数则可通过实测废水量最大一天的各小时流量进行计算确定。

某些工业废水量的时变化系数大致为：冶金工业 1.0~1.1；化工工业 1.3~1.5；纺织工业 1.5~2.0；食品工业 1.5~2.0；皮革工业 1.5~2.0；造纸工业 1.3~1.8。设计时可参考使用。

五、城市污水管道系统设计总流量

如前所述,城市污水管道系统的设计总流量为:

$$Q = Q_1 + Q_2 + Q_3 + Q_4 \tag{7-7}$$

设计时也可按综合生活污水量进行计算,综合生活污水设计流量为:

$$Q'_1 = \frac{n' \cdot N \cdot K_z}{24 \times 3600} \tag{7-8}$$

式中 Q'_1——综合生活污水设计流量,L/s;

n'——综合生活污水定额,对给水排水系统完善的地区按综合生活用水定额90%计,一般地区按80%计;

其余符号同前。

此时,城市污水管道系统的设计总流量为:

$$Q = Q'_1 + Q_3 + Q_4 \tag{7-9}$$

以上两种计算方法,是假定排出的各种污水都在同一时间内出现最大流量,这在污水管道设计中是合理的。但在污水泵站和污水厂设计中,如采用此法计算污水设计流量将造成巨大浪费。因为各种污水最大时流量同时发生的可能性很小,并且各种污水在汇合时能相互调节,因而可使流量高峰降低。因此,在确定泵站和污水厂的设计流量时,应以各种污水混合后的最大时流量作为设计流量,才是经济合理的。

【例 7-1】 河北省某中等城市一屠宰厂每天宰杀活牲畜260t,废水量定额为$10m^3/t$,工业废水的总变化系数为1.8,三班制生产,每班8h。最大班职工人数800cap,其中在污染严重车间工作的职工占总人数的40%,使用淋浴人数按该车间人数的85%计;其余60%的职工在一般车间工作,使用淋浴人数按30%计。工厂居住区面积为$10hm^2$,人口密度为$600cap/hm^2$。各种污水由管道汇集输送到厂区污水处理站,经处理后排入城市污水管道,试计算该屠宰厂的污水设计总流量。

【解】 该屠宰厂的污水包括居民生活污水、工业企业生活污水和淋浴污水、工业废水三种,因该厂区公共设施情况未给出,故按综合生活污水计算。

1. 综合生活污水设计流量计算

查综合生活用水定额,河北位于第二分区,中等城市的平均日综合用水定额为110~180L/(cap·d),取165 L/(cap·d)。假定该厂区给水排水系统比较完善,则综合生活污水定额为165×90% = 148.5 L/(cap·d),取为150L/(cap·d)。

居住区人口数为600×10 = 6000cap。

则综合生活污水平均流量为:$\frac{150 \times 6000}{24 \times 3600} = 10.4 L/s$。

用内插法查总变化系数表,得 $K_z = 2.24$。

于是综合生活污水设计流量为 $Q'_1 = 10.4 \times 2.24 = 23.30 L/s$。

2. 工业企业生活污水和淋浴污水设计流量计算

由题意知:一般车间最大班职工人数为800×60% = 480人,使用淋浴的人数为480×30% = 144人;污染严重车间最大班职工人数为800×40% = 320人,使用淋浴的人数为320×85% = 272人。

所以工业企业生活污水和淋浴污水设计流量为:

$$Q_3 = \frac{A_1 B_1 K_1 + A_2 B_2 K_2}{3600 T} + \frac{C_1 D_1 + C_2 D_2}{3600}$$

$$= \frac{480 \times 25 \times 3 + 320 \times 35 \times 2.5}{3600 \times 8} + \frac{144 \times 40 + 272 \times 60}{3600} = 8.35 \text{L/s}$$

3．工业废水设计流量计算

$$Q_4 = \frac{m \cdot M \cdot K_z}{3600 T} = \frac{10 \times 260 \times 1.8}{24 \times 3600} = 0.0542 \text{m}^2/\text{s} = 54.2 \text{L/s}$$

该厂区污水设计总流量 $Q'_1 + Q_3 + Q_4 = 23.3 + 8.35 + 54.2 = 85.85 \text{L/s}$

在计算城市污水管道系统的污水设计总流量时，由于城市排水区界内的汇水面积较大，因此需按各排水流域分别计算，将各排水流域同类性质的污水列表进行计算，最后再汇总得出污水管道系统的设计总流量。

某城镇污水管道系统设计总流量的计算见表7-2、7-3、7-4、7-5。

城镇综合生活污水设计流量计算表　　表7-2

居住区名称	排水流域编号	居住区面积(hm²)	人口密度(cap/hm²)	居民人数(cap)	污水量定额(L/cap·d)	平均污水量 (m³/d)	平均污水量 (m³/d)	平均污水量 (L/s)	总变化系数 K_z	设计流量 (m³/d)	设计流量 (L/s)
1	2	3	4	5	6	7	8	9	10	11	12
商业区	I	60	500	30000	160	4800	200	55.6	1.74	348	96.74
文卫区	II	40	400	16000	180	2880	120	33.3	1.81	217.2	60.27
工业区	III	50	450	22500	160	3600	150	41.7	1.78	267	74.23
合 计	—	150	—	68500	—	11280	470	130.6	1.57 ①	737.9 ②	205.04 ②

注：①中的总变化系数是根据合计平均流量查出的。
　　②中的数字不是直接合计，而是合计平均流量与相对应的总变化系数的乘积。

各工业企业生活污水和淋浴污水设计流量计算表　　表7-3

车间名称	车间性质	班数	每班工作时数(h)	生活污水 最大班职工人数(cap)	生活污水 污水量定额(L/cap·d)	生活污水 时变化系数	生活污水 设计流量(L/s)	淋浴污水 最大班使用淋浴的职工人数(cap)	淋浴污水 污水量定额(L/cap·d)	淋浴污水 设计流量(L/s)	合计设计流量(L/s)
1	2	3	4	5	6	7	8	9	10	11	12
酿酒厂	污 染	3	8	156	35	2.5	0.47	109	60	1.82	2.29
酿酒厂	一 般	3	8	108	25	3.0	0.28	38	40	0.42	0.70
肉类加工厂	污 染	3	8	168	35	2.5	0.51	116	60	8.8	2.49
肉类加工厂	一 般	3	8	92	25	3.0	0.24	35	40	2.27	0.63
造纸厂	污 染	3	8	150	35	2.5	0.46	105	60	1.75	2.21
造纸厂	一 般	3	8	145	25	3.0	0.38	50	40	0.56	0.94
皮革厂	污 染	3	8	274	35	2.5	0.83	156	60	2.6	3.43
皮革厂	一 般	3	8	324	25	3.0	0.84	80	40	0.89	1.64
印染厂	污 染	3	8	450	35	2.5	1.37	315	60	5.25	6.62
印染厂	一 般	3	8	470	25	3.0	1.22	188	40	2.09	3.31
总 计							6.6			17.7	24.3

各工业企业工业废水设计流量计算表　　　　　　　　　　　表7-4

工业企业名称	班数	各班时数(h)	产品名称	日产量(t)	工业废水定额(m^3/t)	平均流量			总变化系数	设计流量	
						(m^3/d)	(m^3/h)	(L/s)		(m^3/h)	(L/s)
1	2	3	4	5	6	7	8	9	10	11	12
酿酒厂	3	8	酒	15	18.6	279	11.63	3.23	3.0	34.89	9.69
肉类加工厂	3	8	牲畜	162	15	2430	101.25	28.13	1.7	172.13	47.82
造纸厂	3	8	白纸	12	150	1800	75	20.83	1.45	108.75	30.20
皮革厂	3	8	皮革	34	75	2550	106.25	29.51	1.4	148.75	41.31
印染厂	3	8	布	36	150	5400	225	62.5	1.42	319.5	88.75
合计						12459	519.13	144.2		784.02	217.77

城镇污水设计总流量统计表　　　　　　　　　　　表7-5

排水工程对象	综合生活污水设计流量(L/s)	工业企业生活污水和淋浴污水设计流量(L/s)	工业废水设计流量(L/s)	城镇污水设计总流量(L/s)
居住区和公共建筑	205.04			447.11
工业企业		24.3		
工业企业			217.77	

第二节　设计管段的划分及设计流量的计算

污水管道系统的设计总流量计算完毕后，还不能进行管道系统的水力计算。为此还需在管网平面布置图上划分设计管段，确定设计管段的起止点，进而求出各设计管段的设计流量。只有求出设计管段的设计流量，才能进行设计管段的水力计算。

一、设计管段的划分

在污水管道系统上，为了便于管道的连接，通常在管径改变、敷设坡度改变、管道转向、支管接入及管道交汇的地方设置检查井。这些检查井在管网定线时就已设定完毕。对于两个检查井之间的连续管段，如果采用的设计流量不变，且采用同样的管径和坡度，则这样的连续管段就称为设计管段。设计管段两端的检查井称为设计管段的起止检查井（简称"起止点"）。但在实际划分设计管段时，由于在直线管段上，为了满足清通养护污水管道的需要，还需每隔一定的距离设置一个检查井。这样，实际在管网平面布置图上设置的检查井就很多。为了简化计算，不需要把每个检查井都作为设计管段的起止点，估计可以采用同样管径和坡度的连续管段，就可以划作一个设计管段。根据管道平面布置图，凡有集中流量流入，有旁侧管接入的检查井均可作为设计管段的起止点。对设计管段两端的起止检查井依次编上号码，如图7-1所示。然后即可计算每一设计管段的设计流量。

二、设计管段的流量确定

如图7-1所示，每一设计管段的污水设计流量可能包括以下3种流量。

1. 本段流量 q_1

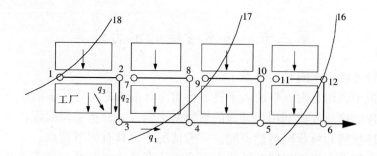

图 7-1 设计管段的划分及其设计流量的确定

所谓本段流量是指从本管段沿线街坊流来的污水量。对于某一设计管段而言，它沿管线长度是变化的，即从管段起点为零逐渐增加到终点达到最大。为了计算的方便，通常假定本段流量是在起点检查井集中进入设计管段的，它的大小等于本管段服务面积上的全部污水量。一般用下式计算：

$$q_1 = F \cdot q_s \cdot K_z \tag{7-10}$$

式中 q_1——设计管段的本段流量，L/s；

　　F——设计管段服务的街坊面积，hm^2；

　　K_z——生活污水量总变化系数；

　　q_s——生活污水比流量，L/(s·hm^2)。

生活污水比流量可采用下式计算：

$$q_s = \frac{n \cdot \rho}{24 \times 3600} \tag{7-11}$$

式中 n——生活污水定额或综合生活污水定额，L/(cap·d)；

　　ρ——人口密度，cap/hm^2。

2. 转输流量 q_2

转输流量是指从上游管段和旁侧管段流来的污水量。它对某一设计管段而言，是不发生变化的，但不同的设计管段，可能有不同的转输流量。

3. 集中流量 q_3

集中流量是指从工业企业或其他大型公共设施流来的污水量。对某一设计管段而言，它也不发生变化。

设计管段的设计流量是上述本段流量、转输流量和集中流量三者之和。实际计算时应根据具体情况而定。在图 7-1 中，设计管段 1~2 只收集本管段两侧的沿线流量，故只有本段流量 q_1。设计管段 2~3 除收集它本管段两侧的沿线流量外，还要接收上游 1~2 管段流来的污水量，所以设计管段 2~3 的设计流量包括它的本段流量 q_1 和上游 1~2 管段的转输流量 q_2 两部分。对于设计管段 3~4 而言，除收集它本管段两侧的沿线流量外，还要接收上游 2~3 管段转输流来的污水量以及由工厂流来的集中流量，所以设计管段 3~4 的设计流量包括它的本段流量 q_1 和上游 2~3 管段的转输流量 q_2 以及工厂集中流量 q_3 三部分。由此可见，设计管段的流量确定是一个非常繁杂的工作，而它又是污水管道水力计算的基础，因此要认真仔细地进行此项工作。

第三节 污水管道的水力计算

一、污水管道中污水流动的特点

在污水管道中，污水由支管流入干管，再由干管流入主干管，最后由主干管流入污水处理厂，经处理后排放或再利用。管道的管径由小到大，分布类似河流，呈树枝状。但它与给水管网的环状网和枝状网截然不同，一般情况下，具有如下特点：

（1）污水在管道内依靠管道两端的水面高差从高处流向低处，是不承受压力的，即为重力流。

（2）污水中含有一定数量的悬浮物，它们有的漂浮于水面，有的悬浮于水中，有的则沉积在管底内壁上。这与清水的流动有所差别。但污水中的水分一般在 99% 以上，所含悬浮物很少，因此，可认为污水的流动遵循一般流体流动的规律，工程设计时仍按水力学公式计算。

（3）污水在管道中的流速随时都在变化，但在直线管段上，当流量没有很大变化又无沉淀物时，可认为污水的流动接近均匀流。设计时对每一设计管段都按均匀流公式进行计算。

二、污水管道水力计算参数

由水力计算公式可知，设计流量与设计流速和过水断面积有关，而流速则与管壁粗糙系数、水力半径和水力坡度有关。为保证污水管道的正常运行，《室外排水设计规范》（GBJ 14—87）中对这些因素综合考虑，提出了如下的计算控制参数，在污水管道设计计算时，必须予以遵守。

（一）设计充满度

在设计流量下，污水在管道中的水深 h 与管道直径 D 的比值（h/D）称为设计充满度，它表示污水在管道中的充满程度，如图 2-1 所示。

当 $h/D=1$ 时称为满流；$h/D<1$ 时称为不满流。《室外排水设计规范》（GBJ 14—87）规定，污水管道按不满流进行设计，其最大设计充满度的规定如表 7-6 所示。

这样规定的原因是：

（1）污水流量时刻在变化，很难精确计算，而且雨水可能通过检查井盖上的孔口流入，地下水也可能通过管道接口渗入污水管道。因此，有必要预留一部分管道断面，为未预见水量的介入留出空间，避免污水溢出妨碍环境卫生，同时使渗入的地下水能够顺利流泄。

最大设计充满度　　　　表 7-6

管径（D）或暗渠高（H）	最大设计充满度（h/D）或（h/H）
200～300	0.60
350～450	0.70
500～900	0.75
≥1000	0.80

注：在计算污水管道充满度时，不包括淋浴或短时间内突然增加的污水量，但当管径小于或等于 300mm 时，应按满流复核。

（2）污水管道内沉积的污泥可能分解析出一些有害气体（如 CH_4、H_2S 等）。此外，污水中如含有汽油、苯、石油等易燃液体时，可能产生爆炸性气体。故需留出适当的空间，以利管道的通风，及时排除有害气体及易爆气体。

（3）便于管道的清通和养护管理。

表 7-6 所列的最大设计充满度是设计污水管道时所采用的充满度的最大限值。在进行污水管道的水力计算时，所选用的充满度不应大于表 7-6 中规定的数值。但为了节约投资，合理地利用管道断面，选用的设计充满度也不应过小。为此，在设计过程中还应考虑最小设计充满度作为设计充满度的下限值。根据经验各种管径的最小设计充满度不宜小于 0.25。一般情况下设计充满度最好不小于 0.5，对于管径较大的管道设计充满度以接近最大限值为好。

（二）设计流速

设计流速是指污水管渠在设计充满度条件下，排泄设计流量时的平均流速。设计流速过小，污水流动缓慢，其中的悬浮物则易于沉淀淤积；反之，污水流速过高，虽然悬浮物不宜沉淀淤积，但可能会对管壁产生冲刷，甚至损坏管道使其寿命降低。为了防止管道内产生沉淀淤积或管壁遭受冲刷，《室外排水设计规范》(GBJ 14—87) 规定了污水管道的最小设计流速和最大设计流速。污水管道的设计流速应在最小设计流速和最大设计流速范围内。

最小设计流速是保证管道内不致发生沉淀淤积的流速。污水管道在设计充满度下的最小设计流速为 0.6m/s。含有金属、矿物固体或重油杂质的生产污水管道，其最小设计流速宜适当加大，其值应根据经验或经过调查研究综合考虑确定。

最大设计流速是保证管道不被冲刷损坏的流速。该值与管道材料有关，通常金属管道的最大设计流速为 10m/s，非金属管道的最大设计流速为 5m/s。

在污水管道系统的上游管段，特别是起点检查井附近的污水管道，有时其流速在采用最小管径的情况下都不能满足最小流速的要求。此时应对其增设冲洗井定期冲洗污水管道，以免堵塞；或加强养护管理，尽量减少其沉淀淤积的可能性。

（三）最小设计坡度

在均匀流情况下，水力坡度等于水面坡度，即管底坡度。由公式 2-15 知，管渠的流速和水力坡度间存在一定的关系。相应于最小设计流速的坡度就是最小设计坡度，即是保证管道不发生沉淀淤积时的坡度。

在污水管道系统设计时，通常使管道敷设坡度与地面坡度一致，这对降低管道系统的造价非常有利。但相应于管道敷设坡度的污水流速应等于或大于最小设计流速，这在地势平坦地区或管道逆坡敷设时尤为重要。为此，应规定污水管道的最小设计坡度，只要其敷设坡度不小于最小设计坡度，则管道内就不会产生沉淀淤积。

由公式 (2-15) 和 (2-16) 可得 $v^2 = R^{\frac{4}{3}} \cdot I$，所以设计坡度与 $R^{\frac{4}{3}}$ 成反比，而水力半径 R 又是过水断面面积与湿周的比值，因此在给定设计充满度条件下，管径越大，相应的最小设计坡度则越小。所以只需规定最小管径的最小设计坡度即可。我国《室外排水设计规范》(GBJ 14—87) 规定：管径为 200mm 时，最小设计坡度为 0.004；管径为 300mm 时，最小设计坡度为 0.003。

实际工程中，充满度随时在变化，这样同一直径的管道因充满度不同，则应有不同的最小设计坡度。上述规定的最小设计坡度数值是设计充满度 $h/D = 0.5$（即半满流）时的最小坡度。

（四）最小管径

一般在污水管道系统的上游部分，污水设计流量很小，若根据设计流量计算，则管径会很小。根据养护经验证明，管径过小极易堵塞，从而增加管道清通次数，并给用户带来不便。此外，采用较大的管径则可选用较小的设计坡度，从而使管道埋深减小，降低工程造价。因此，为了养护工作的方便，常规定一个允许的最小管径。我国《室外排水设计规范》（GBJ 14—87）规定：污水管道在街坊和厂区内的最小管径为200mm，在街道下的最小管径为300mm。

在污水管道的设计过程中，若某设计管段的设计流量小于其在最小管径、最小设计流速和最大设计充满度条件下管道通过的流量，则这样的管段称为不计算管段。设计时不再进行水力计算，直接采用最小管径即可。此时管道的设计坡度取与最小设计管径相应的最小设计坡度，管道的设计流速取最小设计流速，管道的设计充满度取半满流，即 $h/D = 0.5$。

三、污水管道的埋设深度

管道埋设深度有两个意义：

（1）覆土厚度：是指管道外壁顶部到地面的距离；

（2）埋设深度：是指管道内壁底部到地面的距离。

这两个数值都能说明管道的埋设深度。为了降低造价，缩短工期，管道的埋设深度要求越小越好。但管道的埋设深度不能过小，其覆土厚度应有一个最小的限值，该最小限值称为最小覆土厚度。它是为满足如下技术要求而提出的：

1. 防止冰冻膨胀而损坏管道

生活污水温度较高，即使在冬天水温也不会低于4℃。很多工业废水的温度也比较高。此外，污水管道按一定的坡度敷设，管内污水经常保持一定的流量，以一定的流速不断流动。因此，污水在管内是不会冰冻的，管道周围的土壤也不会冰冻。所以，不必把整个污水管道都埋设在土壤冰冻线以下。但如果将管道全部埋设在冰冻线以上，则因土壤冰冻膨胀可能损坏管道基础，从而损坏管道。

《室外排水设计规范》（GBJ 14—87）规定，冰冻层内污水管道的埋设深度，应根据流量、水温、水流情况和敷设位置等因素确定，一般应符合下列规定：

（1）无保温措施的生活污水管道或水温与生活污水接近的工业废水管道，管底可埋设在冰冻线以上0.15m；

（2）有保温措施或水温较高的管道，管底在冰冻线以上的距离可以加大，其数值应根据该地区或条件相似地区的经验确定。

2. 防止管壁因地面荷载而破坏

埋设在地面下的污水管道承受着覆盖其上的土壤静荷载和地面上车辆运行造成的动荷载。为防止管壁在这些动、静荷载作用下破坏，除提高管材强度外，重要的措施就是保证管道有一定的覆土厚度。这一覆土厚度取决于管材强度、地面荷载大小以及荷载的传递方式等因素。《室外排水设计规范》（GBJ 14—87）规定，在车行道下，污水管道最小覆土厚度不宜小于0.7m。非车行道下的污水管道若能满足衔接的要求又无动荷载的影响，其最小覆土厚度值可适当减少。

3. 满足街坊污水连接管衔接的要求

城市住宅和公共建筑内产生的污水要顺畅地排入街道污水管道，就必须保证街道污水管道起点的埋深大于或等于街坊（或小区）污水干管终点的埋深，而街坊（或小区）污水支管起点的埋深又必须大于或等于建筑物污水出户管的埋深。从建筑安装技术角度考虑，要使建筑物首层卫生器具内的污水能够顺利排出，其出户管的最小埋深一般采用0.5~0.6m，所以街坊污水支管起点最小埋深至少应为0.6~0.7m。根据街坊（或小区）污水支管起点的最小埋深数值，即可求出街道污水支管起点的最小埋深，如图7-2所示。

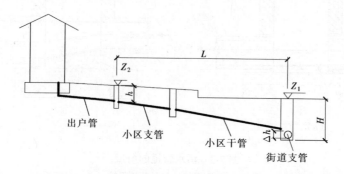

图7-2 街道污水支管最小埋深示意图

街道污水支管起端的最小埋深可由下式计算：

$$H = h + I \cdot L + Z_1 - Z_2 + \Delta h \tag{7-12}$$

式中 H——街道污水支管起点的最小埋深，m；

h——小区污水支管起点的最小埋深，m；

I——小区污水干管和支管的坡度；

L——小区污水干管和支管的总长度，m；

Z_1——街道污水支管起点检查井处地面标高，m；

Z_2——小区污水支管起点检查井处地面标高，m；

Δh——街坊干管与街道污水支管的管内底标高差，m。

对每一个具体管道而言，考虑上述3个不同的技术要求，可以得到3个不同的最小埋设深度或最小覆土厚度值。其中的最大值即为该管道的允许最小埋设深度或最小覆土厚度。

除考虑管道起端的最小埋设深度外，还应考虑最大埋设深度问题。由于污水管道是重力流，当管道敷设坡度大于地面坡度时，管道的埋设深度就会越来越大，尤其是在地形平坦地区管道埋设深度增大更为突出。管道埋设深度愈大，则其工程造价就愈高。管道埋设深度允许的最大限值称为最大允许埋深。其值应根据技术经济指标、施工地带的地形地质条件和施工方法等因素确定。一般情况下，在干燥土壤中不超过7~8m；在多水、流砂、石灰岩地层中不超过5m。当管道的埋设深度超过最大埋深时，应考虑在适当的地点设置中途提升泵站，以提高下游管道的管位，减少下游管道的埋设深度。

四、污水管道的衔接

在污水管道系统中，为了满足管道衔接和养护管理的要求，通常在管径、坡度、高程、方向发生变化及支管接入的地方设置检查井。在检查井中必须考虑上下游管道衔接时的高程关系。管道衔接时应遵循以下两个原则：

（1）尽可能提高下游管道的高程，以减小管道的埋深，降低造价；

（2）避免在上游管段中形成回水而造成淤积。

污水管道衔接的方法,通常有水平面接和管顶平接两种,如图 7-3 所示。

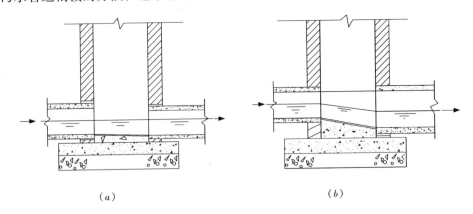

图 7-3 污水管道的衔接
(a) 水面平接;(b) 管顶平接

水面平接是指在水力计算中,使污水管道上游管段终端和下游管段起端在设计充满度条件下的水面相平,即上游管段终端与下游管段起端的水面标高相同。一般用于上下游管径相同的污水管道的衔接。由于上游管段中的水面变化较大,水面平接时在上游管段内的实际水面标高可能低于下游管段的实际水面标高,因此,在上游管段中容易形成回水而造成沉淀淤积。

管顶平接是指在水力计算中,使上游管段终端和下游管段起端的管内顶标高相同。一般用于上下游管径不同的污水管道的衔接。采用管顶平接,可以避免在上游管段中产生回水,但下游管段的埋设深度将会增加。这对于城市地形比较平坦的地区或埋设深度较大的管道,有时可能是不适宜的。

无论采用哪种衔接方法,下游管段起端的水面和管内底标高都不得高于上游管段终端的水面和管内底标高。

五、污水管道水力计算的方法

设计管段的设计流量确定后,即可从上游管段开始,在水力计算参数的控制下,进行各设计管段的水力计算。在污水管道的水力计算中,污水流量通常是已知数值,而需要确定管道的直径和坡度。所确定的管道断面尺寸,必须在规定的设计充满度和设计流速条件下,能够排泄设计流量。管道敷设坡度的确定,应充分考虑地形条件,参照地面坡度和最小设计坡度确定。一方面要使管道坡度尽可能与地面坡度平行敷设,以减小管道埋设深度;另一方面也必须满足设计流速的要求,使污水在管道内不发生沉淀淤积和对管壁不造成冲刷。在具体水力计算中,对每一管道而言,有管径 D、粗糙系数 n、充满度 h/D、水力坡度 I、流量 Q、流速 v 六个水力参数,而只有流量 Q 为已知数,直接采用水力计算的基本公式计算极为复杂。为了简化计算,通常把上述各水力参数之间的水力关系绘制成水力计算图(见附录 7-1)。对每一张图而言,D 和 n 为已知数。它有 4 组线,其中横线代表管道敷设坡度 I,竖线代表管段设计流量 Q,从左下方向右上方倾斜的斜线代表设计充满度 h/D,从左上方向右下方倾斜的斜线代表设计流速 v。通过该图,在 Q、I、h/D、v 这 4 个水力参数中,只要知道 2 个,就可以查出另外 2 个。现举例说明该水力计算图的用法。

【例7-2】 已知 $n=0.014$、$D=300\text{mm}$、$I=0.004$、$Q=30\text{L/s}$，求 v 和 h/D。

【解】 采用 $D=300\text{mm}$ 的水力计算图（见附录7-1中的附图3）。先在纵轴上找到代表 $I=0.004$ 的横线，再从横轴上找到代表 $Q=30\text{L/s}$ 的竖线；两条线相交得一点。这一点落在代表设计流速 v 为 0.8m/s 与 0.85m/s 的两斜线之间，按内插法计算 $v=0.82\text{m/s}$；同时该点还落在设计充满度 $h/D=0.5$ 与 $h/D=0.55$ 的两斜线之间，按内插法计算 $h/D=0.52$。

【例7-3】 已知 $n=0.014$、$D=400\text{mm}$、$Q=41\text{L/s}$、$v=0.90\text{m/s}$，求 I 和 h/D。

【解】 采用 $D=400\text{mm}$ 的计算图（见附录7-1中的附图5）。在图上找到代表 $Q=41\text{L/s}$ 的竖线和代表 $v=0.90\text{m/s}$ 的斜线，这两线的交点落在代表 $I=0.0043$ 的横线上，即 $I=0.0043$；同时还落在代表 $h/D=0.35$ 与 $h/D=0.40$ 的两条斜线之间，按内插法计算 $h/D=0.39$。

【例7-4】 已知 $n=0.014$、$Q=32\text{L/s}$、300mm、$h/D=0.60$，求 v 和 I。

【解】 采用 $D=300\text{mm}$ 的计算图（见附录7-1中的附图3）。在图上找到代表 $Q=32\text{L/s}$ 的竖线和代表 $h/D=0.60$ 的斜线，两线的交点落在代表 $I=0.0028$ 的横线上，即 $I=0.0028$；同时还落在代表 $v=0.70\text{m/s}$ 与 0.75m/s 的两条斜线之间，按内插法计算 $v=0.73\text{m/s}$。

实际工程设计时，通常只知道设计管段的设计流量，此时可参考设计管段经过地段的地面坡度进行确定，以地面坡度作为管道的敷设坡度；如果地面坡度不能利用，则可自己假定管道的敷设坡度进行确定。

六、污水管道的水力计算步骤

污水管道的设计方法与水力计算步骤，通过下面的例题予以介绍。

【例7-5】 图7-4为河南省某中小城市一个建筑小区的平面图。小区街坊人口密度为 350cap/hm^2。工厂的工业废水（包括从各车间排出的生活污水和淋浴污水）设计流量为 29L/s。工业废水经过局部处理后与生活污水一起由污水管道全部送至污水厂经处理后再排放。工厂工业废水排出口的埋深为 2m，试进行该小区污水管道系统的设计。

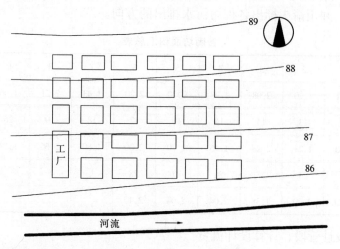

图7-4 某建筑小区平面图

设计方法和步骤如下：

（一）在街坊平面图上布置污水管道

由街坊平面图可知该建筑小区的边界为排水区界。在该排水区界内地势北高南低，坡度较小，无明显分水线，故可划分为一个排水流域。在该排水流域内小区支管布置在街坊地势较低的一侧；干管基本上与等高线垂直；主干管布置在小区南面靠近河岸的地势较低处，基本上与等高线平行。整个建筑小区管道系统呈截流式布置，如图7-5所示。

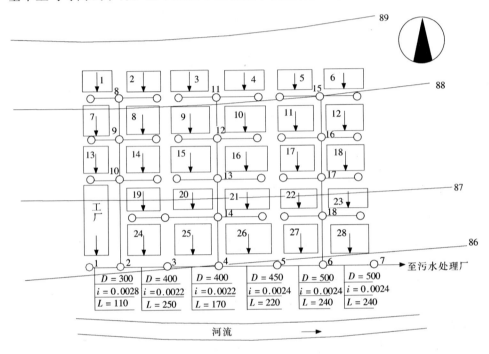

图7-5 某建筑小区污水管道平面布置图（初步设计）

（二）街坊编号并计算其面积

将建筑小区内各街坊编上号码，并将各街坊的平面范围按比例计算出面积，将其面积值列入表7-7中，并用箭头标出各街坊污水排出的方向。

各街坊面积汇总表　　　　　　　　　　　　　　　　　　表7-7

街坊编号	1	2	3	4	5	6	7	8	9	10	11
街坊面积（hm^2）	1.21	1.70	2.08	1.98	2.20	2.20	1.43	2.21	1.96	2.04	2.40
街坊编号	12	13	14	15	16	17	18	19	20	21	22
街坊面积（hm^2）	2.40	1.21	2.28	1.45	1.70	2.00	1.80	1.66	1.23	1.53	1.71
街坊编号	23	24	25	26	27	28					
街坊面积（hm^2）	1.80	2.20	1.38	2.04	2.04	2.40					

（三）划分设计管段，计算设计流量

根据设计管段的定义和划分方法，将各干管和主干管中有本段流量进入的点（一般定为街坊两端）、有集中流量进入及有旁侧支管接入的点，作为设计管段的起止点并将该点的检查井编上号码，如图 7-5 所示。

各设计管段的设计流量应列表进行计算。在初步设计中，只计算干管和主干管的设计流量；在技术设计和施工图设计中，要计算所有管段的设计流量。本设计为初步设计，故只计算干管和主干管的设计流量，如表 7-8 所示。

污水干管和主干管设计流量计算表　　　　　　　表 7-8

管段编号	居住区生活污水量（或综合生活污水量）								集中流量 q_3		设计流量 (L/s)
	本段流量 q_1				转输流量 q_2 (L/s)	合计平均流量 (L/s)	总变化系数 K_z	生活污水设计流量 (L/s)	本段 (L/s)	转输 (L/s)	
	街坊编号	街坊面积 (hm²)	比流量 q_s L/(s·hm²)	流量 q_1 (L/s)							
1	2	3	4	5	6	7	8	9	10	11	12
1~2	—	—	—	—	—	—	—	—	29.00	—	29.00
8~9	—	—	—	—	1.18	1.18	2.3	2.71	—	—	2.71
9~10	—	—	—	—	2.65	2.65	2.3	6.10	—	—	6.10
10~2	—	—	—	—	4.07	4.07	2.3	9.36	—	—	9.36
2~3	24	2.20	0.405	0.89	4.07	4.96	2.3	11.41	—	29.00	40.41
3~4	25	1.38	0.405	0.56	4.96	5.52	2.28	12.59	—	29.00	41.59
11~12	—	—	—	—	1.64	1.64	2.3	3.77	—	—	3.77
12~13	—	—	—	—	3.26	3.26	2.3	7.51	—	—	7.51
13~14	—	—	—	—	4.54	4.54	2.3	10.44	—	—	10.44
14~4	—	—	—	—	6.33	6.33	2.26	14.31	—	—	14.31
4~5	26	2.04	0.405	0.83	11.29	12.12	2.09	25.33	—	29.00	54.33
5~6	27	2.04	0.405	0.83	12.12	12.95	2.06	26.68	—	29.00	55.68
15~16	—	—	—	—	1.78	1.78	2.3	4.09	—	—	4.09
16~17	—	—	—	—	3.73	3.73	2.3	8.58	—	—	8.58
17~18	—	—	—	—	5.27	5.27	2.29	12.07	—	—	12.07
18~6	—	—	—	—	6.69	6.69	2.25	15.05	—	—	15.05
6~7	28	2.40	0.405	0.97	19.64	20.61	1.96	40.40	—	29.00	69.40

本例为河南省某中小城市的建筑小区，居住区人口密度为 350cap/hm²，查综合生活用水量定额可知，其平均综合生活用水量定额 = 110~180（L/cap·d），取平均综合生活用水量定额为 125（L/cap·d）。假定该建筑小区的给水排水系统的完善程度为一般地区，则综合生活污水量定额取综合生活用水量定额的 80%。于是综合生活污水量定额为 125 × 80% = 100（L/cap·d），则生活污水比流量为：

$$q_s = \frac{100 \times 350}{86400} = 0.405 \text{L}/(\text{s} \cdot \text{hm}^2)$$

工厂排出的工业废水作为集中流量，在检查井 1 处进入污水管道，相应的设计流量分别为 29L/s。

如图 7-5 和表 7-8 所示，设计管段 1~2 为主干管的起始管段，只有集中流量（工厂经局部处理后排出的工业废水）29L/s 流入，故其设计流量为 29L/s。设计管段 2~3 除转输管段 1~2 的集中流量 29L/s 外，还有本段流量 q_1 和转输流量 q_2 流入。该管段接纳街坊

24 的污水，其街坊面积为 2.20hm² （见表 7-7），故本段平均流量为 $q_1 = q_s \cdot F = 0.405 \times 2.20 = 0.89$ L/s；该管段的转输流量是从旁侧管段 8~9~10~2 流来的生活污水平均流量，其值为：

$$q_2 = q_s \cdot F = 0.405 \times (1.21 + 1.70 + 1.43 + 2.21 + 1.21 + 2.28) = 4.07 \text{L/s}$$

设计管段 2~3 的合计平均流量为 $q_1 + q_2 = 0.89 + 4.07 = 4.96$ L/s，查表 7-1，得 $K_z = 2.3$，故该管段的综合生活污水设计流量为 $Q_1 = 4.96 \times 2.3 = 11.41$ L/s，总设计流量为综合生活污水设计流量与集中流量之和，即：$Q = 11.41 + 29 = 40.41$ L/s。

其余各管道设计流量的计算方法与上述方法相同。

（四）水力计算

各设计管段的设计流量确定后，即可从上游管段开始依次进行各设计管段的水力计算。本例为初步设计，只进行污水干管和主干管的水力计算（在技术设计和施工图设计中所有管段都要进行水力计算），其计算结果见表 7-9、7-10。

污水干管水力计算表 表 7-9

管段编号	管段长度 L (m)	设计流量 Q (L/s)	管道直径 D (mm)	设计坡度 I (‰)	设计流速 v (m/s)	设计充满度 h/D	设计充满度 h (m)	降落量 $I \cdot L$ (m)
1	2	3	4	5	6	7	8	9
8~9	170	2.71	300	3.0	0.60	0.50	0.150	0.51
9~10	160	6.10	300	3.0	0.60	0.50	0.150	0.48
10~2	320	9.36	300	3.0	0.60	0.50	0.150	0.96
11~12	170	3.77	300	3.0	0.60	0.50	0.150	0.51
12~13	160	7.51	300	3.0	0.60	0.50	0.150	0.48
13~14	160	10.44	300	3.0	0.60	0.50	0.150	0.48
14~4	160	14.31	300	3.0	0.60	0.50	0.150	0.48
15~16	170	4.09	300	3.0	0.60	0.50	0.150	0.51
16~17	160	8.58	300	3.0	0.60	0.50	0.150	0.48
17~18	160	12.07	300	3.0	0.60	0.50	0.150	0.48
18~6	160	15.05	300	3.0	0.60	0.50	0.150	0.48

管段编号	标高 (m) 地面 上端	地面 下端	水面 上端	水面 下端	管内底 上端	管内底 下端	埋设深度 (m) 上端	下端
	10	11	12	13	14	15	16	17
8~9	88.10	87.60	86.750	86.240	86.600	86.090	1.500	1.510
9~10	87.60	87.15	86.240	85.760	86.090	85.610	1.510	1.540
10~2	87.15	86.10	85.760	84.800	85.610	84.650	1.540	1.450
11~12	88.10	87.55	86.750	86.240	86.600	86.090	1.500	1.460
12~13	87.55	87.10	86.240	85.760	86.090	85.610	1.460	1.490
13~14	87.10	86.60	85.760	85.280	85.610	85.130	1.490	1.470
14~4	86.60	86.00	85.280	84.800	85.130	84.650	1.470	1.350
15~16	88.00	87.50	86.650	86.140	86.500	85.990	1.500	1.510
16~17	87.50	87.05	86.140	85.660	85.990	85.510	1.510	1.540
17~18	87.05	86.65	85.660	85.180	85.510	85.030	1.540	1.620
18~6	86.65	85.80	85.180	84.700	85.030	84.550	1.620	1.250

污水主干管水力计算表 表 7-10

管段编号	管段长度 L (m)	设计流量 Q (L/s)	管道直径 D (mm)	设计坡度 I (‰)	设计流速 v (m/s)	设计充满度 h/D	设计充满度 h (m)	降落量 $I \cdot L$ (m)
1	2	3	4	5	6	7	8	9
1～2	110	29.00	300	2.8	0.71	0.51	0.153	0.308
2～3	250	40.41	400	2.2	0.71	0.48	0.192	0.55
3～4	170	41.59	400	2.2	0.71	0.49	0.196	0.374
4～5	220	54.33	450	2.4	0.77	0.45	0.203	0.528
5～6	240	55.68	500	2.4	0.78	0.40	0.200	0.576
6～7	240	69.40	500	2.4	0.83	0.45	0.225	0.576

管段编号	标 高 (m) 地面 上端	地面 下端	水面 上端	水面 下端	管内底 上端	管内底 下端	埋设深度 (m) 上端	埋设深度 下端
	10	11	12	13	14	15	16	17
1～2	86.20	86.10	84.353	84.045	84.200	83.892	2.000	2.208
2～3	86.10	86.05	83.984	83.434	83.792	83.242	2.308	2.808
3～4	86.05	86.00	83.434	83.060	83.238	82.864	2.812	3.136
4～5	86.00	85.90	83.017	82.489	82.814	82.286	3.186	3.614
5～6	85.90	85.80	82.436	81.860	82.236	81.660	3.664	4.140
6～7	85.80	85.70	81.860	81.284	81.635	81.059	4.165	4.641

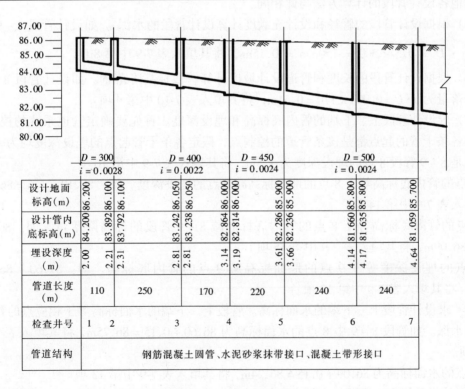

图 7-6 污水主干管纵剖面图

水力计算步骤如下:

先进行污水干管的水力计算,在污水干管水力计算的基础上再进行污水主干管的水力计算。

1. 污水干管的水力计算

(1) 将设计管段编号填入表7-9中第1项,从污水管道平面布置图上按比例量出污水干管每一设计管段的长度,填入表7-9中第2项。

(2) 将污水干管各设计管段的设计流量填入表7-9中第3项。设计管段起止点检查井处的地面标高填入表7-9中第10、11项。各检查井处的地面标高根据地形图上的等高线标高值,按内插法计算求得。

(3) 计算每一设计管段的地面坡度,作为确定管道坡度时的参考值。例如,设计管段8~9的地面坡度为:$\frac{88.1-87.6}{170}=0.0029$。

(4) 根据设计管段8~9的设计流量,参照地面坡度估算管径,根据估算的管径查水力计算图得出设计流速、设计充满度和管道的设计坡度。

本例设计管段8~9的设计流量为2.71L/s,而《室外排水设计规范》(GBJ 14—87)规定城市街道下污水管道的最小管径为300mm,它在最小设计流速和最大设计充满度条件下的设计流量为26L/s。所以本管段为不计算管段,不再进行水力计算,直接采用最小管径300mm、与最小管径相应的最小设计坡度0.003、最小设计流速0.6m/s、设计充满度$\frac{h}{D}=0.5$。

其他各设计管段的计算方法与此相同。

(5) 根据设计管段的管径和设计充满度计算设计管段的水深。如设计管段8~9的水深为$\frac{h}{D}\cdot D=0.5\times300=150\text{mm}=0.15\text{m}$,将其填入表7-9中第8项。

(6) 根据设计管段的长度和管道设计坡度计算管段标高降落量。如设计管段8~9的标高降落量为$I\cdot L=0.003\times170=0.51\text{m}$,将其填入表7-10中第9项。

(7) 求设计管段上、下端的管内底标高和埋设深度。首先要确定管道系统的控制点。本例中各条干管的起点都是该条管道的控制点,假定各条干管起点的埋设深度均为1.5m。

于是8~9管段8点的埋设深度为1.5m,将其填入表7-9中第16项。

8点的管内底标高等于8点的地面标高减8点的埋设深度,即:88.10-1.5=86.60m,将其填入表7-9中第14项。

9点的管内底标高等于8点的管内底标高减8~9管段的标高降落量,即:86.60-0.51=86.09m,将其填入表7-9中第15项。

9点的埋设深度等于9点的地面标高减9点的管内底标高,即:87.60-86.09=1.51m,将其填入表7-9中第17项。

(8) 求设计管段上、下端的水面标高。管段上、下端的水面标高等于相应点的管内底标高加水深。如管段8~9中8点的水面标高为86.60+0.15=86.75m,将其填入表7-9中第12项。

9点的水面标高为86.09+0.15=86.24m,将其填入表7-9中第13项。

9点的水面标高也可用8点的水面标高减8~9管段的标高降落量,即:86.75-0.51=86.24m。

其余各管段的计算方法与此相同。

在进行设计管段上下端管内底标高、水面标高的计算时,要注意管道在检查井处的衔接方法,管道衔接方法的不同则其计算方法也不同。

本例中各干管的管径均相同,上下游管道在检查井处均采用水面平接的方法衔接。如设计管段8~9与9~10的管径相同,在9#检查井处采用水面平接的方法衔接,即8~9管段终点(9点)的水面标高与9~10管段起点(9点)的水面标高相同。计算时先计算上游管段终点的水面标高,然后将此水面标高作为下游管段起点的水面标高。8~9管段9点的水面标高为86.24,则9~10管段9点的水面标高为86.24。根据9点的水面标高再计算9点的管内底标高。其余以此类推。

2. 进行主干管的水力计算

(1) 从污水管道平面布置图上按比例量出污水主干管每一设计管段的长度,填入表7-10中第2项,将设计管段编号填入表7-10中第1项。

(2) 将污水主干管各设计管段的设计流量填入表7-10中第3项。设计管段起止点检查井处的地面标高填入表7-10中第10、11项。各检查井处的地面标高根据地形图上的等高线标高值,按内插法计算求得。

(3) 计算每一设计管段的地面坡度,作为确定管道坡度时的参考值。例如,管段1~2的地面坡度为:$\frac{86.2 - 86.1}{110} = 0.0009$。

(4) 根据设计管段1~2的设计流量,参照地面坡度估算管径,根据估算的管径查水力计算图得出设计流速、设计充满度和管道的设计坡度。

本例中设计管段1~2的设计流量为29.00L/s,而《室外排水设计规范》(GBJ 14—87)规定城市街道下污水管道的最小管径为300mm,它在最小设计流速和最大设计充满度条件下的设计流量为26L/s。所以本管段应进行水力计算,通过水力计算确定管径、设计坡度、设计流速和设计充满度。

设计流量Q为29.00L/s,若采用最小管径$D = 200$mm,当设计坡度达到0.020时,其设计充满度$h/D = 0.62$,超过了最大设计充满度的要求,故不采用。放大管径,采用$D = 250$mm的管径,在最大充满度为$h/D = 0.60$时,坡度为0.0067,比本管段的地面坡度大得太多。为了使管道的埋设深度不致增加过多,宜采用较小坡度,故需继续放大管径。采用$D = 300$mm的管道,查水力计算图,当$Q = 29.00$L/s时,$v = 0.71$m/s,$h/D = 0.51$,$I = 0.0028$,均符合控制参数的规定,故采用此管道。将确定的管径、坡度、流速和充满度4个数据分别填入表7-10中第4、5、6、7项。

其余各设计管段的管径、坡度、流速和充满度的计算方法同上。

(5) 根据管径和充满度求设计管段内的水深。如管段1~2的水深为$h = \frac{h}{D} \times D = 0.51 \times 300 = 153$mm $= 0.153$m,填入表7-10中第8项。

(6) 根据设计管段长度和管道的设计坡度求设计管段的标高降落量。如管段1~2的标高降落量为$I \cdot L = 0.0028 \times 110 = 0.308$m,填入表7-10中第9项。

(7) 求设计管段上、下端的管内底标高和埋设深度。首先要确定管网系统的控制点。本例中离污水厂最远点的有干管起点8、11、15三点及工厂工业废水排出口1点,这些点都可能成为管道系统的控制点。8、11、15三点的埋设深度假定为1.50m,由此计算出干管与主干管交汇点处的的最大埋设深度为 1.45m。而工厂工业废水排出口的埋设深度为 2.0m，整个管网上又无个别低洼点，故 8、11、15 三点的埋设深度不能控制整个主干管的埋设深度。对主干管埋设深度起决定作用的是 1 点，它是整个管网系统的控制点。控制点确定后，还需确定控制点的埋设深度，然后才能进行管道系统埋设深度的计算。

1 点是主干管的起始点，它的埋设深度受工厂排出口埋深的控制，应大于或等于工厂工业废水排出口埋设深度，由此可以确定控制点（1 点）的埋设深度，假定 1 点的埋设深度为 2.00m，将该值填入表 7-10 中第 16 项。

1 点的管内底标高等于 1 点的地面标高减 1 点的埋深，为 86.20 − 2.00 = 84.20m，填入表 7-10 中第 14 项。

2 点的管内底标高等于 1 点的管内底标高减管段 1 ~ 2 的标高降落量，为 84.20 − 0.308 = 83.892m，填入表 7-10 中第 15 项。

2 点的埋设深度等于 2 点的地面标高减 2 点的管内底标高为 86.10 − 83.892 = 2.208m，填入表 7-10 中第 17 项。

(8) 求设计管段上、下端的水面标高。管段上下端的水面标高等于相应点的管内底标高加水深。

如管段 1 ~ 2 中 1 点的水面标高为 84.20 + 0.153 = 84.353m，填入表 7-10 中第 12 项。

2 点的水面标高为 83.892 + 0.153 = 84.045m，填入表 7-10 中第 13 项。

根据管段在检查井处采用的衔接方法，可确定下游管段的管内底标高。

例如，管段 1 ~ 2 与 2 ~ 3 的管径不同，采用管顶平接。即管段 1 ~ 2 与 2 ~ 3 在 2 点处的管顶标高应相同。在管段 1 ~ 2 中，2 点的管顶标高为 83.892 + 0.3 = 84.192m，于是管段 2 ~ 3 中 2 点的管顶标高也为 84.192m，2 点的管内底标高为 84.192 − 0.4 = 83.792m。其中 0.3、0.4 分别为管段 1 ~ 2、2 ~ 3 的设计管径。

求出 2 点的管内底标高后，按照前面讲的方法即可求出 3 点的管内底标高和 2、3 两点的水面标高及埋设深度。

又如管段 2 ~ 3 与 3 ~ 4 管径相同，采用水面平接。即管段 2 ~ 3 与 3 ~ 4 在 3 点处的水面标高应相同。先计算管段 2 ~ 3 中 3 点的水面标高，于是便得到了管段 3 ~ 4 中 3 点的水面标高，然后用管段 3 ~ 4 中 3 点的水面标高减去管段 3 ~ 4 的降落量，便可求得 4 点的水面标高。用 3、4 两点的水面标高减去管段 3 ~ 4 中的水深便得出相应点的管内底标高，进一步可求出 3、4 点的埋设深度。

其他各管段的计算方法与此相同。

在进行管道水力计算时，应注意下列问题：

(1) 必须进行深入细致地研究，慎重地确定管道系统的控制点。这些控制点经常位于设计区域的最远或最低处，它们的埋设深度控制该设计区域内污水管道的最小埋深。各条管道的起点、低洼地区的个别街坊和污水出口较深的工业企业或公共建筑都是控制点的研究对象。

(2) 必须细致研究管道敷设坡度与管线经过地段的地面坡度之间的关系，使确定的管道敷设坡度，在满足最小设计流速要求的前提下，既不使管道的埋深过大，又便于旁侧支管顺畅接入。

(3) 在水力计算自上游管段依次向下游管段进行时，随着设计流量的逐段增加，设计流速也应相应增加。如流量保持不变,流速也不应减小。只有当坡度大的管道接到坡度小的管道时,如下游管段的流速已大于1m/s(陶土管)或1.2m/s(混凝土、钢筋混凝土管),设计流速才允许减小。设计流量逐段增加,设计管径也应逐段增大;如设计流量变化不大,设计管径也不能减小;但当坡度小的管道接到坡度大的管道时,管径可以减小,但缩小的范围不得超过50~100mm,同时不得小于最小管径的要求。

(4) 在地面坡度太大的地区,为了减小管内水流速度,防止管壁遭受冲刷,管道坡度往往需要小于地面坡度。这就有可能使下游管段的覆土厚度无法满足最小限值的要求,甚至超出地面,因此应在适当的位置处设置跌水井,管段之间采用跌水井衔接。在旁侧支管与干管的交汇处,若旁侧支管的管内底标高比干管的管内底标高大得太多,此时为保证干管有良好的水力条件,应在旁侧支管上先设跌水井,然后再与干管相接。反之,则需在干管上先设跌水井,使干管的埋深增大后,旁侧支管再接入。跌水井的构造详见第九章。

(5) 水流通过检查井时,常引起局部水头损失。为了尽量降低这项损失,检查井底部在直线管段上要严格采用直线,在管道转弯处要采用匀称的曲线。通常直线检查井可不考虑局部水头损失。

(6) 在旁侧支管与干管的连接点上,要保证干管的已定埋深允许旁侧支管接入。同时,为避免旁侧支管和干管产生逆水和回水,旁侧支管中的设计流速不应大于干管中的设计流速。

(7) 为保证水力计算结果的正确可靠,同时便于参照地面坡度确定管道坡度和检查管道间衔接的标高是否合适等,在水力计算的同时应尽量绘制管道的纵剖面草图。在草图上标出所需要的各个标高,以使管道水力计算正确、衔接合理。

(8) 初步设计时,只进行主要干管和主干管的水力计算。技术设计和施工图设计时,要进行所有管段的水力计算。

(五) 绘制管道的平面图和纵剖面图

水力计算完成后,将求得的管径、坡度和管段长度标注在图7-5上,该图即是本例题的管道平面图。

将水力计算的全部数据标注在管道的纵剖面图上。本例题主干管的纵剖面图如图7-6所示。

污水管道平面图和纵剖面图的绘制方法,详见第四节。

第四节 排水管道工程图

污水管道的平面图和纵剖面图,是污水管道设计的主要图纸。根据设计阶段的不同,图纸上的内容和表现的深度也不相同。

一、管道平面图的绘制

初步设计阶段的管道平面图就是管道的总体布置图。在平面图上应有地形、地物、风玫瑰或指北针等,并标出干管和主干管的位置。已有和设计的污水管道用粗(0.9mm)单实线表示,其他均用细(0.3mm)单实线表示。在管线上画出设计管段起止点的检查井并编上号码,标出各设计管段的服务面积和可能设置的泵站或其他附属构筑物的位置,以及污水厂和出水口的位置。每一设计管段都应注明管段长度、设计管径和设计坡度。图纸的比例尺通常采用 1:5000~1:10000。此外，图上应有管道的主要工程项目表、图例和必要的工程说明。

技术设计或施工图设计阶段的管道平面图，要包括详细的资料。除反映初步设计的要求外，还要标明检查井的准确位置及与其他地下管线或构筑物交叉点的具体位置、高程；建筑小区污水干管或工厂废水排出管接入城市污水支管、干管或主干管的位置和标高；图例、工程项目表和施工说明。比例尺通常采用 1:1000~1:5000。

二、管道纵剖面图的绘制

管道纵剖面图反映管道沿线高程位置，它是和平面图相对应的。

初步设计阶段一般不绘制管道的纵剖面图，有特殊要求时可绘制。

技术设计或施工图设计阶段要绘制管道的纵剖面图。图上用细（0.3mm）单实线表示原地面高程线和设计地面高程线，用粗（0.9mm）双实线表示管道高程线，用细（0.3mm）双竖线表示检查井。图中应标出沿线旁侧支管接入处的位置、管径、标高；与其他地下管线、构筑物或障碍物交叉点的位置和高程；沿线地质钻孔位置和地质情况等。在剖面图下方用细（0.3mm）实线画一个表格，表中注明检查井编号、管段长度、设计管径、设计坡度、地面标高、管内底标高、埋设深度、管道材料、接口形式、基础类型等。有时也将设计流量、设计流速和设计充满度等数据注明。采用的比例尺，一般横向比例与平面图一致；纵向比例为 1:50~1:200，并与平面图的比例相适应，确保纵剖面图纵、横两个方向的比例相协调。

施工图设计阶段，除绘制管道的平、纵剖面图外，还应绘制管道附属构筑物的详图和管道交叉点特殊处理的详图。附属构筑物的详图可参照《给水排水标准图集》中的标准图结合本工程的实际情况绘制。

为便于平面图与纵剖面图对照查阅，通常将平面图和纵剖面图绘制在同一张图纸上。

思 考 题 与 习 题

1. 什么是居民生活污水定额和综合生活污水定额？它们受哪些因素的影响？其值应如何确定？
2. 什么是污水量的日变化、时变化、总变化系数？生活污水量总变化系数为什么随污水平均日流量的增大而减小？其值应如何确定？
3. 如何计算城市污水的设计总流量？它有何优缺点？
4. 污水管道水力计算的目的是什么？在水力计算中为什么采用均匀流公式？
5. 污水管道水力计算中，对设计充满度、设计流速、最小管径和最小设计坡度是如何规定的？为什么要这样规定？
6. 试述污水管道埋设深度的两个含义。在设计时为什么要限定最小覆土厚度和最大埋设深度？
7. 在进行污水管道的衔接时，应遵循什么原则？衔接的方法有哪些？各怎样衔接？
8. 什么是污水管道系统的控制点？如何确定控制点的位置和埋设深度？
9. 什么是设计管段？怎样划分设计管段？怎样确定每一设计管段的设计流量？
10. 污水管道水力计算的方法和步骤是什么？计算时应注意哪些问题？
11. 怎样绘制污水管道的平、纵剖面图？
12. 某肉类联合加工厂每天宰杀活牲畜 258t，废水量标准为 8.2m³/t，总变化系数为 1.8，三班制生产，每班 8h。最大班职工人数 860 人，其中在高温及严重污染车间工作的职工占总数的 40%，使用淋浴人数按 85%计；其余 60%的职工在一般车间工作，使用淋浴人数按 30%计。工厂居住区面积为 9.5hm²，人口密度为 580cap/hm²，居住区生活污水量定额为 160L/（cap·d），各种污水由管道汇集后送至厂区污水处理站进行处理，试计算该厂区的污水设计总流量。

13. 图 7-7 为某街坊污水干管平面图。图上注明各污水排出口的位置、设计流量以及各设计管段的长度和检查井处的地面标高。排出口 1 的管内底标高为 218.4m，其余各污水排出口的埋深均小于 1.6m。该地区土壤无冰冻。要求列表进行干管的水力计算，并将计算结果标注在平面图上。

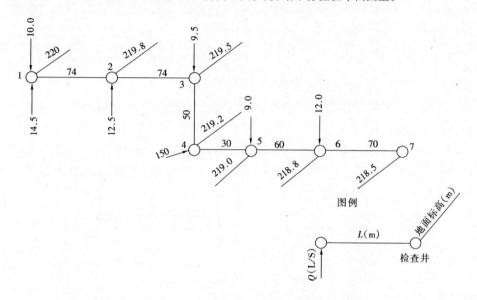

图 7-7 某街坊污水干管平面图

14. 某市一个建筑小区的平面布置如图 7-8 所示。该建筑小区的人口密度为 400cap/hm²，居住区污水量定额为 140L/（cap·d），工厂的生活污水设计流量为 8.24L/s，淋浴污水设计流量为 6.84L/s，生产污水设计流量为 2.64L/s。工厂排出口接管点处的地面标高为 34.0m，管内底标高为 32.0m。该城市夏季主导

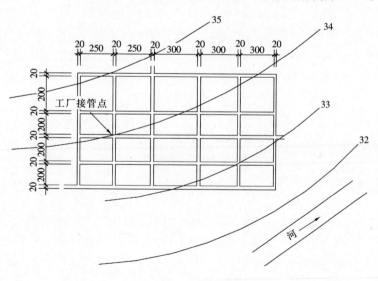

图 7-8 某街坊平面图

风向为西南风，土壤最大冰冻深度为 0.75m，河流的最高水位标高为 28.0m。试根据上述条件确定如下内容：

(1) 进行该小区污水管道系统的定线，并确定污水厂的位置；
(2) 进行从工厂接管点至污水厂各管段的水力计算；
(3) 按适当比例在 2 号图纸上绘制管道的平面图和主干管的纵剖面图。

第八章 雨水管渠设计计算

降落到地面的雨水及融化的冰、雪水,有一部分沿着地表流入雨水管渠和水体中,这部分雨水称为地面径流,在排水工程设计中称为径流量。

我国全年的总降雨量并不很大,但全年雨水的绝大部分都集中在夏季降落,且常为大雨或暴雨,在极短时间内形成大量的地面径流,甚至可达生活污水流量的上百倍。因此,为了排除会产生严重危害的某一场大暴雨的雨水,必须建设具有相应排水能力的雨水排水系统。由于我国地域辽阔,气候复杂多样,各地年平均降雨量差异很大,如南方多雨,年平均降雨量可高达 1600mm 左右,北方则少雨干旱,西北内陆个别地区年平均降雨量不足 200mm。因此,合理地计算降雨量就必须根据各个不同地区降雨的规律和特点,对正确设计城市雨水管渠具有重要的意义。

雨水管渠系统的任务是及时地汇集并排除暴雨所形成的地面径流,以保证城市人民生命安全和工农业生产的正常进行。

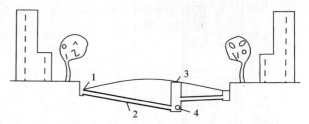

图 8-1 雨水管渠系统组成示意图
1—雨水口;2—连接管;3—检查井;4—雨水管渠

雨水管渠系统是由雨水口、连接管、雨水管道、检查井、出水口等构筑物组成的一整套工程设施,如图 8-1 所示。

第一节 雨量分析及暴雨强度公式

降雨是一种自然过程,降雨时间和降雨量的大小具有一定的随机性,一般情况下,特大暴雨出现的机率较小,为排除产生严重危害的某一场大暴雨的雨水,必须建设具有相应排水能力的雨水管渠系统。雨水径流量是雨水管渠系统设计的重要依据,由于雨水径流的特点是流量大、历时短,可通过对降雨过程的多年(一般具有 10 年以上)资料的统计和分析,找出表示暴雨特征的降雨历时、暴雨强度和降雨重现期之间的相互关系,作为雨水管渠系统设计的依据。

一、雨量分析

(一)降雨量

降雨量是指降雨的绝对量,用 H 表示,单位以 mm 计,也可用单位面积上的降雨体积来表示,单位以 L/hm^2 表示。

在分析降雨量时,很少以一场雨作为对象,应对多场雨进行分析研究,才能掌握降雨的规律及特征。常用的降雨量统计数据计量单位有:

(1)年平均降雨量:指多年观测的各年降雨量的平均值;

(2) 月平均降雨量：指多年观测的各月降雨量的平均值；

(3) 最大日降雨量：指多年观测的各年中降雨量最大一日的降雨量。

降雨量可由专用的雨量计测得。这种雨量计是一种用于测量降雨量的仪器。我国是世界上最早使用雨量计的国家。早在 500 多年前的明朝永乐年间就制成了雨量计，并供全国各地使用。发展至今，测量降雨量，一般采用自记雨量计，其构造如图 8-2 所示。图 8-3 为自记雨量计的部分记录。

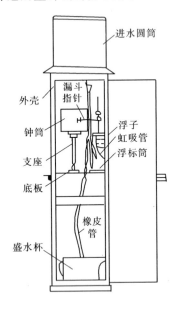

图 8-2 自记雨量计

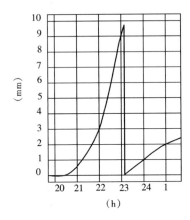

图 8-3 自记雨量记录

（二）降雨历时

降雨历时是指连续降雨时段，可指一场雨的全部降雨时间，也可指其中个别的连续降雨时段。用 t 表示，其计量单位以 min 或 h 计。

（三）降雨强度（暴雨强度）

降雨强度（暴雨强度）是指某一连续降雨时段内的平均降雨量，即单位时间内的平均降雨深度，用 i 表示，其计量单位为 mm/min 或 mm/h。

$$i = \frac{H}{t} \tag{8-1}$$

式中　i——降雨强度，mm/min；

　　　H——降雨量，mm；

　　　T——降雨历时，min。

在工程设计中的降雨多属于暴雨性质，故称为暴雨强度，常用单位时间内单位面积上的降雨量 q 表示，其单位为"L/(s·hm²)"。在实际计算中，是以降雨深度表示的降雨强度 i 折算为以体积表示的降雨强度 q。它是指降雨历时为 t 的降雨深度 H 的雨量，在 1 公顷面积上，每秒钟平均的雨水体积。设降雨量为每分钟 1mm，求用体积表示降雨强度 q：

$$q = \frac{10000 \times 1000 i}{1000 \times 60} = 167 i \tag{8-2}$$

式中　q——暴雨强度，L/(s·hm²)；

　　　167——折算系数。

降雨强度，是反映降雨状态的重要指标。降雨强度愈大，其雨势愈猛。经长期的观测证明，降雨历时愈短，降雨强度愈大。对于降雨历时短，降雨强度大的降雨，一般称暴雨。据气象规定：一日（24 h）内的降雨量超过 50mm 或 1h 的降雨量超过 16mm 都称为暴雨。对雨水管道的设计具有意义的是找出降雨量最大的那个时段内的降雨量。因此要研究暴雨强度与降雨历时之间的关系。在一场雨中，暴雨强度是随降雨历时变化的。如果所取历时长，则和这个历时对应的暴雨强度将小于短历时对应的暴雨强度。

在推求暴雨强度公式时，经常采用降雨历时为 5、10、15、20、30、45、60、90、120min 等九个历时数值，特大城市可以用到 180min。另外，从图 8-3 中可知，自记雨量曲线实际上是降雨量累计曲线。曲线上任一点的斜率表示降雨过程中任一点瞬时的强度，称为瞬时暴雨强度。由于曲线上各点的斜率是变化的，说明暴雨强度是变化的。曲线愈陡，暴雨强度愈大。因此，分析暴雨资料时，必须选用对应各降雨历时的最陡那段曲线，即最大降雨量。由于在各降雨历时内每个时刻暴雨强度也是不同的，因此计算出各历时的暴雨强度称为最大平均暴雨强度。

（四）降雨面积和汇水面积

降雨面积是指降雨所笼罩的面积，就是指接受雨水的地面面积。用 F 表示，其计量单位用 hm^2 或 km^2 表示。

汇水面积是降雨面积的一部分，雨水管道汇集和排除雨水的面积，用 F 表示，其计量单位用 hm^2 或 km^2 表示。

一般大暴雨能覆盖 1～6km^2 地区，有时可高达数千平方公里，但任何一场暴雨在整个降雨面积上的雨量分布并不均匀，但在城市雨水管道系统设计中，设计管道的汇水面积一般较小，一般小于 100km^2，属于小汇水面积，其大多数情况下，汇水面积上最远点的集水时间不超过 60～120min。因此，可以认为降雨的不均匀性影响较小，可假定降雨在整个小汇水面积内是均匀的，即认为各点的暴雨强度都相等，因而采用雨量计所测得局部地点的降雨量数据可以近似代表整个小汇水面积上的降雨量。

（五）降雨强度的频率和重现期

1. 降雨强度的频率

降雨强度的频率 P_n：是指某种强度的降雨和大于该强度的降雨出现的次数（m），占观测年限内降雨总次数（n）的百分数，即 $P_n = \dfrac{m}{n} \times 100\%$。由公式可知，频率小的暴雨强度出现的可能性小，反之则大。

由于任何一个地区，观测资料的年限是有限的，因此，用上面公式计算出的暴雨强度的频率只能反映一定时期内的经验，不能反映整个降雨的规律，故称为经验频率。从公式中可看出，对于末项暴雨强度来说，其频率 $P_n = 100\%$，这显然不合理，因此无论所取资料年限有多长，终究不能代表整个降雨的历史过程，现在观测资料中的极小值，不能代表整个历史过程中的极小值。因此，水文计算常用公式 $P_n = \dfrac{m}{N+1} \times 100\%$ 计算频率，而用公式 $P_n = \dfrac{m}{NM+1} \times 100\%$ 计算次频率。观测资料的年限愈长，经验频率出现的误差也愈小。

2. 暴雨强度的重现期

在工程设计中，通常用"重现期"来等效替代较为抽象的频率观念。暴雨强度的重现期是指某种强度的降雨和大于该强度的降雨重复出现的时间间隔。一般用 P 表示，其单位用年（a）表示，可按下式计算：

$$P = \frac{N}{m} \tag{8-3}$$

式中　P——暴雨强度的重现期，a；

　　　N——观测资料年限，a；

　　　m——观测资料年限内暴雨强度出现的次数。

重现期 P 与频率 P_n 互为倒数，即：

$$P = \frac{1}{P_n}$$

二、暴雨强度曲线与暴雨强度公式

雨量分析的目的，就是要得到诸要素之间的相互关系，分析当地降雨规律和特征，作为工程设计依据。

当具备有 10 年以上的降雨观测记录资料即可分析当地的降雨规律。记录资料年限愈长，所得结果就愈准确，愈接近当地的自然规律。

（一）暴雨强度曲线

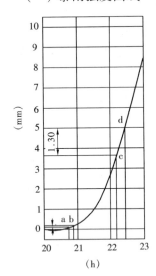

图 8-4　降雨记录分析

降雨强度曲线绘制的一般过程是，根据自记雨量记录（参见图 8-3）是一阵雨的前半段记录，曲线上每一点的斜率（$\frac{dh}{dt}$）代表某一瞬时的暴雨强度，曲线上各点的斜率是变化的，表明这阵雨的暴雨强度是变化的，下面分析这阵雨的暴雨强度。从图 8-4 中，看到 22:12 到 22:22，降雨历时为 10min 时，降雨深度为 1.3mm，则平均暴雨强度 $i = \frac{H}{t} = \frac{1.3}{10} = 0.13$mm/min，从 22:30 到 22:40，降雨历时 10min，降雨深度为 1.2mm，则平均暴雨强度 $i = \frac{1.2}{10} = 0.12$mm/min。可见，虽然降雨历时相同，但暴雨强度并不一定相同。我们可以从这场雨中找到无数降雨历时为 10min 的平均暴雨强度值。但雨水管道要按最大流量进行设计，因此需要找到它们之间的最大值。从图 8-4 中可以看出，在这场暴雨中，与降雨历时 10min 相应的最大平均暴雨强度为 cd 段的平均暴雨强度为 0.13mm/min。通过对这场雨的分析，还可以找出相应降雨历时为 5、10、15、20、30、45、50、60、90、120min 的最大平均暴雨强度，将所得结果列入表 8-1 中，将表中数值绘在坐标纸上即可得到这场暴雨降雨历时与降雨强度的关系曲线，如图 8-5 所示。设计降雨历时确定后，可从曲线上读取相应强度值。同时从曲线上可以看出，降雨历时愈长，则暴雨强度愈小，相反，若降雨历时愈小，暴雨强度愈大。

降 雨 分 析 表　　　　　　表 8-1

序　号	降雨历时 t (min)	降雨深度 H (mm)	降雨强度 i (mm/min)	雨段起迄时间	
				起	迄
1	10	1.3	0.13	22:12	22:22
2	15	2.0	0.13	22:16	22:31
3	20	2.55	0.13	22:13	22:33
4	30	3.35	0.11	22:12	22:42
5	45	4.6	0.10	22:09	22:54
6	60	5.7	0.095	21:59	22:59
7	90	7.8	0.087	21:43	23:13
8	120	8.9	0.074	21:13	23:13

如果一个地区有记录 10 年以上的降雨记录资料,就可以得到很多的如图 8-5 那样的雨量曲线。利用多年所得到的雨量记录,整理出一系列典型的降雨曲线,设计时从中选用。《室外排水设计规范》中规定,在编制暴雨强度曲线或公式时,必须要具有 10 年以上的暴雨雨量记录,按降雨历时为 5、10、15、20、30、45、60、90、120min 从每年每个历时选用 6~8 个最大暴雨强度值。然后不论年次,将历年各历时的暴雨强

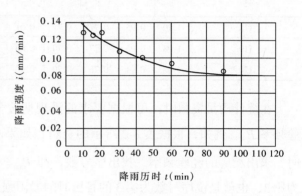

图 8-5 雨量曲线

度,按从大到小的次序排列,再从中选择年数的 3~4 倍的最大值,作为统计的基础资料。例如,某城市有 30 年的自记雨量记录,按《室外排水设计规范》规定,从雨量记录中选择各历时暴雨强度最大值 6~8 个,然后将历年的暴雨强度,按从大到小排列,最后选取资料年数 4 倍共 120 组各历时的暴雨强度,排列成表 8-2 形式。

某城市在不同历时的暴雨强度统计数据表　　　　　　表 8-2

序　号	i (mm/min) t (min)									经验频率 P_n (%)	重限期 P (a)
	5	10	15	20	30	45	60	90	120		
1	3.82	2.82	2.28	2.18	1.71	1.48	1.38	1.08	0.97	0.83	122.00
2	3.60	2.80	2.18	2.11	1.67	1.38	1.37	1.08	0.97	1.65	60.60
3	3.40	2.66	2.04	1.80	1.64	1.36	1.30	1.07	0.91	2.48	40.30
4	3.20	2.50	1.95	1.75	1.62	1.33	1.24	1.06	0.86	3.31	30.21
⋮	⋮	⋮	⋮	⋮	⋮	⋮	⋮	⋮	⋮	⋮	⋮
13	2.56	1.96	1.73	1.53	1.31	1.08	0.98	0.74	0.60	10.74	9.31
⋮											
18	2.34	1.92	1.58	1.44	1.23	0.99	0.91	0.67	0.57	14.88	6.72
⋮											
24	2.02	1.79	1.50	1.36	1.15	0.94	0.83	0.63	0.53	19.83	5.04

续表

序 号	i (mm/min)									经验频率 P_n (%)	重限期 P (a)
	t (min)										
	5	10	15	20	30	45	60	90	120		
⋮	⋮	⋮	⋮	⋮	⋮	⋮	⋮	⋮	⋮	⋮	⋮
30	2.00	1.65	1.40	1.27	1.11	0.90	0.78	0.59	0.50	24.79	4.03
⋮	⋮	⋮	⋮	⋮	⋮	⋮	⋮	⋮	⋮	⋮	⋮
58	1.60	1.35	1.13	0.99	0.88	0.70	0.61	0.48	0.40	47.93	2.08
59	1.60	1.32	1.13	1.13	0.99	0.86	0.70	0.60	0.47	48.76	2.05
60	1.60	1.30	1.13	0.99	0.85	0.68	0.60	0.47	0.40	49.59	2.00
⋮	⋮	⋮	⋮	⋮	⋮	⋮	⋮	⋮	⋮	⋮	⋮
118	1.10	0.95	0.77	0.71	0.61	0.50	0.44	0.33	0.28	97.52	1.00
119	1.08	0.95	0.77	0.70	0.60	0.50	0.44	0.33	0.28	98.35	1.00
120	1.08	0.94	0.76	0.70	0.60	0.50	0.44	0.33	0.27	99.17	1.00

在统计雨量资料时，可根据要求的重现期按公式 $P_n = \dfrac{N}{(n+1)P} \times 100\%$ 求相应的经验频率 P_n。例如，根据表 8-2 所示的资料，如果求重现期 $P = 10a$ 的各历时暴雨强度值时，求出相应的经验频率，找出序号数，即 $P_n = \dfrac{30 \times 100\%}{(120+1) \times 10} = 2.48\%$。对应的序号数为第 3，也就是说序号数为第 3 的各历时的暴雨强度出现一次的平均间隔时间为 10 年，其经验频率为 2.48%。经过计算，重现期为 0.25、0.5、1.0、2.0、3.0、5.0、10 年的各历时暴雨强度的序号数分别为第 120、90、60、30、15、10、6、3。

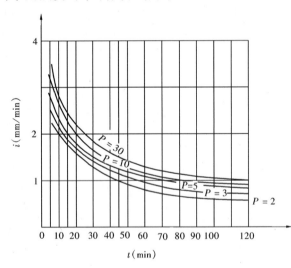

图 8-6 暴雨强度曲线

在普通坐标或对数坐标纸上，以降雨历时 t 为横坐标，暴雨强度 $i(q)$ 为纵坐标，将所求各重现期各历时的暴雨强度点绘在坐标上面，然后，将序号数相同（重现期相同）的 i_5、i_{10}、i_{15}、i_{20}、i_{45}、i_{60}、i_{90}、i_{120} 各点连成光滑的曲线。这些曲线表示在某一重现期（P）、暴雨强度（i）与降雨历时（t）三者之间的关系，称为暴雨强度曲线，如图 8-6 所示。

由此可见，同一地区，强度较大的降雨，其发生的平均间隔时间较长，即重现期较长，反之，强度较小的降雨，重现期较短。通过对降雨强度（q）、降雨历时（t）、重现期（P）三者之间关系的分析，可以看出以下几点：

(1) 降雨强度随对应的降雨历时的增加而减小；

(2) 在同一地区，相应于同一降雨历时的降雨，暴雨强度小的，其重现期较短。暴雨强度大的，重现期较长；

(3) 对于不同地区，由于地方气候条件的差异，即使重现期相同，对应于同一降雨历时的降雨强度也不同。

(二) 暴雨强度公式。

暴雨强度公式是用数学表达式的形式反映暴雨强度 (i, q)、降雨历时 t、重现期 P 三者之间的相互关系。其推导过程见《给水排水设计手册》第五册中的有关部分。

根据不同地区的适用情况，可以采用不同的公式。我国《室外排水设计规范》中规定我国采用的暴雨强度公式的形式为：

$$q = \frac{167A_1(1 + c\lg P)}{(t + b)^n} \tag{8-4}$$

我国部分大城市的暴雨强度公式中的参数见表 8-3 所示。其他城市的暴雨强度公式见《给水排水设计手册》第五册，设计时可直接选用。对于目前尚无暴雨强度公式的城镇，可借用临近气象条件相似地区城市的暴雨强度公式。本书附录 8-1 摘录了我国部分城市的暴雨强度公式，可供设计时使用。

我国部分城市的暴雨强度公式参数表　　　　表 8-3

城市名称	资料年数 (a)	暴雨强度公式参数			
		A_1	c	b	n
北京	40	10.662	8.842	7.857	0.679
上海	41	17.812	14.668	10.472	0.796
天津	15	49.586	39.846	25.334	1.012
南京	40	16.962	11.914	13.228	0.775
杭州	15	10.600	7.736	6.403	0.686
广州	10	11.163	6.646	5.033	0.625
成都	17	20.154	13.371	18.768	0.784
昆明	16	8.918	6.133	10.247	0.649
西安	19	37.603	50.124	30.177	1.077
哈尔滨	34	17.932	17.036	11.770	0.880

第二节　雨水设计流量的确定

雨水管道的设计，是要保证排除汇水面积上产生的最大径流量，而最大径流量是确定雨水管道断面尺寸的重要依据。

一、雨水设计流量计算公式

由于城市和工厂的雨水管道系统，属于小汇水面积上的排水构筑物，因此，可采用小汇水面积暴雨径流推理公式，计算雨水管道的设计流量，即：

$$Q = \Psi \cdot q \cdot F = \Psi \cdot F \cdot \frac{167A_1(1 + c\lg P)}{(t + b)^n} \tag{8-5}$$

式中　Q——雨水设计流量，L/s；

　　　Ψ——径流系数，$\Psi = \dfrac{径流量}{降雨量}$，其数值小于 1，详见下节；

　　　q——设计暴雨强度，L/(s·hm²)；

　　　F——汇水面积，hm²。

公式（8-5）是根据一定的假设条件，由雨水径流成因推导而得出的，和实际有一定差异，是半经验、半理论的公式。假定：（1）暴雨强度在汇水面积上的分布是均匀的；（2）单位时间径流面积的增长为常数；（3）汇水面积内地面坡度均匀；（4）地面为不透水，$\psi = 1$。下面通过降雨径流过程的分析，对公式（8-5）的应用进行说明。

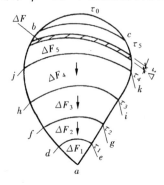

图 8-7 汇水面积径流过程

图（8-7）所示是一块扇形的汇水面积，其边界线是 ab、ac 和 bc 弧组成。雨水从汇水面积上任意一点流到集水点 a 的时间，称为该点的集流时间。a 点为集流点（如雨水口，管道某一断面等）。因为假定汇水面积内地面坡度均匀，则以 a 为圆心所划的圆弧线 de、$fg \cdots bc$ 为等流时线，每条等流时线上各点的雨水流到 a 点的时间是相等的。它们分别是 τ_1、τ_2、$\tau_3 \cdots \cdots \tau_0$，汇水面积上最远点的雨水流到集水点的时间称为该汇水面积的集流时间，可见该点的集流时间最长。

在地面上降雨产生径流开始后不久（$t < \tau_0$），在 a 点所汇集的流量仅来自靠近 a 点的小块面积上的雨水，这时离 a 点较远的面积上的雨水仅流至途中。随着降雨时间增长，汇水面积不断增长，就有愈来愈大面积上的雨水流到 a 点，当 $t = \tau_0$ 时，汇水面积上最远点的雨水流到 a 点，此时，全部汇水面积参与径流，集水点 a 产生最大流量。

当降雨继续进行（即 $t > \tau_0$），这时由于汇水面积不再增加，而暴雨强度随着降雨历时的增加而减小，所以集水点 a 的集流量也比 $t = \tau_0$ 时小，在 $t < \tau_0$ 时，虽然暴雨强度比 $t = \tau_0$ 时大，但此时的暴雨强度对集流量的影响远不如汇水面积产生的影响大。因此集水点 a 的集水量也比 $t = \tau_0$ 时小。

通过分析可知，只有当 $t = \tau_0$ 时，汇水面积全部参与径流，集水点 a 将产生最大径流量。这一概念称为极限强度法。其基本要点是：以汇水面积上最远点的水流时间作为集水时间计算暴雨强度，用全部汇水面积作为服务面积，所得雨水流量最大，可作为雨水管道的设计流量。

二、雨水管段设计流量的计算

图 8-8 为设计地区的一部分。Ⅰ、Ⅱ、Ⅲ、Ⅳ为四块毗邻的四个街区，设汇水面积 $F_Ⅰ = F_Ⅱ = F_Ⅲ = F_Ⅳ$，雨水从各块面积上最远点分别流入雨水口所需的集水时间均为 τ_1 min。1~2、2~3、3~4 分别为设计管段。试确定各雨水管段设计流量。

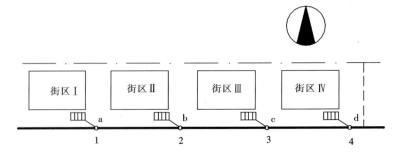

图 8-8 雨水管段设计流量计算示意图

图8-8中四个街区的地形均为北高南低，道路是西高东低，雨水管渠沿道路中心线敷设，道路断面呈拱形为中间高，两侧低。降雨时，降落在地面上的雨水顺着地形坡度流到道路两侧的边沟中，道路边沟的坡度和地形坡度相一致。当雨水沿着道路的边沟流到雨水口经检查井流入雨水管渠。Ⅰ街区的雨水（包括路面上雨水），在1号检查井集中，流入管段1~2。Ⅱ街区的雨水在2号检查井集中，并同Ⅰ街区经管段1~2流来的雨水汇合后流入管段2~3。Ⅲ街区的雨水在3号检查井集中，同Ⅰ街区和Ⅱ街区流来的雨水汇合后流入管段3~4。其他依次类推。

已知管段1~2的汇水面积为$F_Ⅰ$，检查井1为管段1~2的集水点。由于面积上各点离集水点1的距离不同，所以在同一时间内降落到$F_Ⅰ$面积上的各点雨水，就不可能同时到达集水点1，同时到达集水点1的雨水则是不同时间降落到地面上的雨水。

集水点同时能汇集多大面积上的雨水，和降雨历时的长短有关。如雨水从降水面积最远点流到集水点1所需的集水时间为20分钟，而这场降雨只下10分钟就停了，待汇水面积上的雨水流到集水点时，降落在离集水点1附近面积上的雨水早已流过去了。也就是说，同时到达集水点1的雨水只能来自$F_Ⅰ$中的一部分面积，随着降雨历时的延长，就有愈来愈大面积上的雨水到达集水点1，当降雨历时 t 等于集水点1的集水时间（20min）时，则第1分钟降落在最远点的雨水与第20分钟降落在集水点1附近的雨水同时到达。通过以上分析，得知，汇水面积是随着降雨历时 t 的增长而增加，当降雨历时等于集水时间时，汇水面积上的雨水全部流达集水点，则集水点产生最大雨水量。

为便于求得各设计管段相应雨水设计流量，作几点假设：（1）汇水面积随降雨历时的增加而均匀增加；（2）降雨历时大于或等于汇水面积最远点的雨水流到设计断面的集水时间（$t \geq \tau_0$）；（3）地面坡度的变化是均匀的，Ψ 为定值，且 $\Psi = 1.0$。

1. 管段1~2的雨水设计流量的计算

管段1~2是收集汇水面积$F_Ⅰ$上的雨水，只有当 $t = \tau_1$ 时，$F_Ⅰ$全部面积的雨水均已流到1断面，此时管段1~2内流量达到最大值。因此，管段1~2的设计流量为：

$$Q_{1~2} = F_Ⅰ \cdot q_1 \quad (L/s)$$

式中 q_1——管段1~2的设计暴雨强度，即相应于降雨历时 $t = \tau_1$ 的暴雨强度，L/(s·hm²)。

2. 管段2~3的雨水设计流量计算

当 $t = \tau_1$ 时，全部$F_Ⅱ$和部分$F_Ⅰ$面积上的雨水流到2断面，此时管段2~3的雨水流量不是最大，只有当 $t = \tau_1 + t_{1~2}$ 时，这时$F_Ⅰ$和$F_Ⅱ$全部面积上的雨水均流到2断面，此时管段2~3雨水流量达到最大值。设计管段2~3的雨水设计流量为：

$$Q_{2~3} = (F_Ⅰ + F_Ⅱ) \cdot q_2$$

式中 q_2——管段2~3的设计暴雨强度，是用$(F_Ⅰ + F_Ⅱ)$面积上最远点雨水流行时间求得的降雨强度。即相应于 $t = \tau_1 + t_{1~2}$的暴雨强度，L/(s·hm²)；

$t_{1~2}$——管段1~2的管内雨水流行时间，min。

3. 管段3~4的雨水设计流量的计算

同理，$Q_{3~4} = (F_Ⅰ + F_Ⅱ + F_Ⅲ) \cdot q_3$

式中 q_3——管段3~4的设计暴雨强度，是用$(F_Ⅰ + F_Ⅱ + F_Ⅲ)$面积上最远点雨水流行时间求得的降雨强度，即相应于 $t = \tau_1 + t_{1~2} + t_{2~3}$的暴雨强度，

L/(s·hm²);

t_{2-3}——管段 2~3 的雨水流行时间，min。

由上可知，各设计管段的雨水设计流量等于该管段承担的全部汇水面积和设计暴雨强度的乘积。各设计管段的设计暴雨强度是相应于该管段设计断面的集水时间的暴雨强度，因为各设计管段的集水时间不同，所以各管段的设计暴雨强度亦不同。在使用计算公式 $Q = \psi \cdot q \cdot F$ 时，应注意到随着排水管道计算断面位置不同，管道的计算汇水面积也不同，从汇水面积最远点到不同计算断面处的集水时间（其中也包括管道内雨水流行时间）也是不同的。因此，在计算平均暴雨强度时，应采用不同的降雨历时 t（$t = \tau_0$）。

根据上述分析，雨水管道的管段设计流量，是该管道上游节点断面的最大流量。在雨水管道设计中，应根据各集水断面节点上的集水时间 τ_0 正确计算各管段的设计流量。

第三节 雨水管道设计数据的确定

降落在地面上的雨水，并非是全部都流入雨水管道系统的，雨水管道系统的设计流量，只是相应汇水面积上全部降雨量的一部分。

一、径流系数的确定

降落到地面上的雨水，在沿地面流行的过程中，形成地面径流，地面径流的流量称为雨水地面径流量。由于渗透、蒸发、植物吸收、洼地截流等原因，最后流入雨水管道系统的只是其中的一部分。因此将雨水管道系统汇水面积上地面雨水径流量与总降雨量的比值称为径流系数，用符号 Ψ 表示。

$$\Psi = \frac{径流量}{降雨量} \tag{8-6}$$

根据定义，其值小于 1。

影响径流系数 Ψ 的因素很多，如汇水面积上地面覆盖情况、建筑物的密度与分布、地形、地貌、地面坡度、降雨强度、降雨历时等。其中影响的主要因素是汇水面积上的地面覆盖情况和降雨强度的大小。例如，地面覆盖为屋面、沥青或水泥路面，均为不透水性，其值就大；例如，绿地、草坪、非铺砌路面能截留、渗透部分雨水，其值就小。如地面坡度较大，雨水流动快，降雨强度大，降雨历时较短，就会使得雨水径流的损失较小，径流量增大，Ψ 值增大。相反，会使雨水径流损失增大，Ψ 值减小。由于影响 Ψ 的因素很多，故难以精确地确定其值。目前，在设计计算中通常根据地面覆盖情况按经验来确定。我国《室外排水设计规范》中有关径流系数的取值规定见表 8-4。

不同地面的径流系数　　　　表 8-4

地 面 种 类	径流系数 Ψ 值	地 面 种 类	径流系数 Ψ 值
各种屋面、混凝土和沥青路面	0.90	级配碎石路面	0.45
大块石铺砌路面和沥青表面处理的碎石路面	0.60	非铺砌土路面	0.30
		公园和绿地	0.15

在实际设计计算中，同一块汇水面积上，兼有多种地面覆盖的情况，需要计算整个汇水面积上的平均径流系数 Ψ_{av} 值。计算平均径流系数 Ψ_{av} 常用方法是：将汇水面积上的各

类地面覆盖，按其所占面积加权平均计算得到，即：

$$\Psi_{av} = \frac{\Sigma F_i \cdot \Psi_i}{F} \tag{8-7}$$

式中　Ψ_{av}——汇水面积平均径流系数；

　　　F_i——汇水面积上各类地面的面积，hm^2；

　　　Ψ_i——相应于各类地面的径流系数；

　　　F——全部汇水面积，hm^2。

【例 8-1】 已知某居住区各类地面见表 8-5，求该居住区的平均径流系数 Ψ_{av} 值。

【解】 按表 8-4 定出各类 Ψ_i 的值，填入表 8-5 中，F 共为 $4 \times 10^4 m^2$。

则：$\Psi_{av} = \frac{\Sigma F_i \cdot \Psi_i}{4}$

$= \frac{1.2 \times 0.9 + 0.65 \times 0.9 + 0.65 \times 0.4 + 0.75 \times 0.3 + 0.75 \times 0.15}{4}$

$= 0.566$

某居住区径流系数计算表　　　　　　　表 8-5

序号	地面种类	面积 F_i（$10^4 m^2$）	采用 Ψ_i 值	序号	地面种类	面积 F_i（$10^4 m^2$）	采用 Ψ_i 值
1	屋　面	1.2	0.90	4	非铺砌土路面	0.75	0.30
2	沥青路面	0.65	0.90	5	绿　地	0.75	0.15
3	圆石路面	0.65	0.40	合计		4	0.566

在实践中，计算平均径流系数时要分别确定总汇水面积上的地面种类及相应地面面积，计算工作量很大，甚至有时得不到准确数据。因此，在设计中可采用区域综合径流系数。一般城市市区的综合径流系数采用 0.5～0.8，城市郊区的径流系数采用 0.4～0.6。随着各地城市规模的不断扩大，不透水的面积亦迅速增加，在设计时，应从实际情况考虑，综合径流系数可取较大值。

二、设计降雨强度的确定

由于各地区的气候条件不同，降雨的规律也不同，因此各地的降雨强度公式也不同（见附录 8-1）。虽然，这些暴雨强度公式各异，但都反映出降雨强度与重现期 P 和降雨历时 t 之间的函数关系，即 $q = \phi(P, t)$，可见，在公式中只要确定重现期 P 和降雨历时 t，就可由公式求得暴雨强度 q 值。

（一）设计重现期 P 的确定

由暴雨强度公式 $q = \frac{167 A_1 (1 + c \lg P)}{(t + b)^n}$ 可知，对应于同一降雨历时，若 P 大，降雨强度 q 则越大；反之，重现期小，降雨强度则越小。由雨水管道设计流量公式 $Q = \Psi \cdot q \cdot F$ 可知，在径流系数 Ψ 不变和汇水面积一定的条件下，降雨强度越大，则雨水设计流量也越大。

可见，在设计计算中若采用较大的设计重现期，则计算的雨水设计流量就越大，雨水管道的设计断面则相应增大，排水通畅，管道相应的汇水面积上积水的可能性将会减少，安全性高，但会增加工程的造价；反之，可降低工程造价，地面积水可能性大，可能发生排水不畅，甚至不能及时排除雨水，将会给生活、生产造成经济损失。

确定设计重现期要考虑设计地区建设的性质、功能（广场、干道、工业区、商业区、居住区）、淹没后果的严重性、地形特点、汇水面积的大小和气象特点等。

一般情况下，低洼地段采用设计重现期大于高地；干管采用设计重现期大于支管；工业区采用设计重现期大于居住区。市区采用设计重现期大于郊区。

设计重现期的最小值不宜低于$0.33a$，一般地区选用$0.5 \sim 3a$，对于重要干道或短期积水可能造成严重损失的地区，可根据实际情况采用较高的设计重现期。例如，北京天安门广场地区的雨水管道，其设计重现期是按$10a$考虑的。此外，在同一设计地区，可采用同一重现期或不同重现期。如市区可大些，郊区可小些。

我国地域辽阔，各地气候、地形条件及排水设施差异较大，因此，在选用设计重现期时，必须根据设计地区的具体条件，从技术和经济方面统一考虑。表8-6为我国部分城市采用的雨水管渠的设计重现期，可供参考。

我国部分城市采用的重现期 表8-6

序 号	城 市	采 用 的 重 限 期 (a)
1	北 京	一般地形的居住区或城市区间道路 0.33~0.5 不利地形的居住区或一般城市道路 0.5~1 城市干道、中心区 1~2 特殊重要地区或盆地 3~10 立交路口 1~3
2	上 海	市区 0.5~1 某工业区的生活1，厂区一般车间2，大型、重要车间5
3	天 津	1
4	南 京	0.5~1
5	杭 州	0.33~1
6	广 州	一般地区 1~2，重要地区 2~20
7	西 安	1~3
8	昆 明	0.5
9	成 都	1
10	哈尔滨	0.5~1

（二）设计降雨历时的确定

根据极限强度法原理，当$t = \tau_0$时，相应的设计断面上产生最大雨水流量。因此，在设计中采用汇水面积上最远点雨水流到设计断面的集流时间τ_0作为设计降雨历时t。对于雨水管道某一设计断面来说，集水时间t是由地面雨水集水时间t_1和管内雨水流行t_2两部分组成（如图8-9所示）。所以，设计降雨历时可用下式表述：

$$t = t_1 + mt_2 \tag{8-8}$$

式中　t——设计降雨历时，min；

t_1——地面雨水流行时间，min；

t_2——管内雨水流行时间，min；

m——折减系数，暗管$m = 2$，明渠$m = 1.2$，陡坡地区暗管采用$1.2 \sim 2$。

1. 地面集水时间t_1的确定

地面集水时间 t_1 是指雨水从汇水面积上最远点流到第 1 个雨水口 a 的地面雨水流行时间。

地面集水时间 t_1 的大小，主要受地形坡度、地面铺砌及地面植被情况、水流路程的长短、道路的纵坡和宽度等因素的影响，这些因素直接影响水流沿地面或边沟的速度。此外，与暴雨强度有关，暴雨强度大，水流速度也大，t_1 则大。

在上述因素中，雨水流程的长短和地面坡度的大小是影响集水时间最主要的因素。

在实际应用中，要准确地确定 t_1 值较为困难，故通常不予计算而采用经验数值。根据《室外排水设计规范》中规定：一般采用 5~15min。按经验，一般在

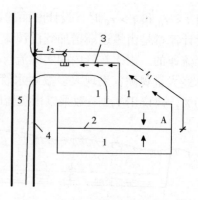

图 8-9 设计断面集水时间示意图
1—房屋；2—屋面分水线；3—道路边沟；
4—雨水管道；5—道路

汇水面积较小，地形较陡，建筑密度较大，雨水口分布较密的地区，宜采用较小的 t_1 值，可取 t_1 = 5~8min 左右，而在汇水面积较大，地形较平坦，建筑密度较小，雨水口分布较疏的地区，宜采用较大 t_1 值，可取 t_1 = 10~15min。起点检查井上游地面雨水流行距离以不超过 120~150m 为宜。

在设计计算中，应根据设计地区的具体情况，合理选择，若 t_1 选择过大，将会造成排水不畅，以致使管道上游地面经常积水；若 t_1 选择过小，又将加大管道的断面尺寸而增加工程造价。我国部分城市采用的 t_1 值见表 8-7，可供参考。

我国部分城市采用的 t_1 值 表 8-7

序号	城 市	t_1 (min)	序号	城 市	t_1 (min)
1	北 京	5~15	7	西 安	<100m, 5；<200m, 8；<300m, 10；<400m, 13
2	上 海	5~15，某工业区 25			
3	天 津	10~15	8	昆 明	12
4	南 京	10~15	9	成 都	10
5	杭 州	5~10	10	重 庆	5
6	广 州	15~20	11	哈尔滨	10

2. 管内雨水流行时间 t_2 的确定

管内雨水流行时间 t_2 是指雨水在管内从第一个雨水口流到设计断面的时间。它与雨水在管内流经的距离及管内雨水的流行速度有关，可用下式计算：

$$t_2 = \Sigma \frac{L}{60v} \tag{8-9}$$

式中 t_2——管内雨水流行时间，min；
   L——各设计管段的长度，m；
   v——各设计管段满流时的流速，m/s；
   60——单位换算系数。

3. 折减系数 m 值的确定

由极限强度法的原理可知，只有当 $t = \tau_0$ 时，设计断面的雨水流量才能达到最大值。

当 $t<\tau_0$ 和 $t>\tau_0$ 时，设计断面的流量和流速并非达到设计状况，实际上，雨水管道内的设计流量是由零逐渐增加到设计流量的。因此，管道内的水流速度也是由零逐渐增加到设计流速的。雨水在管内的实际流行时间大于设计水流时间。考虑其他原因，前苏联教授苏林经大量观测，发现大多数雨水管道中的雨水流行时间比按最大流量计算的流行时间大 20%，建议用 1.2 系数乘以用满流时的流速计算出管内雨水流行时间 t_2，即 $1.2t_2$。

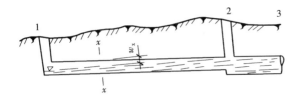

图 8-10 雨水管道的空隙容积

此外，雨水管道各管段的设计流量是按照相应于该管段的集水时间的设计暴雨强度来设计计算的。因此在一般情况下，各管段的最大流量不大可能在同一时间内发生。如图 8-10 所示，管段 1~2 的最大流量发生在 $t=t_1$ 时，其管径按满流设计为 D_{1-2}。而管段 2~3 的最大流量则发生在 $t=t_1+t_{1-2}$ 时，其管径按满流设计为 D_{2-3}。当 D_{1-2} 出现最大流量时，此时 D_{2-3} 只是部分充满；当管段 2~3 内达到最大流量时，其上游管段 1~2 的最大流量已过。由于暴雨强度 q 一般随降雨历时的增长而减小，此时（$t=t_1+t_{1-2}$）管段 1~2 的流量虽然降低，但 D_{1-2} 是不变的，所以在沿 1~2 的长度内的管段断面就出现了没有充满水的空隙面积 A_K，在 D_{1-2} 内形成一定空间，即为管道的空隙容量。

上述表明，当下游管段达到设计流量时，上游管段的设计流量已经过去，在上游管段内，将出现空隙容量，管道中的空隙容量对水流可起缓冲和调蓄作用，从而削减其高峰流量，达到减小管道断面尺寸，降低工程造价。

然而，这种调蓄作用，只有当该管段内水流处于压力流条件下，才可能实现。因为只有处于压力流的管段的水位，高于其上游管段末满流时的水位时，才能在水位差作用下形成回水，迫使水流逐渐向上游管段空隙处流动，而充满其空隙。由于这种回水造成的滞流状态，使管道内实际流速低于设计流速。所以应使管内实际雨水流行时间 t_2 增大。经研究分析，为利用管道的调蓄能力，建议将管内雨水流行时间增加 1.67 倍，即 $1.67t_2$。

根据以上研究，按极限强度法计算的重力流雨水管道存在空隙容量，为利用空隙容量起调节作用，以达到减小管道的设计断面，减少投资的目的。m 值含义是：由于缩小管道排水的断面尺寸而使上游管道蓄水，必然会增长排水时间。因此，采用了延长管道中流行时间的办法，达到适当折减设计流量，减小管道断面尺寸的要求。所以，折减系数实际是苏林系数和管道调蓄利用系数两者的乘积，即是折减系数 $m=2$ 的原因。

为使计算简便，我国《室外排水设计规范》中规定：暗管采用 $m=2.0$，对于明渠，为防止雨水外溢的可能，m 值应采用 1.2。在陡坡地区，不能利用空隙容量，采用暗管时 $m=1.2 \sim 2.0$。

综上所述，当设计重现期、设计降雨历时、折减系数确定后，计算雨水管渠的设计流量所用的设计暴雨强度公式及流量公式可写成：

$$q=\frac{167A_1(1+c\lg P)}{(t_1+mt_2+b)^n} \tag{8-10}$$

$$Q = \frac{167A_1(1 + c\lg P)}{(t_1 + mt_2 + b)^n}\Psi \cdot F \quad (8-11)$$

式中各项符号意义同前。

应用推理公式,雨水管段 n 的设计流量计算公式即为:

$$q_n = \frac{167A_1(1 + c\lg P)}{(t_1 + mt_2 + b)^n}\Sigma\Psi_s \cdot F_s \quad (8-12)$$

式中　q_n——管段 n 雨水设计流量,L/s;

　　　F_s、Ψ_s——管段 n 承担的上游各汇水面积及相应的径流系数;

　　　t_1——管段 n 承担汇水区域雨水从最远点开始的地面集水时间,min;

　　　t_2——管段 n 收集汇水区域雨水从最远点到管段 n 的管内流行时间,min;

　　　P——设计重现期,a。

其余符号意义同前。

如图 8-11 所示,为四块排水区域,a 点为雨水汇水面积上的最远点,从 a 点到第一个雨水口的地面雨水流行时间为 t_1,则各管段设计流量为:

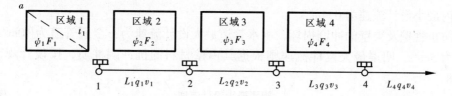

图 8-11　雨水管段设计流量示意图

$$q_1 = \frac{167A_1(1 + c\lg P)}{(t_1 + mt_2 + b)^n}\Psi_1 \times F_1$$

$$q_2 = \frac{167A_1(1 + c\lg P)}{\left[\left(t_1 + m\dfrac{L_1}{60v_1} + b\right)\right]^n} \times (\Psi_1 F_1 + \Psi_2 F_2)$$

$$q_3 = \frac{167A_1(1 + c\lg P)}{\left[t_1 + m\left(\dfrac{L_1}{60v_1} + \dfrac{L_2}{60v_2}\right) + b\right]^n} \times (\Psi_1 F_1 + \Psi_2 F_2 + \Psi_3 F_3)$$

$$q_4 = \frac{167A_1(1 + c\lg P)}{\left[t_1 + m\left(\dfrac{L_1}{60v_1} + \dfrac{L_2}{60v_2} + \dfrac{L_3}{60v_3} + \cdots\cdots \dfrac{L_n}{60v_n}\right) + b\right]^n}$$
$$\times (\Psi_1 F_1 + \Psi_2 F_2 + \Psi_3 F_3 + \cdots\cdots + \Psi_n F_n)$$

三、单位面积径流量的确定

单位面积径流量 q_0 是暴雨强度与径流系数 Ψ 的乘积;即:

$$q_0 = \Psi \cdot q = \Psi \frac{167A_1(1 + c\lg P)}{(t_1 + mt_2 + b)^n} \quad (\text{L}/(\text{s} \cdot \text{hm}^2)) \quad (8-13)$$

对于某一具体工程来说，式中 P、t_1、Ψ、A_1、b、c、n 均为已知数。因此，只要求出符合各管内的雨水流行时间 t_2，就可以求出相应于管段的 q_0 值。则：$Q = q_0 \times F$。

四、雨水管渠水力计算设计参数

为保证雨水管渠正常的工作，避免发生淤积和冲刷等现象，《室外排水设计规范》中，对雨水管道水力计算的基本参数作如下规定：

1. 设计充满度

由于雨水较污水清洁，对水体及环境污染较小，因暴雨时径流量大，相应较高设计重现期的暴雨强度的降雨历时一般不会很长。雨水管渠允许溢流，以减少工程投资。因此，雨水管渠的充满度按满流来设计，即 $\frac{h}{D} = 1$。雨水明渠不得小于 0.2m 的超高，街道边沟应有等于或大于 0.03m 的超高。

2. 设计流速

由于雨水管渠内的沉淀物一般是砂、煤屑等。为防止雨水中所夹带的泥砂等无机物在管渠内沉淀而堵塞管道。《室外排水设计规范》中规定，雨水管渠（满流时）的最小设计流速为 0.75m/s。明渠内如发生沉淀后易于清除、疏通，所以可采用较低的设计流速，一般明渠内最小设计流速为 0.4m/s。

为防止管壁及渠壁的冲刷损坏，雨水管道最大设计流速为：金属管道为 10m/s，非金属管道为 5m/s，明渠最大设计流速则根据其内壁材料的抗冲刷性质，按设计规范选用。见表 8-8。

明渠最大设计流速　　　　　　　　　　表 8-8

序 号	明渠类别	最大设计流速（m/s）	序 号	明渠类别	最大设计流速（m/s）
1	粗砂或低塑性粉质黏土	0.8	5	草皮护面	1.6
2	粉质黏土	1.0	6	干砌石块	2.0
3	黏　土	1.2	7	浆砌石块或浆砌砖	3.0
4	石灰岩或中砂岩	4.0	8	混凝土	4.0

注：1. 表中数适用于明渠水深为 $h = 0.4 \sim 1.0$m 范围内。
　　2. 如 h 在 $0.4 \sim 1.0$m 范围以外时，表中所列的流速应乘以下系数：
　　　　$h < 0.4$m，系数 0.85；
　　　　1.0m $< h < 2.0$m，系数 1.25；
　　　　$h \geqslant 2.0$m，系数 1.40。

故雨水管道的设计流速应在最小流速与最大流速范围内。

3. 最小管径

《室外排水设计规范》中规定，在街道下的雨水管道，最小管径为 300mm，街坊内部的雨水管道，最小管径为 200mm。

4. 最小坡度

雨水管道的设计坡度，对管道的埋深影响很大，应慎重考虑，以保证管道最小流速的条件。此外，要在设计中力求使管道的设计坡度和地面坡度平行或一致，以尽量减小土方量，降低工程造价。这一点在地势平坦，土质又较差的地区，尤为重要。关于最小设计坡度的规定，见表 8-9。

最小管径和最小坡度		表 8-9
管道类别	最小管径（mm）	最小设计坡度
雨水和合流管道	300	0.003
雨水口连接管	200	0.01

注：管道坡度不能满足上述要求时，可酌情减少，但应有防淤、清淤措施。

5. 最小埋深与最大埋深

具体规定同污水管道相同。

6. 管渠的断面形式

雨水管渠一般采用圆形断面，当直径超过 2000mm 时也可用矩形、半椭圆形或马蹄形断面，明渠一般采用梯形断面。

五、雨水管道水力计算的方法

雨水管道水力计算仍按均匀流考虑，其水力计算公式与污水管道相同。但按满流计算。

在实际计算中，通常采用根据式 2-13 和 2-15 制成水力计算图（见附录 8-2）或水力计算表（如表 8-10 所示）。

在工程设计中，通常是在选定管材后，n 值即为已知数，雨水管道通常选用的是混凝土和钢筋混凝土管，其管壁粗糙系数 n 一般采用 0.013。设计流量是经过计算后求得的已知数。因此只剩下 3 个未知数 D、v、及 I。在实际应用中，可参考地面坡度假定管底坡度，并根据设计流量值，从水力计算图或水力计算表中求得 D 及 v 值，并使所求的 D、v 和 I 值符合水力计算基本参数的规定。

钢筋混凝土圆管水力计算表（满流）（$D=300\text{mm}$ $n=0.013$） 表 8-10

I (‰)	v (m/s)	Q (L/s)	I (‰)	v (m/s)	Q (L/s)	I (‰)	v (m/s)	Q (L/s)
0.6	0.335	23.68	4.9	0.958	67.72	9.2	1.312	92.75
0.7	0.362	25.59	5.0	0.967	68.36	9.3	1.319	93.24
0.8	0.387	27.36	5.1	0.977	69.06	9.4	1.326	93.73
0.9	0.410	28.98	5.2	0.987	69.77	9.5	1.333	94.23
1.0	0.433	30.61	5.3	0.996	70.41	9.6	1.340	94.72
1.1	0.454	32.09	5.4	1.005	71.04	9.7	1.347	95.22
1.2	0.474	33.51	5.5	1.015	71.75	9.8	1.354	95.71
1.3	0.493	34.85	5.6	1.024	72.39	9.9	1.361	96.21
1.4	0.512	36.19	5.7	1.033	73.02	10.0	1.368	96.70
1.5	0.530	37.47	5.8	1.042	73.66	11	1.435	101.44
1.6	10.547	38.67	5.9	1.051	74.30	12	1.499	105.96
1.7	0.564	39.87	6.0	1.060	74.93	13	1.560	110.28
1.8	0.580	41.00	6.1	1.068	75.50	14	1.619	114.45
1.9	0.596	42.13	6.2	1.077	76.13	15	1.675	118.41
2.0	0.612	43.26	6.3	1.086	76.77	16	1.730	122.29
2.1	0.627	44.32	6.4	1.094	77.33	17	1.784	126.11
2.2	0.642	45.38	6.5	1.103	77.97	18	1.835	129.72
2.3	0.656	46.37	6.6	1.111	78.54	19	1.886	133.32
2.4	0.670	47.36	6.7	1.120	79.17	20	1.935	136.79
2.5	0.684	48.35	6.8	1.128	79.74	21	1.982	140.11
2.6	0.698	49.34	6.9	1.136	80.30	22	2.029	143.43
2.7	0.711	50.26	7.0	1.145	80.94	23	2.075	146.68
2.8	0.724	51.18	7.1	1.153	81.51	24	2.119	149.79
2.9	0.737	52.10	7.2	1.161	82.07	25	2.163	152.90
3.0	0.749	52.95	7.3	1.169	82.64	26	2.206	155.94

续表

I (‰)	v (m/s)	Q (L/s)	I (‰)	v (m/s)	Q (L/s)	I (‰)	v (m/s)	Q (L/s)
3.1	0.762	53.87	7.4	1.177	83.20	27	2.248	158.01
3.2	0.774	54.71	7.5	1.185	88.77	28	2.289	161.81
3.3	0.786	55.56	7.6	1.193	84.33	29	2.330	164.71
3.4	0.798	56.41	7.7	1.200	84.88	30	2.370	167.54
3.5	0.809	57.19	7.8	1.208	85.39	35	2.559	180.90
3.6	0.821	58.04	7.9	1.216	85.96	40	2.736	193.41
3.7	0.832	58.81	8.0	1.224	86.52	45	2.902	205.14
3.8	0.843	59.59	8.1	1.231	87.02	50	3.059	216.24
3.9	0.854	60.37	8.2	1.239	87.58	55	3.208	226.77
4.0	0.865	61.15	8.3	1.246	88.08	60	3.351	236.88
4.1	0.876	61.92	8.4	1.254	88.65	65	3.488	246.57
4.2	0.887	62.70	8.5	1.261	89.14	70	3.619	255.83
4.3	0.897	63.41	8.6	1.269	89.71	75	3.747	264.88
4.4	0.907	64.12	8.7	1.276	90.20	80	3.869	273.50
4.5	0.918	64.89	8.8	1.283	90.70	85	3.988	281.91
4.6	0.928	66.60	8.9	1.291	91.26	90	4.104	290.11

下面,举例说明水力计算方法。

【例 8-2】 已知 $n = 0.013$,设计流量 $Q = 200$L/s,该管段地面坡度 $I = 0.004$,试确定该管段的管径 D、流速 v 和管底坡度 I。

【解】 (1) 设计采用 $n = 0.013$ 的水力计算图,见图 8-12 所示。

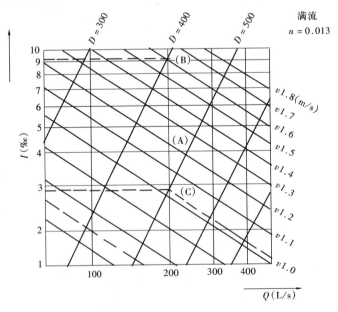

图 8-12 钢筋混凝土圆管水力计算图(图中 D 以 mm 计)

(2) 在横坐标轴上找到 $Q = 200$L/s 值,作竖线;然后在纵坐标轴上找到 $I = 0.004$ 值,作横线,将两线相交于一点 (A),找出该点所在的 v 和 D 值,得到 $v = 1.17$m/s,其值符合规定。而 D 值介于 400~500mm 两斜线之间,不符合管材统一规格的要求。故需要调整 D。

(3) 如果采用 $D = 400\text{mm}$ 时，则将 $Q = 200\text{L/s}$ 的竖线与 $D = 400$ 的斜线相交于一点 (B)，从图中得到交点处的 $v = 1.60\text{m/s}$，其值符合水力计算的规定。而 $I = 0.0092$ 与原地面坡度 $I = 0.004$ 相差很大，势必会增大管道的埋深，因此不宜采用。

(4) 如果采用 $D = 500\text{mm}$ 时，则将 $Q = 200\text{L/s}$ 的竖线与 $D = 500$ 的斜线相交于点 (C)，从图中得出该交点处的 $v = 1.02\text{m/s}$，$I = 0.0028$。此结果即符合水力计算的规定，又不会增大管道的埋深，故决定采用。

六、雨水管渠断面设计

雨水管渠系统是采用暗管或是采用明渠排除雨水，这直接涉及到工程投资、环境卫生及管渠养护管理等方面的问题，在设计时，应因地制宜，结合具体条件确定。

在市区和厂区内，由于建筑的密度较高，交通量大，雨水管渠宜采用暗管，而不宜采用明渠，因明渠与道路交叉点多，使之增建许多桥涵，若管理不善容易产生淤积，滋生蚊蝇，影响环境卫生。在地形平坦地区，管道埋设深度或出水口设置深度受到限制的地区，可采用加盖板渠道排除雨水。此种方法较经济有效，且维护管理方便。

郊区建筑密度较小，交通量较小，可考虑采用明渠，可节约工程投资，降低工程造价。为降低整个管渠工程造价，路面上的雨水尽可能采用道路边沟排除。在每条雨水干管的起端，通常利用道路的边沟排除，可以减少管道约 100~150m 的长度。当排水区域到出水口的距离较长时，也宜采用明渠。在设计中，应结合具体实际情况充分考虑各方面的因素，经济、合理实现工程系统的最优化。

当管道与明渠连接时，在管道接口处应设置挡土的端墙，连接处的土明渠应加铺砌，铺砌高度不低于设计超高，铺砌长度自管道末端算起 3~10m，宜适当跌水，当跌水高差为 0.3~2m 时需作 45°斜坡，斜坡应加铺砌。当跌差大于 2m 时，应按水工构筑物设计。

七、雨水管渠的设计方法和步骤

雨水管渠的设计通常按以下步骤进行：

（一）收集并整理设计地区各种原始资料（如地形图、排水工程规划图、水文、地质、暴雨等）作为基本的设计数据。

（二）划分排水流域，进行雨水管道定线

根据地形分水线划分排水流域，当地形平坦无明显分水线的地区，可按对雨水管渠的布置有影响地方如铁路、公路、河道或城市主要街道的汇水面积划分，结合城市的总体规划图或工业企业的总平面布置划分排水流域，在每一个排水流域内，应根据雨水管渠系统的布置特点及原则，确定其布置形式（雨水支、干管的具体位置及雨水的出路），并确定排水流向。

如图 8-13 所示。该市被河流分为南、北两区。南区有一明显分水线，其余地方起伏不大，因此，排水流域的划分按干管服务面积的大小确定。因该地暴雨量较大，所以每条雨水干管承担汇水面积不是太大，故划分为 12 个排水流域。

根据该市地形条件确定雨水走向，拟采用分散出水口的雨水管道布置形式，雨水干管垂直于等高线布置在排水流域地势较低一侧，便于雨水能以最短的距离靠重力流分散就近排入水体。雨水支管一般设在街坊较近较低侧的道路下，为利用边沟排除雨水，节省管渠减小工程造价，考虑在每条雨水干管起端 100~150m 处，可根据具体情况不设雨水管道。

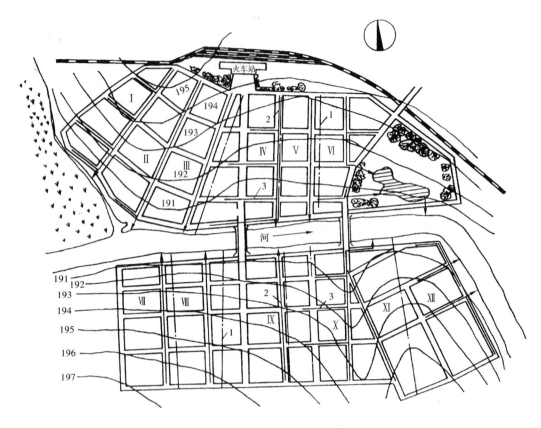

图 8-13 某地雨水管道平面布置
1—流域分界线；2—雨水干管；3—雨水支管

（三）划分设计管段

根据雨水管道的具体位置，在管道的转弯处、管径或坡度改变处、有支管接入处或两条以上管道交汇处以及超过一定距离的直线管段上，都应设置检查井。将两个检查井之间流量没有变化，而且管径、流速和坡度都不变的管段称为设计管段。雨水管渠设计管段的划分应使设计管段范围内地形变化不大，且管段上下游流量变化不大，无大流量交汇。

从经济方面考虑，设计管段划分不宜太长；从计算工作及养护方面考虑，设计管段划分不宜过短，一般设计管段取 100～200m 左右为宜。将设计管段上下游端点的检查井设为节点，并以管段上游往下游依次进行设计管段的编号。

（四）划分并计算各设计管段的汇水面积

汇水面积的划分，应结合实际地形条件、汇水面积的大小以及雨水管道布置等情况确定。当地形坡度较大时，应按地面雨水径流的水流方向划分汇水面积；当地形平坦时，可按就近排入附近雨水管道的原则，将汇水面积按周围管渠的布置用等角线划分。将划分好的汇水面积编上号码，并计算其面积，将数值标注在该块面积图中，如图 8-14 所示。

（五）根据排水流域内各类地面的面积数或所占比例，计算出该排水流域的平均径流系数。另外，也可根据规划的地区类别，采用区域综合径流系数。

（六）确定设计重现期 P 及地面集水时间 t_1

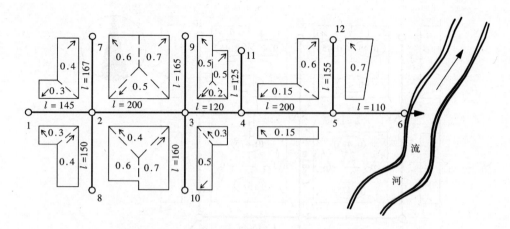

图 8-14 某城区雨水管道布置和沿线汇水面积示意

设计时,应结合该地区的地形特点、汇水面积的地区建设性质和气象特点选择设计重现期,各排水流域雨水管道的设计重现期可选用同一值,也可选用不同的值。

根据设计地区建筑密度情况、地形坡度和地面覆盖种类、街坊内是否设置雨水暗管渠,确定雨水管道的地面集水时间 t_1。

(七)确定管道的埋设与衔接

根据管道埋设深度的要求,必须保证管顶的最小覆土厚度,在车行道下时一般不低于 0.7m,此外,应结合当地埋管经验确定。当在冰冻层内埋设雨水管道,如有防止冰冻膨胀破坏管道的措施时,可埋设在冰冻线以上,管道的基础应设在冰冻线以下。雨水管道的衔接,宜采用管顶平接。

(八)确定单位面积径流量 q_0

q_0 是暴雨强度与径流量系数的乘积,称为单位面积径流量,即:

$$q_0 = \Psi \cdot q = \Psi \frac{167A_1(1+c\lg P)}{(t_1+b)^n} = \Psi \frac{167A_1(1+c\lg P)}{(t_1+mt_2+b)^n} \quad L/(s \cdot hm^2)$$

对于具体的设计工程来说,公式中的 p、t_1、Ψ、m、A_1、b、c、n 均为已知数,因此,只要求出各管段的管内雨水流行时间 t_2,就可求出相应于该管段的 q_0 值,然后根据暴雨强度公式,绘制单位径流量与设计降雨历时关系曲线。

(九)管渠材料的选择

雨水管道管径小于或等于 400mm,采用混凝土管,管径大于 400mm,采用钢筋混凝管。

(十)设计流量的计算

根据流域具体情况,选定设计流量的计算方法,计算从上游向下游依次进行,并列表计算各设计管段的设计流量。

(十一)进行雨水管渠水力计算,确定雨水管道的坡度、管径和埋深

计算并确定出各设计管段的管径、坡度、流速、管底标高和管道埋深。

(十二)绘制雨水管道平面图及纵剖面图

绘制方法及具体要求与污水管道基本相同。

八、雨水管渠设计计算实例

【例 8-3】 某市居住区部分雨水管道布置如图 8-15 所示。地形西高东低,一条自西

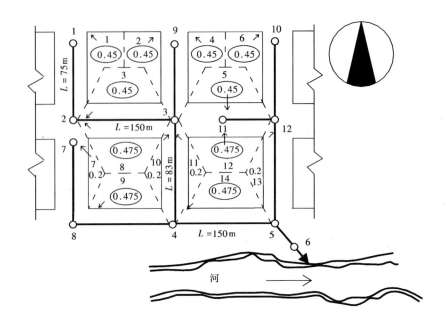

图 8-15 某城市街坊部分雨水管道平面布置

向东流的天然河流分布在城市的南面。该城市的暴雨强度公式为 $q = \dfrac{500(1+1.47\lg P)}{t^{0.65}}$ (L/(s·hm²))。该街区采用暗管排除雨水,管材采用圆形钢筋混凝土管。管道起点埋深 1.40m。各类地面面积见表 8-11,试进行雨水管道的设计与计算。

街坊及街道各类面积   表 8-11

序 号	地面种类	面积 F_i	采用 Ψ_i	$F_i\Psi_i$
1	屋 面	1.2	0.9	1.08
2	沥青路面及人行道	0.7	0.9	0.63
3	圆石路面	0.5	0.4	0.20
4	土路面	0.8	0.3	0.24
5	草地	0.8	0.15	0.12
6	合计	4.0		2.27

【解】 (1) 从居住区地形图中得知,该地区地形较平坦,无明显分水线,因此排水流域可按城市主要汇水面积划分,雨水出水口设在河岸边,故雨水干管走向从西向东南,为保证在暴雨期间排水的可能性,故在雨水干管的终端设置雨水泵站。

(2) 根据地形及管道布置情况,划分设计管段,将设计管段的检查井依次编号,并量出每一设计管段的长度,见表 8-12。确定出各检查井的地面标高,见表 8-13。

设计管段长度汇总表   表 8-12

管段编号	管段长度(m)	管段编号	管段长度(m)
1~2	75	4~5	150
2~3	150	5~6	125
3~4	83		

地面标高汇总表　　　　　　　　　　　　　　表 8-13

检查井编号	地面标高	检查井编号	地面标高
1	86.700	4	86.550
2	86.630	5	86.530
3	86.560	6	86.500

（3）每一设计管段所承担的汇水面积可按就近排入附近雨水管道的原则划分，然后将每块汇水面积编号，计算数值。雨水流向标注在图中，见图 8-13 所示。表 8-14 为各设计管段的汇水面积计算表。

汇水面积计算表　　　　　　　　　　　　　　表 8-14

设计管段编号	本段汇水面积编号	本段汇水面积（hm²）	转输汇水面积（hm²）	总汇水面积（hm²）
1~2	1	0.45	0	0.45
2~3	3、8	0.925	0.45	1.375
9~3	2、4	0.9	1.375	2.275
3~4	10、11	0.4	2.275	2.675
7~8	7	0.20	2.675	2.875
8~4	9	0.475	2.875	3.35
4~5	14	0.475	3.35	3.825
10~12	6	0.45	3.825	4.275
11~12	5、12	0.925	4.275	5.20
12~5	13	0.20	5.20	5.40
5~6	0	0	5.40	5.40

（4）水力计算：进行雨水管道设计流量及水力计算时，通常是采用列表来进行计算的。先从管段起端开始，然后依次向下游进行。其方法如下：

1）表中第 1 项为需要计算的设计管段，应从上游向下游依次写出。第 2、3、13、14 项分别从表 8-14、8-16、8-15 中取得。

2）在计算中，假定管段中雨水流量均从管段的起点进入，将各管段的起点为设计断面。因此，各设计管段的设计流量按该管段的起点，即上游管段终点的设计降雨历时进行计算的，也就是说，在计算各设计管段的暴雨强度时，所采用的 t_2 值是上游各管段的管内雨水流行时间之和 Σt_2。例如，设计管段 1~2 是起始管段，故 $t_2=0$，将此值列入表中第 4 项。

3）求该居住区的平均径流系数 Ψ_{av}，根据表 8-13 中数值，按公式计算得：

$$\Psi_{av} = \frac{\Sigma F_i \Psi_i}{F}$$

$$= \frac{1.2 \times 0.9 + 0.7 \times 0.9 + 0.5 \times 0.4 + 0.8 \times 0.3 + 0.8 \times 0.15}{4.0}$$

$$= 0.56 \approx 0.6$$

4）求单位面积径流量 q_0，即：

$$q_0 = \Psi_{av} \cdot q \quad L/(s \cdot hm^2)$$

因为该设计地区地形较平坦，街区面积较小，地面集水时间 t_1 采用 5min，汇水面积设计重现期 P 采用 1（a），采用暗管排除雨水，故 $m = 2.0$。将确定设计参数代入公式中，则：

$$q_0 = \Psi_{av} \cdot q = 0.6 \times \frac{500 \times (1 + 1.47\lg 1)}{(5 + 2\Sigma t_2)^{0.65}} = \frac{300}{(5 + 2\Sigma t_2)^{0.65}}$$

因为 q_0 为某设计管段的上游管段雨水流行时间之和的函数，只要知道各设计管段内雨水流行时间 t_2，即可求出该设计管段的单位面积径流量 q_0。例如，管段 1~2 的 $\Sigma t_2 = 0$，代入上式 $q_0 = \frac{300}{5^{0.65}} = 105$，将上式计算结果列入表 8-15 中，根据表中不同的 t_2、q_0 值，绘制单位面积径流量曲线，如图 8-16，以供水力计算时使用。

单位面积径流量计算表 表 8-15

t_2（min）	0	5	10	15	20	25	30	35	40	45	50	55	60
$(5 + 2t_2)$	5	15	25	35	45	55	65	75	85	95	105	115	125
$(5 + 2t_2)^{0.65}$	2.85	5.80	8.10	10	11.90	13.60	15.08	16.55	18	19.30	20.60	21.80	23.06
$q_0 = \Psi \cdot q$	105	51.60	37	30	25.20	22.10	19.90	18.10	16.70	15.50	14.60	13.80	13.00

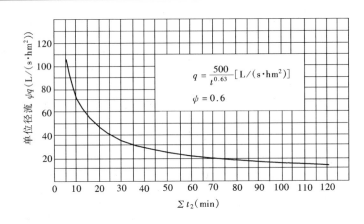

图 8-16 单位面积径流量曲线

5）用各设计管段的单位面积径流量乘以该管段的总汇水面积得该管段的设计流量。例如，管段 1~2 的设计流量为 $Q = q_0 \cdot F_{1~2} = 105 \times 0.45 = 47.25\text{L/s}$，将此计算值列入表中第 7 项。

6）根据求得各设计管段的设计流量，参考地面坡度，查满流水力计算图（附录 8-2），确定出管段的设计管径、坡度和流速。在查水力计算表或水力计算图时，Q、V、I 和 D 这四个水力因素可以相互适当调整，使计算结果既符合设计数据的规定，又经济合理。

由于该街区地面坡度较小，甚至地面坡度与管道坡向正好相反。因此，为不使管道埋深过大，管道坡度宜取小值，但所取的最小坡度应能使管内水流速度不小于设计流速。例如，管段 1~2 处的地面坡度为 $I_{1~2} = \frac{G_1 - G_2}{L_{1~2}} = \frac{86.700 - 86.630}{75} = 0.0009$。该管段的设计流量 $Q = 47.25\text{L/s}$，当管道坡度采用地面坡度（$I = 0.0009$）时，查满流水力计算图 D 介于 300~400mm 之间，$V = 0.48\text{m/s}$，不符合设计的技术规定。因此需要进行调整，当 $D =$

300mm、$v=0.75$m/s、$I=0.003$ 符合设计规定，故采用，将其填入表中第8、9、10项中。表中第11项是管道的输水能力 Q'，它是指经过调整后的流量值，也就是指在给定的 D、I 和 V 的条件下，雨水管道的实际过水能力，要求 $Q'>Q$，管段 1~2 的输水能力为 54L/s。

7) 根据设计管段的设计流速求本管段的管内雨水流行时间 t_2。例如管段 1~2 的管内雨水流行时间 $t_2=\dfrac{L_{1\sim2}}{60v_{1\sim2}}=\dfrac{75}{60\times0.75}=1.67$min，将其计算值列入表中第5项中。

8) 求降落量。由设计管段的长度及坡度，求出设计管段上下端的设计高差（降落量）。例如管段 1~2 的降落量 $I\cdot L=0.003\times75=0.225$m，将此值列入表中第12项。

9) 确定管道埋深及衔接。在满足最小覆土厚度的条件下，考虑冰冻情况，承受荷载及管道衔接，并考虑到与其他地下管线交叉的可能，确定管道起点的埋深或标高。本例起点埋深为 1.40m。将此值列入表中第17项。各设计管段的衔接采用管顶平接。

10) 求各设计管段上、下端的管内底标高。用 1 点地面标高减去该点管道的埋深，得到该点的管内底标高，即 $86.700-1.40=85.300$ 列入表中第15项，再用该值减去该管段的降落量，即得到终点的管内底标高，即 $85.300-0.225=85.075$m，列入表中第16项。

用 2 点的地面标高减去该点的管内底标高，得到 2 点的埋深，即 $86.630-85.075=1.56$m，将此值列入表中第18项。

由于管段 1~2 与 2~3 的管径不同，采用管顶平接。即管段 1~2 中的 2 点与 2~3 中的 2 点的管顶标高应相同。所以管段 2~3 中的 2 点的管内底标高为 $85.075+0.300-0.400=84.975$m。求出 2 点的管内底标高后，按前面的方法求得 3 点的管内底标高。其余各管段的计算方法与此相同，直到完成表 8-16 所有项目，则水力计算结束。

11) 水力计算后，要进行校核，使设计管段的流速、标高及埋深符合设计规定。雨水管道在设计计算时，应注意以下几方面的问题：

a. 在划分汇水面积时，应尽可能使各设计管段的汇水面积均匀增加，否则会出现下游管段的设计流量小于上游管段的设计流量，这是因为下游管段的集水时间大于上游管段的集水时间，故下游管段的设计暴雨强度小于上游管段的设计暴雨强度，而总汇水面积只有很小增加的缘故。若出现了这种情况，应取上游管段的设计流量作为下游管段的设计流量。

b. 水力计算自上游管段依次向下游进行，一般情况下，随着流量的增加，设计流速也相应增加，如果流量不变，流速不应减小。

雨水干管水力计算表 表 8-16

设计管段编号	管长 L (m)	汇水面积 F (hm²)	管内雨水流行时间（min）		单位面积径流量 q_0 (L/(s·hm²))	设计流量 Q (L/s)	管径 D (mm)	水力坡度 I (‰)
			$\Sigma t_2=\Sigma\dfrac{L}{v}$	$t_2=\dfrac{L}{v}$				
1	2	3	4	5	6	7	8	9
1~2	75	0.45	0	1.67	105	47.25	300	3
2~3	150	1.375	1.67	3.13	75.57	103.90	400	2.3
3~4	83	2.675	4.80	1.73	52.52	140.49	500	1.75
4~5	150	3.825	6.53	2.50	45.74	174.95	500	2.85
5~6	125	5.40	9.03	2.08	39.02	210.71	600	2.1

续表

流速 v (m/s)	管道输水能力 Q' (L/s)	坡降 $I·L$ (m)	设计地面标高 (m)		设计管内底标高 (m)		埋深 (m)	
			起点	终点	起点	终点	起点	终点
10	11	12	13	14	15	16	17	18
0.75	54	0.225	86.700	86.630	85.300	85.075	1.40	1.56
0.80	110	0.345	86.630	86.560	84.975	84.630	1.66	1.93
0.80	150	0.145	86.560	86.550	84.530	84.385	2.03	2.17
1.00	190	0.428	86.550	86.530	84.385	83.857	2.17	2.57
1.00	290	0.263	86.530	86.500	83.857	83.594	2.67	2.91

c. 雨水管道各设计管段的衔接方式应采用管顶平接。

d. 本例只进行了雨水干管水力计算，但在实际工程设计中，干管与支管是同时进行计算的。在支管和干管相接的检查井处，会出现到该断面处有两个不同的集水时间 Σt_2 和管内底标高值，再继续计算相交后的下一个管段时，采用较大的集水时间值和较小的那个管内底标高。

12) 绘制雨水管道的平面图和纵断面图。

绘制的方法、要求及内容参见污水管道平面图和纵剖面图。图 8-17 为某市雨水管道纵剖面示意图。

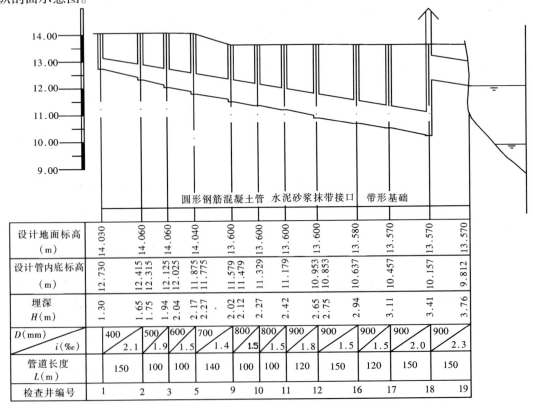

图 8-17 雨水干管纵剖面图

第四节 雨水径流调节

一、雨水径流调节的意义

因雨水管渠系统设计流量中包含了高峰时段的降水径流量，故设计流量很大。随着城市化的进程，不透水地面面积的增加，都将使雨水的径流量增大，使雨水设计流量增大，管渠的断面尺寸增大，从而使得管渠系统的工程造价昂贵。

因此，在条件允许时可利用池塘、河流、洼地、湖泊或修建调节池，将雨峰流量暂时蓄存，待雨峰流量过后，再从这些调节池设施中排除所蓄水量，其目的是，可削减洪峰流量，减小下游管渠系统高峰雨水流量，减小下游管渠断面尺寸，降低工程造价。此外，雨水调蓄还是解决原有管渠流量不足最好的措施，同时也可利用蓄存雨水量作为缺水地区供水水源。

二、雨水径流调节方法

（1）管渠容积调洪法：是利用管渠本身的调节能力蓄洪。此法调洪的特点是，调洪能力有限。一般适用于地形坡度较小的地区。可节约管渠造价10%左右。

（2）建造人工调节池或利用天然洼地、池塘、河流等蓄洪，此种方法的特点是，蓄洪能力大，可以有效地节约调节池下游管渠断面，减小管渠的造价，经济效益高。目前，这种方法越来越得到重视，在国内外工程实践中已得到广泛的应用。

一般在下列情况下设置调节池，可以取得良好的技术经济效果。

（1）城市距水体较远，需长距离输水时；

（2）需设雨水泵站排除雨水，应在泵站前设调节池；

（3）城市附近有天然洼地、池塘、公园、水池等调节径流，可补充景观水体，美化城市；

（4）在雨水干管的中游或有大流量交汇处设置调节池，可降低下游各管段的设计流量；

（5）正在发展或分期建设的城区，可用来解决原有雨水管渠排水能力的不足；

（6）在干旱地区，设置调节池可用于蓄洪养殖和灌溉。

调节池设置位置，对于雨水管渠造价的高低及使用效果有重要的影响，同样容积的调节池，其设置位置不同，经济效益和使用效果有着明显的差别。

三、调节池型式

1．溢流堰式调节池

其构造见图8-18所示。

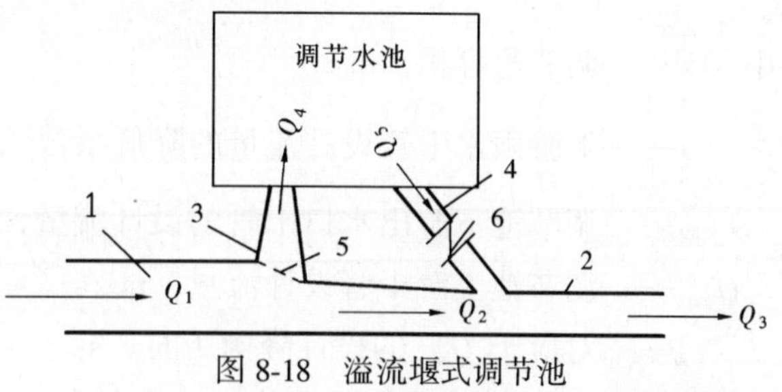

图8-18 溢流堰式调节池
1—调节池上游干管；2—调节池下游干管；3—池进水管；
4—池出水管；5—溢流堰；6—逆止阀

这种调节池是在雨水管道上设置溢流堰，当雨水在管道中的流量增大到设定流量时，因溢流堰下游管道变小，管道中水位升高产生溢流而进入雨水调节池。随着降雨量增大，进入调节池水量也逐渐增多，其水位也在逐渐增高，然后随着雨水径流量的减小，调节池中的蓄存水经下游管道开始排出，直到池内水放空为止,这时调节池停止工作。

在出水管上需设逆止阀,是考虑雨水在小流量时倒流入调节池,同时出水管应有足够的坡度。

此种调节池适用于地形坡度较大的地段。

2. 流槽式调节池

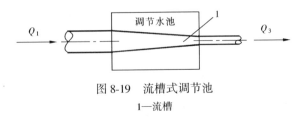

图 8-19 流槽式调节池
1—流槽

流槽式调节池构造见图 8-19 所示。流槽式调节池是雨水管道流经调节池中央,雨水管道在调节池中变成池底的一道流槽。当 $Q_1 \leqslant Q_3$ 时,雨水经设在池底部渐断面流槽都流入下游雨水干管排走,池内流槽深度等于下游干管的直径。当 $Q_1 > Q_3$ 时,由于调节池下游管道变小,使雨水不能及时全部排出,在调节池内淹没流槽,调节池开始蓄水存水,当 Q_1 达到 Q_{max} 时,池内水位和流量也达到最大。当雨水量减小到小于下游管渠排水能力时,调节池内蓄水开始经下游干管排出。直到 Q_1 不断减小到小于下游干管的通过能力 Q_3 时,池内水位才逐渐下降,直到排空为止。这种调节池适用于地形坡度较小,而管道埋深较大的地区。

3. 中部侧堰式

见图 8-20 所示。此种形式适用于地形平坦而管道埋深不大的情况,其调节水量需用泵抽升排出。

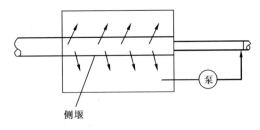

图 8-20 中部侧堰式

四、调节池容积 V 的计算

调节池内最高水位与最低水位之间的容积称为有效调节溶积。

关于重力流排水管渠系统中调节池容积的计算原理,是由径流成因所推理的流量过程线求得调蓄池容积,根据前苏联学者研究,建议采用下式计算调节池容积:

$$V = (1 - \alpha)^{1.5} Q_{max} \cdot t_A \tag{8-14}$$

式中 V——调节池容积,m^3;

α——下游雨水干管设计流量的降低系数,$\alpha = \dfrac{Q_{下游}}{Q_{max}}$;

$Q_{下游}$——调节池下游出水口干管的设计流量,m^3/s;

Q_{max}——调节池上游干管设计流量,m^3/s;

t_A——对应于 Q_{max} 的设计降雨历时,s。

有关调节池容积的计算还有其他一些方法,可参考给水排水设计手册及有关论著。

五、调节池下游干管设计流量计算

由于调节池具有蓄洪和滞洪的作用,因此调节池下游雨水干管的设计流量,是以调节池下游的汇水面积为起点计算,与调节池上游汇水面积的大小无关。

如果调节池下游干管无本段汇水面积的雨水进入时,其流量为 $Q = \alpha Q_{max}$。

如果调节池下游干管接受本段汇水面积的雨水进入时，其设计流量为 $Q = \alpha Q_{max} + Q'$

式中　Q——调节池下游雨水干管汇水面积上的雨水设计流量，L/s；

　　　Q_{max}——意义同前，L/s；

　　　α——同前，对于溢流堰式，$\alpha = \dfrac{Q_2 + Q_3}{Q_{max}}$；对于流槽式，$\alpha = \dfrac{Q_3}{Q_{max}}$；

　　　Q'——调节池下游干管汇水面积上的雨水设计流量，即按下游干管汇水面积的集水时间计算，与上游干管的汇水面积无关。

六、调节池放空时间及其校核

调节池放空时间，一般不宜超过24h。调节池的出水管管径可参考表8-17采用。调节池出水管（长度按10m计）平均流出流量可按表8-18采用。

调节池出水管管径　　　　　　表8-17

调蓄池容积（m³）	管　径（mm）	调蓄池容积（m³）	管　径（mm）
500~1000	200	2000~4000	300~400
1000~2000	200~300		

调节池出水管平均流出流量　　　　　　表8-18

出水管直径（mm）	池内最大水深 H（m）		
	1.0	1.5	2.0
	平均流出流量（L/s）		
200	38	46	54
250	65	79	92
300	99	121	140
400	190	233	269

【例8-4】　如图8-21所示。已知4点处 $Q_{max} = 1.2 m^3/s$，设计降雨历时 $t_A = 20 min$，调节池下游干管设计流量（即管段4~5后）为 $Q_3 = 0.36 m^3/s$，调节池出水管长度 $L = 10m$，出水管管径 $D = 200mm$，池内最大水深 $H = 2.0m$，调节池下游干管（管段5~6段）无雨水流入。试计算调节池的容积及校核放空时间。

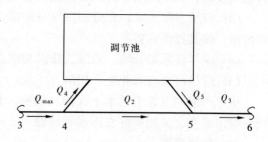

图8-21　调节水池计算示意图

【解】　(1) 计算调节池容积

根据 $\alpha = \dfrac{Q_3}{Q_{max}} = \dfrac{0.36}{1.2} = 0.3$

$$V = (1-\alpha)^{1.5} \cdot Q_{max} \cdot t_A$$
$$= (1-1.3)^{1.5} \times 1.2 \times 20 \times 60$$
$$= 1203 m^3$$

(2) 校核放空时间 T

当 $D = 200\text{mm}$ 时，$H = 2\text{m}$，查表 8-18 得 $Q_5 = 54\text{L/s}$。

$$T = \frac{V}{Q_5} = \frac{1203 \times 1000}{54 \times 3600} = 6.19 \approx 7\text{h}$$

故池出水管管径 $D = 200\text{mm}$ 可以满足要求。

第五节 城市防洪设计

一般城市多临近自然水体（江河、山溪、湖泊或海洋等）修建，它们为城市的发展提供了必要的水源，但有时也给城市带来洪水灾害。而我国有许多重要的工业建设于山区，这些工业的生产厂房和生活区建筑物一般位于山坡或山脚下修建，建筑区域往往低于周围的山地，在暴雨时将受到山洪的威胁。因此，为尽量减少洪水造成的危害，保证城市、工厂的工业生产和生命财产安全，必须根据城市或工厂的总体规划和流域防洪规划，合理选用防洪工程的设计标准，整修已有的防洪工程设施，兴建新的防洪工程，提高城市工业企业的抗洪能力。防洪设计的主要任务是防止暴雨形成巨大的地面径流而产生严重危害。

一、防洪设计原则

（1）应符合城市和工业企业的总体规划。

防洪设计的规模、范围和布局都必须根据城市和工业企业各项工程规划制订。同时城市和工业企业各项工程规则对防洪工程都有一定的影响。因此，对于靠近江河和山区的城市及工业企业应特别注意。

（2）应合理安排，使近远期有机结合。

因防洪工程的建设费用较大，建设期较长，因此，要作出分期建设的安排，这既能节省初期投资，又能及早发挥工程设施的效益。

（3）应从实际出发，充分利用原有防洪、泄洪、蓄洪设施，做到有计划、有步骤地加以改造，使其逐步完善。

（4）应尽量采用分洪、截洪、排洪相结合的措施。

（5）应尽可能与农业生产相结合。

应尽可能与农业上的水土保持、植树、农田灌溉等密切结合。这既能减少和消除洪灾确保城市安全，又能搞好农田水利建设。

二、防洪标准

在进行防洪工程设计时，首先要确定洪峰设计流量，然后根据该设计洪峰流量拟定工程规模。为准确、合理地拟定某项工程规模，需要根据该工程的性质、范围以及重要性等因素，选定某一降雨频率作为计算洪峰流量的依据，称为防洪设计标准。

防洪设计标准，关系到城市安危，也关系到工程造价和建设期限等，它是防洪设计中体现国家经济政策和技术政策的一个重要环节。

在实际设计中，一般常用暴雨重现期来衡量设计标准的高低，即重现期越小，则设计标准越低，工程规模亦就越小。反之，设计标准越高，工程规模大。根据我国城市防洪工程的特点和防洪工程实践，城市防洪标准见表 8-19。

城 市 防 洪 标 准   表 8-19

工程等级	防护对象			防洪标准	
	城市等级	人口（万人）	重 要 性	频率（％）	重现期（a）
Ⅰ	特别重要的城市	>150	重要政治、经济、国防中心及交通枢纽，特别重要的工业企业	1~0.3	≥100
Ⅱ	重要城市	50~150	比较重要的政治、经济中心，大型工业企业	2~1	50~100
Ⅲ	中等城市	20~50	一般重要的政治、经济中心，重要中型工业企业	5~2	20~50
Ⅳ	一般城镇	≤20	一般性小城市、小型工业企业	10~5	10~20

对于城镇河流流域面积较小（<30km²）的地区，如按城市雨水管道流量计算公式计算洪峰流量，可参照表 8-20 选用。

城市小流域河湖防洪标准   表 8-20

序 号	区域性质	设计重现期（a）	序 号	区域性质	设计重现期（a）
1	城市重要地区	20~50	3	局部一般区域	1~5
2	一般区域	5~20			

山洪防治标准见表 8-21。

山 洪 防 治 标 准   表 8-21

工程等级	防 护 对 象	防 洪 标 准	
		频 率（％）	重现期（a）
Ⅱ	大型工业企业、重要中型工业	2~1	50~100
Ⅲ	中小型工业企业	5~2	20~50
Ⅳ	工业企业生活区	10~5	10~20

在设计中选用防洪标准时，应根据设计地区的地理位置、地形条件、历次洪水灾害情况、工程的重要性以及当地经济技术条件等因素综合考虑后确定。

三、设计洪峰流量计算

设计洪水流量，是指相应于防洪设计标准的洪水流量。

计算设计洪水流量的方法较多，目前，我国常用的暴雨洪峰流量的计算有以下三种方法：

（一）地区性经验公式

在缺乏水文资料的地区，洪峰小面积径流量的计算，可采用我国应用比较普遍的、以流域面积 F 为参数的一般地区性经验公式：

1．公路科学研究所的经验公式

当没有暴雨资料，汇水面积小于 10km² 时，可按下式计算：

$$Q_p = K_p \cdot F^m \tag{8-15}$$

式中 Q_p——设计洪峰流量，m³/s；

F——流域面积，km²；

K_p——随地区及洪水频率而变化的流量模数，可按表 8-22 查取；

m——随地区及洪水频率而定的面积指数，当 $F \leqslant 1\text{km}^2$ 时，$m=1$；当 $1<F<10$ 时可由表 8-23 查取。

流量模数 K_p 值　　　　表 8-22

频率(%)	华北	东北	东南沿海	西南	华中	黄土高原
			K_p			
50	8.1	8.0	11.0	9.0	10.0	5.5
20	13.0	11.5	15.0	12.0	14.0	6.0
10	16.5	13.5	18.0	14.0	17.0	7.5
6.7	18.0	14.6	19.5	14.5	18.0	7.7
4	19.5	15.8	22.0	16.0	19.6	8.5
2	23.4	19.0	26.4	19.2	23.5	10.2

面积指数 m 值　　　　表 8-23

地区	华北	东北	东南沿海	西南	华中	黄土高原
m	0.75	0.85	0.75	0.85	0.75	0.80

2．水利科学院水文研究所经验公式

对于洪水调查，对汇水面积小于 100km^2 的经验公式如下：

$$Q_p = K_p \cdot F^{\frac{2}{3}} \tag{8-16}$$

式中 Q_p、F、K_p 符号意义同前，其中 K_p 值除按实测、调查得到该值外，还可根据地形条件，选用下列数值：

对于山区　$K_p = 0.72 S_p$

对于平原　$K_p = 0.5 S_p$

当汇水面积 $F<3\text{km}^2$ 时，经验公式为：

$$Q_p = 0.6 S_p \cdot F \tag{8-17}$$

式中　S_p——设计雨力，mm/h。

经验公式使用方便，计算简单，但地区性很强。当相临地区采用时，须注意各地的具体条件，不宜套用。其他的经验公式，可参阅当地的水文手册。

(二) 推理公式法

我国水利科学院水文研究所提出的推理公式已得到广泛的采用，其公式如下：

$$Q = 0.278 F \frac{\Psi \cdot S}{\tau^n} \tag{8-18}$$

式中　Q——设计洪峰流量，m^3/s；

S——暴雨雨力，即与设计重限期相应的最大 1h 降雨量，mm/h；

τ——流域的集流时间，h；

n——暴雨强度衰减指数；

F——流域面积，km^2。

用该公式求设计洪峰流量时，需要较多的基础资料，计算过程也较烦琐。此公式适用范围为汇水面积 $F \leqslant 500 \mathrm{~km}^2$，但汇水面积 F 为 $40\sim50\mathrm{km}^2$ 时适用效果最好。公式中各参数的确定方法，可参考《给水排水设计手册》第五册有关章节。

（三）洪水调查法

洪水调查主要是指河流、山溪历史出现的特大洪水流量的调查和推算。调查的主要内容是历史上洪水的概况及洪水痕迹标高。调查的方法主要是通过深入现场，勘察洪水位的痕迹，并通过查阅当地可考的文字记载（如地方志、宫廷档案、县志、碑志、某些建筑物上的记载及水利专著等），这些记载是调查历史洪水的主要依据。此外还应调查访问在河道附近世代久居的群众，通过这些老年人的回忆及祖辈流传的有关洪水传说都是历史洪水的宝贵资料。在查阅洪水的文献和查访群众的基础上，还应沿河道两岸进行实地勘探，寻找和判断洪水痕迹，推导出洪水位发生的频率，选择和测量河道的过水断面及其他特征值，按公式 $v=\dfrac{1}{n}R^{\frac{2}{3}}I^{\frac{1}{2}}$ 计算流速，然后按公式 $Q=Av$ 计算洪峰流量。式中 n 为河槽的粗糙系数；R 为河槽的过水断面与湿周之比，即水力半径；I 为水面比降，可用河底平均比降代替。

对于上述三种方法，特别应重视洪水调查法，在此法的基础上，再结合其他方法进行洪峰流量计算。

四、排洪沟设计计算

排洪沟是应用较为广泛的一种防洪、排洪工程设施，特别是山区城市和工业区应用更多。由于山区的地势陡峻，地形坡度较大，水流湍急，洪水集水时间短，洪峰流量大，而且来势凶猛，水流中还夹带着大量的砂石，冲刷力很强，这种由暴雨形成的山洪，若不能及时有效排除，就会使山坡下的城镇和工业区受到破坏造成严重的损失。因此，应在受山洪威胁的城镇工厂的周围设置防洪设施，以有效拦截山洪，并及时将洪峰引入排洪沟道，将其引出保护区排入附近的水体。

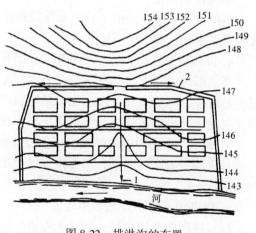

图 8-22 排洪沟的布置
1—雨水管；2—排洪沟

排洪沟设计的任务在于开沟引洪、整治河道、修建排洪构筑物等，以便有组织拦截并排除山洪径流，保护山区城镇和工业区的安全。图 8-22 为某居住区雨水管道系统及排洪沟布置图。图 8-23 为某厂区排洪沟布置图。

（一）排洪沟设计要点

在排洪沟设计时，要对设计地区周围的地形、地貌、土壤、暴雨、洪水及径流等影响因素进行充分、细致的调查研究，为排洪沟的设计及计算提供必要可靠的依据。排洪沟包括明渠、暗渠及截洪沟等。

1. 排洪沟布置应与城镇和工业企业总体规划相结合

在城镇工业企业建设规划设计中，必须重视防洪和排洪问题。在选择厂区或居住区用

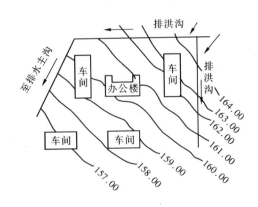

图 8-23 某厂区排洪沟布置图

地时,力求安全,经济合理,应建在不受洪水威胁的较安全的地带,尽量避免设在山洪口上,避开洪水顶冲的威胁。

排洪沟的布置要与铁路、公路、排水等工程以及厂房建筑、居住及公共建筑相协调,避免穿越铁路、公路以减少交叉构筑。排洪沟应设置在厂区、居住区外围靠山坡一侧,避免穿越建筑群,以免因排洪沟过于曲折造成出流不畅,或增加桥涵,造成投资浪费,引起交通不便。为防止洪水冲刷房屋基础及滑坡,排洪沟与建筑物之间应有不少于3m的防护距离。

2. 排洪沟应尽可能利用设计地区原有天然山洪沟道,必要时可作适当整修

原有的山洪沟道是山洪多年冲刷形成的自然冲沟,其形状、底床都比较稳定,设计时应尽可能利用作为排洪沟,发挥其排泄能力,可节约工程造价。当原有沟道不能满足设计要求时,可进行必要的整修,但不宜大改大动,尽可能不改变原有沟道的水利条件,要因势利导,使洪水排泄畅通,既达到防洪、排洪的目的,又节省工程上的投资。

3. 排洪沟选址

具体位置宜选在地形平稳、地质较稳定的地带,防止坍塌,并可减少工程量。并注意保护农田水利工程,不占或少占农田。

4. 排水沟布置时,应尽量利用自然地形坡度

当地形坡度较大时,排洪沟宜布置在汇水面积的中央,以扩大汇流范围。充分利用自然地形坡度,因势利导使洪水能以最短距离重力流排入水体。一般情况下,排水沟上不设中途泵站,对洪峰流量以分散排放比集中排放更为有利。

5. 排水沟采用明渠或暗渠应根据设计地区具体条件确定

排水沟一般采用明渠,当排洪沟通过市区或厂区时,因建筑密度高,交通量大应采用暗渠。

6. 排洪沟平面布置的基本要求

(1) 排洪沟的进口段:因洪水在进口段冲刷力很强,所以应将进口段设在地质、地形条件良好的地段,通常将进口段上游一定范围内进行必要的整治,保证良好的衔接、具有水流畅通及较好的水利条件。进口长度一般不小于3m。为使洪水能顺利进入排水沟,进口形式和布置是很重要的。常用的进口形式有:1) 排洪沟的进口直接插入山洪沟,衔接点的高程为原山洪沟的高程。这种形式适用于排洪沟与山洪沟夹角较小的情况,也适用于高速排洪沟。2) 以侧流堰形式作为进口,将截流坝的顶面作成侧流堰渠与排洪沟直接相接。这种形式适用于排洪沟与山洪沟夹角较大,并且进口高程高于原山洪沟底高程的情况。进口段的形式应根据地形、地质及水力条件进行合理的方案比较和选择。

(2) 排洪沟连接段:当排洪沟受到地形限制而不能布置成直段时,应保证在转弯处有良好的水流条件,不应使弯道处受到冲刷。平面上的转弯沟道弯曲半径一般不小于5~10倍的设计水面宽度。由于弯道处水流因离心力作用而产生的外侧与内侧的水位差,因此在

设计时还应考虑到外侧沟高应大于内侧沟高，外侧水位高程的差值可由下列公式求得：

$$H = \frac{v^2 \cdot B}{Rg} \tag{8-19}$$

式中 H——排洪沟水位高度差，m；
v——排洪沟水流平均流速，m/s；
B——弯道处水面宽度，m；
R——弯道半径，m；
g——重力加速度，m/s^2。

排水沟的设计安全较高，一般可采用 0.3~0.5m，同时对排洪沟弯道处应加护砌。

（3）排洪沟出口段：应设置在不致冲刷的排放地点（河流，山谷等）的岸坡。应选择在地质良好的地段，并采取护砌措施。另外，在出口段，应设置渐变段，逐渐增大宽度，以减少单宽流量，减低流速，或采用消能、加固等措施，以减缓洪水对出口段的冲刷。出口标高应在相应的排水设计重现期的河流洪水位以上，但一般应在河流常水位以上。

7. 排洪沟穿越道路应设桥涵

涵洞的断面尺寸应保证设计洪水量通过，并应考虑养护。

8. 排水沟纵坡的确定

排洪沟的纵向坡度应根据地形、地质、护砌材料、原有天然排洪沟的纵坡以及冲淤情况而确定，一般情况下，坡度宜大于 1%，但地形坡度较陡时，应考虑设置跌水，但不能设在转弯处，一次跌水的高度为 0.2~1.5m。当采用条石砌筑的梯级渠道时，每级梯形高为 0.3~0.6m，有的多达 20~30 级，其消能效果很好。

9. 排洪沟设计流速的规定

为不使排洪沟沟底产生淤积，最小允许流速一般不小于 0.4m/s，为了防止山洪对排洪沟的冲刷，排洪沟的最大允许流速，宜根据不同铺砌的加固形式来选择确定。表 8-24 为排洪沟最大流速供设计计算中选用。

排洪沟最大设计流速　　　　　　　　表 8-24

沟渠护砌条件	最大设计流速（m/s）	沟渠护砌条件	最大设计流速（m/s）
浆砌砖石	2.0~4.5	混凝土护面	5.0~10
坚硬石块浆砌	6.5~1.2	草皮护面	0.9~2.2

10. 排洪沟设计计算径流系数的确定

一般可按设计地区的地面情况确定。山区可采用 0.7~0.8；丘陵地区可采用 0.55~0.70。若设计地区的山坡被全部垦植为梯田，径流系数还要小些，一般可采用 0.3 左右。表 8-25 中列出了各种地面不同的径流系数值，可供设计计算时参考。

各种地面的径流系数　　　　　　　　表 8-25

类别	地面种类	径流系数
1	无裂缝岩石、沥青面层、混凝土面层、冻土、重黏土、冰沼土、沼泽土	1.0
2	黏土、盐土、碱土、龟裂土、水稻土	0.85
3	黄壤、红壤、壤土、灰化土、灰钙土、漠钙土	0.80
4	褐土、生草砂壤土、黑钙土、黄土、栗钙土、灰色森林土、棕色森林土	0.70
5	砂壤土、生草的砂	0.50
6	砂	0.35

11. 排洪沟断面形式、材料及其选择

排洪沟的断面形式常采用梯形和矩形明渠。最小断面 $B \times H = 0.4\text{m} \times 0.4\text{m}$；明渠排洪沟的底宽，考虑施工与维修要求，一般不小于 $0.4 \sim 0.5\text{m}$。沟渠材料及加固形式应根据沟内最大流速、地形及地质条件、当地材料供应情况确定。一般常用片、块石铺砌。

排洪沟不宜采用土明渠。由于土明渠的边坡不稳定，在山洪冲刷下，很容易被冲毁，故不宜采用。

图 8-24 为排洪沟的断面及加固形式示意图。

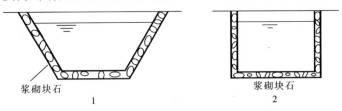

图 8-24 排洪沟断面示意图
1—梯形断面；2—矩形断面

图 8-25 为设计在较大坡度的山坡上的截洪沟断面及使用铺砌材料示意图。

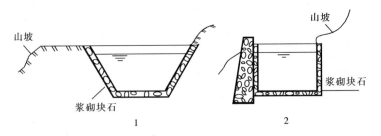

图 8-25 截洪沟断面示意图
1—梯形断面；2—矩形断面

（二）排洪沟水力计算

在进行排洪沟水力计算时，常遇到下述几种情况：

（1）已知设计流量，渠底坡度，确定渠道断面；

（2）已知设计流量或流速，渠道断面及粗糙系数，求渠道底坡；

（3）已知渠道断面，渠壁粗糙系数及渠道底坡，求渠道的输水能力。

水力计算公式见（2-15）、（2-16）。

（三）排洪沟水力计算示例

已知某工厂已有天然梯形断面浆砌块石河槽的排洪沟，其总长为 820m。沟纵向坡度为 4.5‰，沟粗糙系数为 0.025，沟边坡 1:1.25，沟底宽为 2m，沟顶宽为 6.5m，沟深为 1.5m。当采用设计重现期为 50a 时，洪峰流量为 $1.5\text{m}^3/\text{s}$。试复核已有排洪沟的通过能力及沟内水流速度。

计算如下：

1. 复核原有排洪沟断面能否满足排除洪峰流量的要求

为满足排除洪峰流量，应在原有的沟道断面基础上增加排洪沟的深度及扩大过水断面。设扩大沟顶宽度为 $B = 7.06$m，并增加排洪沟深度为 $H = 2.0$m。扩大后的断面采用浆砌片石铺砌，并加固沟壁和沟底保证沟壁的稳定。见图 8-26 所示。

人工渠道的粗糙系数 n 值　　　　表 8-26

序号	渠道表面的性质	粗糙系数 n	序号	渠道表面的性质	粗糙系数 n
1	细砾石（$d = 10 \sim 30$mm）渠道	0.022	9	粗糙的浆砌碎石渠	0.02
2	中砾石（$d = 20 \sim 60$mm）渠道	0.025	10	表面较光的夯打混凝土	$0.0155 \sim 0.0165$
3	粗砾石（$d = 50 \sim 150$mm）渠道	0.03	11	表面干净的旧混凝土	0.0165
4	中等粗糙的凿岩渠	$0.033 \sim 0.04$	12	粗糙的混凝土衬砌	0.018
5	细致爆开的凿岩渠	$0.04 \sim 0.05$	13	表面不整齐的混凝土	0.02
6	粗糙的极不规则的凿岩渠	$0.05 \sim 0.065$	14	坚实光滑的土渠	0.017
7	细致浆砌碎石渠	0.013	15	掺有少量黏土或石砾的砂土渠	0.02
8	一般的浆砌碎石渠	0.017	16	砂砾低砌石坡的渠道	$0.02 \sim 0.022$

按公式 $Q = \omega \cdot v = \omega \cdot C\sqrt{RI}$

C 值按曼宁公式计算，即：

$$C = \frac{1}{n} \cdot R^{\frac{1}{6}}$$

梯形断面的宽深比 $\beta = \frac{b}{h} = 2(\sqrt{1 + m^2} - m)$

$$= 2(\sqrt{1 + 1.25^2} - 1.25) = 0.7$$

$$b = 0.7 \times 1.7 = 1.19\text{m}$$

梯形断面 $\omega = bh + mh^2 = 1.19 \times 1.7 + 1.25 \times 1.7^2 = 5.64\text{m}^2$

其水力半径 $R = \dfrac{\omega}{b + 2h\sqrt{1 + m^2}} = \dfrac{5.64}{1.19 + 2 \times 1.7\sqrt{1 + 1.25^2}} = 0.85\text{m}$

n 为人工渠道粗糙系数，查表 8-28，得 $n = 0.02$ 时

$$C = \frac{1}{n}R^{\frac{1}{6}} = \frac{1}{0.02} \times 0.85^{\frac{1}{6}} = 48.66$$

$$Q' = \omega \cdot C\sqrt{RI} = 5.64 \times 48.66\sqrt{0.85 \times 0.0045} = 17.17\text{m}^3/\text{s}$$

此结果已满足排除洪峰流量 $15\text{m}^3/\text{s}$ 的要求。

2. 复核排洪沟内水流速度 v

根据公式 $v = C\sqrt{RI}$，得

$$v = 48.66\sqrt{0.85 \times 0.0045} = 3.01\text{m/s}$$

查表 8-24，采用浆砌片石铺砌加固沟壁时最大设计流速为 4.5m/s，因此排洪沟不会受到冲刷。故决定采用

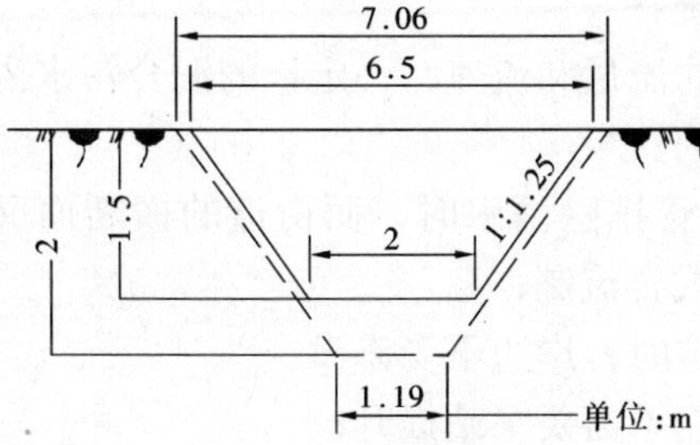

图 8-26　排洪沟改造

第六节 合流制排水管渠的设计计算

合流制管渠系统是用同一管渠排除生活污水、工业废水及雨水的排水方式。由于历史的原因，在国内外许多城市的旧排水管道系统中仍然采用这种排水体制。根据混合污水的处理和排放的方式，有直泄式和截流式合流制两种。由于直泄式合流制严重污染水体，因此对于新建排水系统不易采用。故本节只介绍截流式合流制排水系统。

一、截流式合流制排水系统的工作情况与特点

截流式合流制排水系统是沿水体平行设置截流管道，以汇集各支管、干管流来的污水。在截流干管的适当位置上设置溢流井。在晴天时，截流干管是以非满流方式将生活污水和工业废水送往污水处理厂。雨天时，随着雨水量的增加，截流干管是以满流方式将混合污水（雨水、生活污水、工业废水）送往污水处理厂。若设城市混合污水的流量为 Q，而设截流干管的输水能力为 Q'，当 $Q \leqslant Q'$ 时，全部混合污水输送到污水处理厂进行处理；当 $Q > Q'$ 时，有 $(Q = Q')$ 的混合污水送往污水处理厂，而 $(Q - Q')$ 的混合污水则通过溢流井排入水体。随着降雨历时继续延长，由于暴雨强度的减弱，溢流井处的溢流流量逐渐减小。最后混合污水量又重新等于或小于截流干管的设计输水能力，溢流停止，全部混合污水又都流向污水厂。

从上述管渠系统的工作情况可知，截流式合流制排水系统，是在同一管渠内排除三种混合污水，集中到污水处理厂处理，从而消除了晴天时城市污水及初期雨水对水体的污染，在一定程度上满足环境保护方面的要求。另外还具有管线单一，管渠的总长度减小等优点。因此在节省投资、管道施工方面较为有利。

但在暴雨期间，则有部分的混合污水通过溢流井溢入水体，将造成水体周期性污染，另外，由于截流式合流制排水管渠的过水断面很大，而在晴天时流量很小，流速低，往往在管底形成淤积，降雨时，雨水将沉积在管底的大量污物冲刷起来带入水体形成严重的污染。

另外，截流管、提升泵站以及污水处理厂的设计规模都比分流制排水系统大，截流管的埋深也比单设雨水管渠的埋深大。

因此，在选择排水体制时，首先满足环境保护的要求，即保证水体所受的污染程度在允许的范围内，另外还要根据水体综合利用情况、地形条件以及城市发展远景，通过经济、技术比较后综合考虑确定。图 8-27 为截流式合流制组成示意图。

二、截流式合流制排水系统的使用条件

在下列情形下可考虑采用截流式合流制排水系统：

（1）排水区域内有充沛的水体，并且具有较大的流量和流速，一定量的混合污水溢入水体后，对水体造成的污染危害程度在允许的范围内；

（2）街区、街道的建设比较完善，必须采用暗管排除雨水时，而街道的横断面又较窄，管渠的设置位置受到限制时，可考虑选用截流式合流制；

（3）地面有一定的坡度倾向水体，当水体高水位时，岸边不受淹没；

（4）排水管渠能以自流方式排入水体时，在中途不需要泵站提升；

（5）降雨量小的地区；

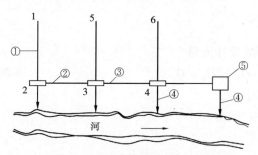

图 8-27 截流式合流制组成示意图
①—合流管道；②—截流管道；③—溢流井；
④—出水口；⑤—污水处理厂

(6) 水体卫生要求特别高的地区，污、雨水均需要处理。

三、截流式合流制排水系统布置

采用截流式合流制排水管渠系统时，其布置特点及要求是：

(1) 排水管渠的布置应使排水面积上生活污水、工业废水和雨水都能合理地排入管渠，管渠尽可能以最短的距离坡向水体；

(2) 在上游排水区域内，如果雨水可以沿道路的边沟排泄，这时可只设污水管道，只有当雨水不宜沿地面径流时，才布置合流管渠，截流干管尽可能沿河岸敷设，以便于截流和溢流；

(3) 沿水体岸边布置与水体平行的截流干管，在截流干管的适当位置上设置溢流井，以保证超过截流干管的设计输水能力的那部分混合污水，能顺利地通过溢流井就近排入水体；

(4) 在截流干管上，必须合理地确定溢流井的位置及数目，以便尽可能减少对水体的污染，减小截流干管的断面尺寸和缩短排放渠道的长度；

从对水体保护方面看，合流制管渠中的初降雨水能被截流处理，但溢流的混合污水仍会使水体受到污染。为改善水体环境卫生，需要将混合污水对排入水体的污染程度降至最低，则溢流井设置数目少一些好，其位置应尽可能设置在水体的下游。从经济方面讲，溢流井的数目多一些好，这样可使混合污水及早溢入水体，减少截流干管的尺寸，降低截流干管下游的设计流量。但是，溢流井过多，会增加溢流井和排放渠道的造价，特别在溢流井离水体较远，施工条件困难时更是如此。当溢流井的溢流堰口标高低于水体最高水位时，需要在排水渠道上设置防潮门、闸门或排涝泵站。为降低泵站造价和便于管理，溢流井应适当集中，不宜设置过多。通常溢流井设置在合流干管与截流干管的交汇处。但为降低工程造价以及减少对水体的污染，并不是在每个交汇点上都要设置。

溢流井的数目及具体位置，要根据设计地区的实际情况，结合管渠系统的布置，考虑上述因素，通过经济技术比较确定。

(5) 在汛期，因自然水体的水位增高，造成截流干管上的溢流井，不能按重力流方式通过溢流管渠向水体排放时，应考虑在溢流管渠上设置闸门，防止洪水倒灌，还要考虑设排水泵站提升排放，这时宜将溢流井适当集中，利于排水泵站集中抽升；

(6) 为了彻底解决溢流混合污水对水体的污染问题，又能充分利用截流干管的输水能力及污水处理厂的处理能力，可考虑在溢流出水口附近设置混合污水贮水池，在降雨时，可利用贮水池积蓄溢流的混合污水，待雨后将贮存的混合污水再送往污水处理厂处理。此外，贮水池还可以起到沉淀池作用，可改善溢流污水的水质。但一般所需贮水池容积较大，另外，蓄积的混合污水需设泵站提升至截流管。

目前，在我国许多城市的旧市区多采用截流式合流制，而在新建城区及工矿区则多采用分流制，特别是当生产污水中含有毒物质，其浓度又超过允许的卫生标准时，必须预先对这种污水进行单独处理达到排放的水质标准后，才能排入合流制管渠系统。

四、合流制排水管渠的水力计算

(一) 完全合流制排水管渠设计流量确定

完全合流制排水管渠系统按下式计算管渠的设计流量

$$Q_u = Q_s + Q_g + Q_y = Q_h + Q_y \tag{8-20}$$

式中　Q_u——完全合流制管渠的设计流量，L/s；

　　　Q_s——生活污水设计流量，L/s；

　　　Q_g——工业废水设计流量，L/s；

　　　Q_h——晴天时城市污水量（生活污水量和工业废水量之和），即为旱流流量，L/s；

　　　Q_y——雨水设计流量，L/s。

(二) 截流式合流制排水管渠设计流量确定

由于截流式合流制在截流干管上设置了溢流井后，对截流干管的水流状况产生的影响很大。不从溢流井溢出的雨水量，通常按旱流污水量 Q_h 的指定倍数计算，该指定倍数称为截流倍数，用 n_0 表示。其意义为通过溢流井转输到下游干管的雨水量与晴天时旱流污水量之比。如果流入溢流井的雨水量超过了 $n_0 Q_h$，则超过的雨水量由溢流井溢出，经排放渠道排入水体。所以，溢流井下游管渠（图 8-27 中的 2~3 管段）的雨水设计流量为：

$$Q_y = n_0(Q_s + Q_g) + Q'_y \tag{8-21}$$

溢流井下游管渠的设计流量，是上述雨水设计流量与生活污水平均量及工业废水最大班平均流量之和，即：

$$\begin{aligned} Q_z &= n_0(Q_s + Q_g) + Q'_y + Q_g + Q'_h \\ &= (n_0 + 1)(Q_s + Q_g) + Q'_y + Q'_h \\ &= (n_0 + 1)Q_h + Q'_y + Q'_h \end{aligned} \tag{8-22}$$

式中　Q'_h——溢流井下游汇水面积上流入的旱流流量，L/s；

　　　Q'_y——溢流井下游汇水面积上流入的雨水设计流量，按相当于此汇水面积的集水时间求得，L/s。

(三) 从溢流井溢出的混合污水设计流量的确定

当溢流井上游合流污水的流量超过溢流井下游管段的截流能力时，就有一部分的混合污水经溢流井处溢流，并通过排放渠道排入水体。其溢流的混合污水设计流量按下式计算，即：

$$Q_J = (Q_s + Q_g + Q_y) - (n_0 + 1)Q_h \tag{8-23}$$

五、截流式合流制管渠的水力计算要点

截流式合流制排水管渠一般按满流设计。水力计算方法，水力计算数据，包括设计流速、最小坡度、最小管径、覆土厚度以及雨水口布置要求与分流制中雨水管道的设计基本相同。但合流制管渠雨水口设计时应考虑防臭、防蚊蝇等措施。

合流制排水管渠水力计算内容包括下面几方面：

(一) 溢流井上游合流管渠计算

溢流井上游合流管渠的计算与雨水管渠计算基本相同，只是它的设计流量包括设计污水和工业废水以及设计雨水量。

(二) 合流管渠的雨水设计重现期

可适当高于同一情况下的雨水管道的设计重现期的 10%~25%。因为合流管渠一旦溢出，溢出混合污水比雨水管道溢出的雨水所造成的危害更为严重，所以为防止出现这种情况，应从严掌握合流管渠的设计重现期和允许的积水程度。

（三）截流干管和溢流井的计算

主要是合理地确定所采用的截流倍数 n_0 值。根据所采用的 n_0 值可按式（8-23）确定截流干管的设计流量，然后即可进行截流干管和溢流井的水力计算。从保护环境、减少水体受污染方面考虑，应采用较大的截流倍数，但从经济方面考虑，若截流倍数过大，会大大增加截流干管、提升泵站以及污水厂的设计规模和造价。同时，会造成进入污水厂的水质、水量在晴天和雨天差别很大，这给污水厂的运行管理带来极大不便。所以，为使整个合流排水管渠系统造价合理，又便于运行管理，不宜采用过大的截流倍数。

截流倍数 n_0 应根据旱流污水的水质、水量、总变化系数，水体的卫生要求及水文气象等因素经计算确定。经工程实践证明，截流倍数 n_0 值采用 2.6~4.5 是比较经济合理的。

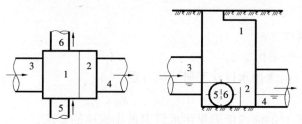

图 8-28 溢流井示意图
1—溢流井；2—堰；3—上游合流管道；4—溢流管；
5—上游截流管道；6—下游截流管道

我国《室外排水设计规范》规定截流倍数按不同排放采用 1~5。经多年工程实践，我国多数城市一般采用截流倍数 $n_0 = 3$。而美国、日本及西欧等国家多采用 $n_0 = 3~5$。

随着人们环保意识的提高，采用的截流倍数值有逐渐增大的趋势。例如美国供游泳和游览的河段，所采用截流倍数 n_0 值竟高达 30 以上。

溢流井是在井中设置截流槽，槽顶与截流干管的管顶相平，其构造见图8-28所示。

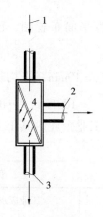

图 8-29 溢流堰式溢流井
1—合流干管；2—截流干管；3—溢流管；4—溢流堰

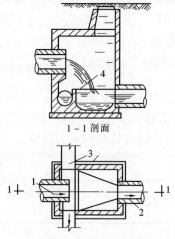

图 8-30 跳越堰式溢流井
1—雨水入流干管；2—雨水出流干管；
3—初期雨水截流干管；4—隔墙

截流槽式溢流井的溢流是设在溢流井的底部，而溢流槽流槽上顶低于合流干管与排放管道的管底，略高于截流干管的上顶。当合流干管混合污水量小于截流干管的设计流量时，混合污水由合流干管跌入溢流井内，并由溢流井流向截流干管的下游。当合流干管的流量大于截流干管的设计流量时，就会有多余的混合污水，由截流槽的上顶溢出，经溢流井下游的排放管渠排入自然水体。此外，也可采用溢流堰式和跳越堰式。其构造分别见图8-29和图8-30所示。

在溢流堰式溢流井中，堰流堰的一侧是合流干管与截流干管衔接的流槽，另一侧是溢流井的排放管渠，当合流干管的流量小于截流干管的设计流量时，混合污水直接进入截流干管，当混合污水由合流干管直接排入截流干管的流量超过截流干管的实际流量时，混合污水便溢过溢流堰，经过溢流井下游的排放管渠排入水体。

当溢流堰的堰顶线与截流干管中心线平行时，可采用下列公式计算：

$$Q = M^3 \sqrt{l^{2.5} \cdot h^{5.0}} \tag{8-24}$$

式中 Q——溢流堰出水量，m^3/s；

l——堰长，m；

h——溢流堰末端堰顶以上水层高度，m；

M——溢流堰流量系数，薄壁堰一般采用2.2。

关于其他形式溢流井的计算可参阅《给水排水设计手册》第五册。

(四) 晴天旱流流量的校核

关于晴天旱流流量的校核，应使旱流时的流速能满足污水管渠最小流速的要求，一般不宜小于0.35~0.5m/s，当不能满足时，可修改设计管渠断面尺寸和坡度。值得注意的是，由于合流管渠中旱流流量相对较小，特别是上游管段，旱流校核时往往满足不了最小流速的要求，这时可在管渠底部设置缩小断面的流槽，以保证旱流时的流速，或者加强养护管理，利用雨天流量冲洗管渠，以防发生淤塞。

六、截流式合流制管渠水力计算实例

【**例8-5**】 图8-31为某市一个区域的截流式合流干管的计算平面布置图，已知该市暴雨强度公式

$q = \dfrac{10020(1 + 0.56)}{t + 36}$，设计重现期 $P = 1a$，地面集水时间 $t_1 = 10min$，平均径流系数 $\Psi = 0.45$，设计地区人口密度 $\rho = 280$ 人/hm^2，生活污水量定额 $n = 100L/$（人·d），$K_z = 1.0$，截流倍数 $n_0 = 3$，管道起点埋深为1.75m，该区域内有五个工业企业，其工业废水量见表8-27，试进行管渠的水力计算。

工业废水量 表8-27

街区面积编号	工业废水量 (L/s)	街区面积编号	工业废水量 (L/s)
F_{I}	20	F_{IV}	90
F_{II}	30	F_{V}	35
F_{III}	90		

【**解**】 计算方法及步骤如下：

1. 划分并计算各设计管段及汇水面积，见表8-28

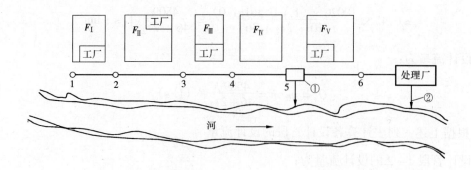

图 8-31 某市一区域截流式合流管渠计算平面示意图
①—溢流井；②—出水口

设计管段长度、汇水面积计算表　　表 8-28

管段编号	管长(m)	汇水面积（hm²）			
		面积编号	本段面积	转输面积	总汇水面积
1~2	87	F_{I}	1.24	0	1.24
2~3	128	F_{II}	1.80	1.24	3.04
3~4	59	F_{III}	0.85	3.04	3.89
4~5	138	F_{IV}	2.10	3.89	5.99
5~6	165.5	F_{V}	2.12	0	2.12

2. 确定出各检查井处的地面标高，见表 8-29

检查井处的标高　　表 8-29

检查井编号	地面标高(m)	检查井编号	地面标高(m)
1	20.200	4	19.550
2	20.000	5	19.500
3	19.700	6	19.450

3. 计算生活污水比流量 q_s

$$q_s = \frac{n \cdot \rho}{86400} = \frac{100 \times 280}{86400} = 0.324 \quad \mathrm{L/(s \cdot hm^2)}$$

则生活污水设计流量为：

$$Q_s = q_s F K_z = 0.324 F \cdot K_z \quad (\mathrm{L/s})$$

4. 确定单位面积径流量 q_0 并计算雨水设计流量

单位面积流量为：

$$q_0 = \psi \cdot q = \frac{10020 \times (1 + 0.561 \lg P)}{t + 36}$$

$$= 0.45 \times \frac{10020 \times (1 + 0.561 \lg 1.0)}{10 + 2t_2 + 36} = \frac{4509}{46 + 2t_2} (\text{L/s} \cdot \text{hm}^2)$$

则雨水设计流量为：

$$Q_y = q_0 \cdot F = \frac{4509\psi}{46 + 2t_2} F \ (\text{L/s})$$

5. 根据上述，列表计算各设计管段的设计流量

如设计管段 1~2 的设计流量为：

$$Q_{1\sim2} = Q_s + Q_g + Q_y$$

$$= 0.324 \times 1.24 \times 1.0 + 20 + \frac{4509}{46 + 2t_2} \times 1.24 \text{L/s}$$

因为 1~2 管段为起始管段，所以 $t_2 = 0$，则：

$$Q_{1\sim2} = 0.40 + 20 + \frac{4509}{46 + 0} \times 1.24 = 142 \ (\text{L/s})$$

将此结果填入表中第 12 项。

6. 根据设计管段设计流量，当 $n = 0.013$ 时，查满流水力计算表，确定出设计管段的管径、坡度、流速及管内底标高和埋设深度。其计算结果见表 8-30 中第 13、14、15、16、20、21 和 23 项。

7. 进行旱流流量校核

计算结果见表 8-30 中第 24~26 项。

下面将其部分计算说明如下：

（1）表中第 17 项设计管道输水能力是指设计管径在设计坡度条件下的实际输水能力，此值应接近或略大于第 12 项的设计总流量。

（2）1~2 管段因旱流流量太小，未进行旱流校核，应加强养护管理或采取适当措施防止淤塞。

（3）对于 5~6 管段，由于在 5 点处设置了溢流井，因此 5~6 管段可看作一个截流干管，它的截流能力为 $(n_0 + 1)Q_h = (3 + 1) \times 91.94 = 367.76(\text{L/s})$，将此值列入表中第 11 项。

（4）5~6 管段的旱流流量为 4~5 管段的旱流流量和 5~6 管段本段的旱流之和。即

$$91.94 + 35 + 0.69 = 127.63 \text{L/s}$$

（5）5~6 管段的本段旱流流量和雨水设计流量均按起始管段进行计算。

8. 溢流井的计算

经溢流井溢流的混合污水量为：

$$565.45 - 367.76 = 197.69 \text{L/s} \approx 0.20 \text{m}^3/\text{s}$$

选用溢流堰式溢流井，溢流堰顶线与截流干管的中心线平行，则：

$$Q = M^3 \sqrt{l^{2.5} \cdot h^{5.0}}$$

截流式合流干管计算表 表 8-30

管段编号	管长 (m)	汇水面积 hm²			管内流行时间 (min)		设计流量 (L/s)					设计管径 (mm)	设计坡度 ‰	管道坡降 I×L (m)
		本段	转输	总计	累计 ∑t₂	本段 t₂	雨水	生活污水	工业废水	溢流井转输水量	总计			
1	2	3	4	5	6	7	8	9	10	11	12	13	14	15
1~2	87	1.24	0	1.24	0	1.93	122	0.40	20	—	142	500	1.5	0.131
2~3	130	1.80	1.24	3.04	1.93	2.71	274.92	1.04	30	—	305.96	700	1.1	0.143
3~4	59	0.85	3.04	3.89	4.63	0.89	315.47	1.26	90	—	406.73	700	2.1	0.124
4~5	138	2.10	3.89	5.99	5.52	2.09	473.51	1.94	90	—	565.45	800	1.7	0.235
5~6	165.8	2.12	0	2.12	0	2.27	207.80	0.69	35	367.76	611.25	800	2.3	0.381

管段编号	设计流速 (m/s)	设计管道输水能力 Q (L/s)	地面标高 (m)		管内底标高 (m)		埋深 (m)		旱流校核			备注
			起点	终点	起点	终点	起点	终点	旱流流量	充满度	流速 (m/s)	
1	16	17	18	19	20	21	22	23	24	25	26	27
1~2	0.75	150	20.200	20.000	18.450	18.320	1.750	1.680	20.40			5点设溢流井
2~3	0.80	310	20.000	19.700	18.120	17.977	1.880	1.723	31.04			
3~4	1.10	410	19.700	19.550	17.977	17.853	1.723	1.697	91.26	0.335	0.83	
4~5	1.10	570	19.550	19.500	17.753	17.520	1.797	1.980	91.94	0.290	0.82	
5~6	1.22	630	19.500	19.450	17.520	17.139	1.980	2.310	127.63	0.320	1.00	

注：1~2, 2~3 管段因流量太小，未进行校核，应加强维护管理。

因薄壁堰 $M = 2.2$，则

设堰长 $l = 1.5\text{m}$，则 $Q = 2.2^3\sqrt{1.5^{2.5}h^{5.0}}$

解得 $h = 0.16\text{m}$，即溢流堰末段堰顶以上水层高度为 0.16m。该水面高度为溢流井下游管段（截流干管）起点的管顶标高。该管顶标高为 $17.520 + 0.8 = 18.320\text{m}$。

溢流堰末段堰顶标高为 $18.320 - 0.16 = 18.160\text{m}$。此值高于平均水位标高，故河水不会倒流。

七、城市旧合流制排水管渠系统的改造

城市排水管渠系统是随着城市的发展而相应地发展，在城市建设的初期，是采用合流明渠排除雨水和少量污水，并将它们直接排入附近水体。

随着城市工业的发展和人口增加与集中，城市的污水和工业废水量也相应增加，其污水的成分也更加复杂。为改善城市的卫生条件，保证市区的环境卫生，虽然将明渠改为暗流，但污水仍是直接排入附近的水体，并没有改变城市污水对自然水体的污染。

根据有关资料介绍日本有 70% 左右、英国有 67% 左右的城市采用完全合流制排水系统。我国绝大多数城市也采用这种排水系统，随着城市和工业的进一步发展，污水水量将迅速增加，势必造成水体的严重污染。为此，为保护自然环境，保护水体，就必须对城市已建的旧合流制排水管渠系统进行改造。

目前,对城市旧合流制排水系统的改造,通常有以下几种途径:

1. 改原有的合流制为分流制

将合流制改为分流制可彻底解决城市污水对水体的污染,此方法由于雨水、污水分流,需要处理的污水量将相对减少,进入污水处理厂的水质、水量变化也相对较小,所以有利于污水厂的运行管理。通常,在具有以下条件时,可考虑将合流制改造为分流制:

(1) 住房内部有完善的卫生设备,便于生活污水与雨水分流;

(2) 工厂内部可清浊分流,便于将符合要求的生产污水直接排入城市管道系统,将清洁的工业废水排入雨水管渠系统,或将其循环、循序使用;

(3) 城市街道的横断面有足够的位置,允许设置由于改建成分流制而需增建的污水或雨水管道,并且在施工中不对城市的交通造成很大的影响;

(4) 旧排水管渠输水能力基本上已不能满足需要,或管渠损坏渗漏已十分严重,需要彻底改建而设置新管渠。

在一般情况下,住房内部的卫生设备目前已日趋完善,将生活污水与雨水分流比较容易做到。但是,工厂内部的清浊分流,由于已建车间内工艺设备的平面位置和竖向布置比较固定,不太容易做到。由于旧城市的街道比较窄,而城市交通量较大,地下管线又较多,使改建工程不仅耗资巨大,而且影响面广,工期相当长,在某种程度上甚至比新建的排水工程更为复杂,难度更大。

2. 保留合流制,改造为截流式合流制管渠

将合流制改为分流制可以完全控制混合污水对水体的污染,但是由于投资大、施工困难等原因而较难在短期内做到。目前旧合流制的改造多采用保留合流制,修建截流干管即改造成截流式合流制排水系统。从这种系统的运行情况看,截流式合流制排水系统并没有杜绝污水对水体的污染,而溢流的混合污水中不仅含有部分旱流污水,同时也来带有晴天沉积在管底的污物。根据有关资料介绍,1953~1954年,由伦敦溢流入泰吾士河的混合污水的 BOD_5 浓度高达221mg/L,而进入污水处理厂的 BOD_5 也只有239~281mg/L。可见,溢流混合污水的污染程度仍然是相当严重的,足以造成对水体局部或全局污染。

3. 对溢流混合污水进行适当处理

随着城市建设的发展和人口的增长,从截流式合流制排水管渠中溢流的混合污水,将造成对自然水体的严重污染。所以,为保护水体,在规划设计时需要从以下几方面考虑:
(1) 截流倍数的选用要适当提高,我国现用的截流倍数是以平均污水量为标准的,它实质上只有国外常用最大时污水量为标准值的50%~60%。我国《室外排水设计规范》建议采用的截流倍数1~5倍只相当于国外的0.5~3倍。根据国外经验及我国江河污染的严重情况看,所用 n_0 值应根据不同地区的水体稀释能力和自净能力作不同程度的提高。(2) 对溢流的混合污水进行适当的处理。处理措施包括细筛滤、沉淀以及其他必要的措施。

4. 对溢流的混合污水量采取有效的控制措施

为减少溢流混合污水对水体的污染,可利用公园、湖泊、小河及池塘等,作为限制暴雨进入管渠的临时蓄水池等蓄水措施,消减高峰径流量,达到减少混合污水的排放量。根据美国的研究结果,采用透水性路面或没有细料的沥青混合路面,可消减高峰径流量的83%。这种作法是利用设计地区土壤有足够的透水性,而且地下水位较低的地区,采用提高地表持水能力和地表渗流能力的措施减少暴雨径流,降低溢流的混合污水量。若采用此

种措施时，应定时清理路面防止阻塞。

城市旧合流制排水渠系统的改造是一项很复杂的工作，必须根据当地的具体情况，与城市规划相结合，在确保水体免受污染的条件下，充分发挥原有管渠系统的作用，使改造方案既有利保护环境，经济合理又切实可行。

思考题与习题

1. 雨水管渠系统由哪几部分组成？各组成部分的作用是什么？
2. 雨水管渠系统布置的原则是什么？
3. 暴雨强度与哪些因素有关？为什么降雨历时越短，重现期越长，暴雨强度越大？
4. 分散式和集中式排放口的雨水管渠布置形式有何特点？适用什么条件？
5. 如何进行雨水口的布置？其基本要求是什么？
6. 雨水管渠设计流量如何计算？
7. 为什么在计算雨水管道设计流量时，要考虑折减系数？
8. 如何确定暴雨强度重现期 P、地面集水时间 t_1、管内流行时间 t_2 及径流系数？
9. 为什么雨水和合流制排水管渠要按满流设计？
10. 雨水径流调节有何意义？常用调节池有哪些布置形式？试说明工作原理。调节池容积如何计算？
11. 如何确定洪峰设计流量？
12. 如何进行排洪沟的设计？
13. 为什么旧合流制排水系统的改造具有必要性，如何进行改造？
14. 合流制排水管渠溢流井上、下游管渠的设计流量计算有何不同？如何合理确定截流倍数？
15. 极限强度法的基本假设条件是什么？与实际情况不符时如何解决？
16. 试述雨水管渠水力计算步骤？
17. 在进行雨水管渠设计流量计算时，若出现下游管渠的设计流量比上游小时，说明什么？应该采用什么方法解决？
18. 雨水管渠和污水管渠在水力计算中有哪些不同？
19. 从某市一场暴雨自记雨量记录中求得 5、10、15、20、30、45、60、90、120min 的最大降雨量分别是 13、20.7、27.2、33.5、43.9、45.8、46.7、47.3、47.7mm，试计算各降雨历时的最大平均暴雨强度 I (mm/min) 和 q (L/(s·hm^2)) 值。
20. 某城市居住区面积共 26hm^2，其中屋面面积占 26%，沥青道路面占 14%，级配碎石路面占 10%，非铺砌石路面占 3%，绿地占 35%，试计算该区的平均径流系数。
21. 某市某小区面积共 20.5hm^2，其平均径流系数 $\psi_{av} = 0.55$，当采用设计重现期为 $P = 5a$、2a、1a 及 0.5a 时，计算设计降水历时 $t = 10$mm 时的雨水设计流量各是多少？
22. 某工厂已有天然梯形断面砂砾石河床的排洪沟，其总长 L 为 580m，沟纵向坡度 I 为 4.3‰，排洪沟粗糙系数 n 为 0.025，其边坡为 1:m=1:1.5，沟底宽为 2.2m，沟顶宽为 6.2m，沟深为 1.4m。当采用设计重现期为 50a 时，洪峰流量为 15.500m^3/s。试复核已有排洪沟的通水能力。
23. 天津市某居住小区部分雨水管道平面布置如图 8-32 所示。已知该市采用暴雨强度公式 $q = \dfrac{500(1 + 1.38\lg P)}{t^{0.65}}$，设计重现期 $P = 1a$，经计算径流系数 $\psi_{av} = 0.60$，地面集水时间 $t_1 = 10$min，折减系数 $m = 2.0$，采用钢筋混凝土管，粗糙系数 $n = 0.013$。管道起点埋深为 1.55m。试进行雨水管道的水力计算。
24. 某市一工业区拟采用合流制排水系统，其平面布置见图 8-33。各设计管段长度、汇水面积和工业废水量见表 8-28 中所示。各处检查井的地面标高见表 8-29。该设计地区的人口密度 450cap/hm^2，生活污水量标准 120L/(人·d)，截流倍数 n_0 为 3；设计重现期为 1a，地面集水时间为 10min，经计算平均径流系数为 0.60，该设计地区暴雨强度公式为 $q=\dfrac{10020(1+0.56\lg P)}{t+36}$，管道起点埋深 1.60m。试进行管段 1~6 的水力计算。

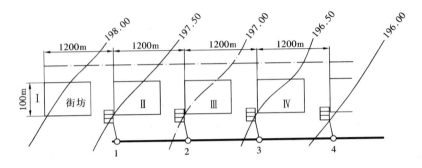

图 8-32　某市居住小区部分雨水管道平面布置图

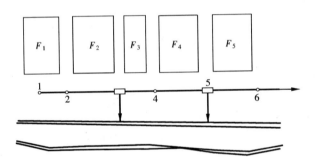

图 8-33　某市一工业区合流管道平面布置示意图

第九章 排水管渠材料及附属构筑物

在排水系统中,管渠是系统中最主要的组成部分。为及时、有效地收集输送排除城市污水和天然降雨,保证管渠系统的正常工作,必须将管渠及其附属物连成枝状网络形成排水管网系统。

第一节 排水管渠的材料及断面

一、排水管渠的材料

排水管渠的材料有:混凝土、钢筋混凝土、石棉水泥、陶土、铸铁、塑料等。

（一）对排水管渠材料的要求

（1）必须具有足够的强度,以承受土壤压力及车辆行驶造成的外部荷载和内部的水压,以保证在运输和施工过程中不致损坏;

（2）应具有较好的抗渗性能,以防止污水渗出和地下水渗入。若污水从管渠中渗出,将污染地下水及附近房屋的基础;若地下水渗入管渠,将影响正常的排水能力,增加排水泵站以及处理构筑物的负荷;

（3）应具有良好的水力条件,管渠内壁应整齐光滑,以减少水流阻力,使排水畅通;

（4）应具有抗冲刷、抗磨损及抗腐蚀的能力,以使管渠经久耐用;

（5）排水管渠的材料,应就地取材,可降低管渠的造价,提高进度,减少工程投资。

排水管渠材料的选择,应根据污水性质,管道承受的内、外压力,埋设地区的土质条件等因素确定。

（二）常用排水管渠

目前,在我国城市和工业企业中常用的排水管道有:混凝土管、钢筋混凝土管、金属管、沥青混凝土管、陶土管、低压石棉管、塑料管等。下面介绍几种常用的排水管渠。

1. 非金属管

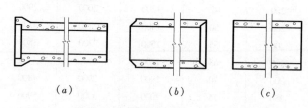

图 9-1 混凝土和钢筋混凝土排水管道的管口形式
(a) 承插式；(b) 企口式；(c) 平口式

（1）混凝土管:以混凝土做为主要材料制成的圆形管材,称为混凝土管（又称素混凝土管）。混凝土管的管径一般小于450mm,长度一般为1m。用捣实法制造的管长仅为0.6m。混凝土管适用于排除雨水、污水。用于重力流管,不承受内压力。管口通常有三种形式:即承插式、企口式、平口式。图 9-1 为混凝土和钢筋混凝土排水管道的管口形式。

制做混凝土的原料充足,可就地取材,制造价格较低,其设备、制造工艺简单,因此被广泛采用。其主要缺点是,抗腐蚀性能差,耐酸碱及抗渗性能差,同时抗沉降、抗震性能也差，管节短、接头多、自重大。

混凝土一般在专门的工厂预制，但也可在现场浇制。混凝土排水管的规格见表9-1。

(2) 钢筋混凝土管：当排水管道的管径大于500mm时，为了增强管道强度，通常是加钢筋而制成钢筋混凝土管。当管径为700mm以上时，管道采用内外两层钢筋，钢筋的混凝土保护层为25mm。钢筋混凝土管适用于排除雨水、污水。当管道埋深较大或敷设在土质条件不良的地段，以及穿越铁路、河流、谷地时都可以采用钢筋混凝土管。其管径从500mm至1800mm，最大管径可达2400mm，其管长在1~3m之间。若将钢筋加以预应力处理，便制成预应力钢筋混凝土管，但这种管材使用不多，只有在承受内压较高，或对管材抗弯、抗渗要求较高的特殊工程中采用。

混凝土排水管的规格　　　　　　　　　　　　　　　　　表9-1

序号	公称内径(mm)	最小管长(mm)	管最小壁厚(mm)	外压试验（kg/m²）	
				安全荷载	破坏荷载
1	200	1000	27	1000	1200
2	250	1000	33	1200	1500
3	300	1000	40	1500	1800
4	350	1000	50	1900	2200
5	400	1000	60	2300	2700
6	450	1000	67	2700	3200

钢筋混凝土管的管口有三种形式：承插式、企口式和平口式（参见图9-1）。为便于施工，在顶管法施工中常用平口管。

钢筋混凝土管按照荷载要求，分为轻型钢筋混凝土管和重型钢筋混凝土管。其部分管道规格见表9-2、9-3。

轻型钢筋混凝土排水管道规格　　　　　　　　　　　　　表9-2

公称内径(mm)	管体尺寸		套环			外压试验		
	最小管长(mm)	最小壁厚(mm)	填缝宽度(mm)	最小管长(mm)	最小壁厚(mm)	安全荷载(kg/m²)	裂缝荷载(kg/m²)	破坏荷载(kg/m²)
200	2000	27	15	150	27	1200	1500	2000
300	2000	30	15	150	30	1100	1400	1800
350	2000	33	15	150	33	1100	1500	2100
400	2000	35	15	150	35	1100	1800	2400
450	2000	40	15	200	40	1200	1900	2500
500	2000	42	15	200	42	1200	2000	2900
600	2000	50	15	200	50	1500	2100	3200
700	2000	55	15	200	55	1500	2300	3800
800	2000	65	15	200	65	1800	2700	4400
900	2000	70	15	200	70	1900	2900	4800
1000	2000	75	18	250	75	2000	3300	5900
1100	2000	85	18	250	85	2300	3500	6300
1200	2000	90	18	250	90	2400	3800	6900
1350	2000	100	18	250	100	2600	4400	8000
1500	2000	115	22	250	115	3100	4900	9000
1650	2000	125	22	250	125	3300	5400	9900
1800	2000	140	22	250	140	3800	6100	11100

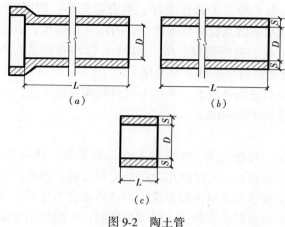

图 9-2 陶土管
(a) 承插管；(b) 直管；(c) 管箍

(3) 陶土管：陶土管又称缸瓦管，是用塑性耐火黏土制坯，经高温焙烧制成的。为了防止在焙烧过程中产生裂缝应加入耐火黏土（或掺入若干矿沙），经过研细、调和、制坯、烘干等过程制成。在焙烧过程中向窑中撒食盐，其目的在于食盐和粘土的化学作用而在管子的内外表面形成一种酸性的釉，使管子光滑、耐磨、耐腐蚀、不透水，能满足污水管道在技术方面的要求。特别适用于排除酸性、碱性废水。在世界各国被广泛采用。但陶土管质脆易碎、强度低不能承受内压，管节短，接口多。管径一般不超过600mm，因为管径太大在烧制时易产生变形，难以接合，废品率较高；管长在0.8~1.0m左右。为保证接头填料和管壁牢固接合，在平口端的齿纹和钟口端的齿纹部分都不上釉。图9-2为陶土管外形示意图，表9-4为部分陶土管规格表。

重型钢筋混凝土排水管道规格 表 9-3

公称内径 (mm)	管体尺寸		套 环			外压试验		
	最小管长 (mm)	最小壁厚 (mm)	填缝宽度 (mm)	最小管长 (mm)	最小壁厚 (mm)	安全荷载 (kg/m^2)	裂缝荷载 (kg/m^2)	破坏荷载 (kg/m^2)
300	200	58	15	150	60	3400	3600	4000
350	200	60	15	150	65	3400	3600	4400
400	200	65	15	150	67	3400	3800	4900
450	200	67	15	200	75	3400	4000	5200
500	200	75	15	200	80	3400	4200	6100
650	200	80	15	200	90	3400	4300	6300
750	200	90	15	200	95	3600	5000	8200
850	200	95	15	200	100	3600	5500	9100
950	200	100	18	250	110	3600	6100	11200
1050	200	110	18	250	125	4000	6600	12100
1350	200	125	18	250	175	4100	8400	13200
1550	200	175	18	250	60	6700	10400	18700

陶土管管材规格表 表 9-4

序号	管径 D (mm)	管长 L (mm)	管壁厚 Δ (mm)	管重 (kg/根)	备注
1	150	0.9	19	25	
2	200	0.9	20	28.4	
3	250	0.9	22	45	$D=150~350mm$, 安全内压为29.4kPa;
4	300	0.9	26	67	$D=400~600mm$,
5	350	0.9	28	76.5	安全内压为19.6kPa,
6	400	0.9	30	84	吸水率为11%~15%,
7	450	0.7	34	110	耐酸度为95%以上。
8	500	0.7	36	130	
9	600	0.7	40	180	

(4)塑料排水管：由于塑料管具有表面光滑、水力性能好、水力损失小、耐磨蚀、不易结垢、重量轻、加工接口搬运方便、漏水率低及价格低等优点，因此，在排水管道工程中已得到应用和普及。其中聚乙烯（PE）管、高密度聚乙烯（HDPE）管和硬聚氯乙烯（UPVC）管的应用较广。但塑料管主要缺点是管材强度低、易老化。

目前，在国内有许多企业通过技术创新引进国外技术，采用不同材料和创造工艺，生产出各种不同规格的塑料排水管道，其管径从 15～400mm。

2. 金属管

金属管质地坚固，强度高，抗渗性能好，管壁光滑，水流阻力小，管节长，接口少，且运输和养护方便。但价格较贵，抗腐蚀性能较差。大量使用会增加工程投资，因此，在排水管道工程中一般采用较少。只有在外荷载很大或对渗漏要求特别高的场合下才采用金属管。如一般排水管穿过铁路、高速公路以及邻近给水管道或房屋基础时，一般都用金属管。通常采用的金属管是铸铁管。连接方式有承插式和法兰式两种。

排水铸铁管：经久耐用，有较强的耐腐蚀性，缺点是质地较脆，不耐振动和弯折，重量较大。连接方式有承插式和法兰式两种。

钢管可以用无缝钢管，也可以用焊接钢管。钢管的特点是能耐高压、耐振动、重量较轻、单管的长度大和接口方便，但耐腐蚀性差，采用钢管时必须涂刷耐腐蚀的涂料并注意绝缘，以防锈蚀。钢管用焊接或法兰接口。

此外，在压力管线（如倒虹管和水泵出水管）或严重流砂、地下水位较高以及地震地区采用金属管材。因金属管材抗腐蚀性差，在用于排水管道工程时，应注意采取适当的防腐措施。

合理选择排水管道，将直接影响工程造价和使用年限，因此排水管道的选择是排水系统设计中的重要问题。主要可从以下三个方面来考虑：一是看市场供应情况；二是从经济上考虑；三是满足技术方面的要求。

在选择排水管道时，应尽可能就地取材，采用易于制造，供应充足的材料。在考虑造价时，不但要考虑管道本身的价格，而且还要考虑到施工费用和使用年限。例如，在施工条件较差（地下水位高、严重流砂）的地段，如果采用较长的管道可以减少管道接头，可降低施工费用；如在地基承载力较差的地段，若采用强度较高的长管，对基础要求低，可以减少敷设费用。

此外，有时管道在选择时也受到技术上的限制。例如，在有内压力的管段上，必须采用金属管或钢筋混凝土管；当输送侵蚀性的污水或管外有侵蚀性地下水时，则最好采用陶土管。

3. 大型排水沟渠

一般大型排水沟渠断面多采用矩形、拱形、马蹄形等。其形式有单孔、双孔、多孔。建造大型排水沟渠常用的材料有砖、石、混凝土块和现浇钢筋混凝土等。在采用材料时，尽可能就地取材。其施工方法有：现场砌筑、现场浇筑、预制装配等。一般大型排水沟渠可由基础渠底、渠身、渠顶等部分组成。在施工过程中通常是现场浇筑管渠的基础部分，然后再砌筑或装配渠身部分，渠顶部分一般是预制安装的。此外，建造大型排

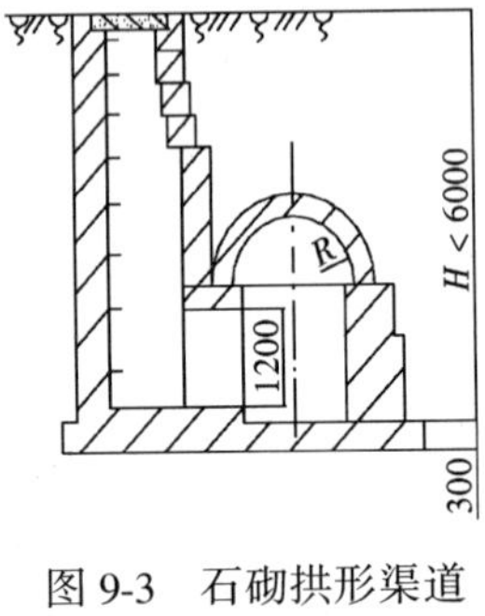

图 9-3 石砌拱形渠道

水沟渠也有全部浇筑或全部预制安装的。图 9-3、图 9-4、图 9-5 为石砌拱形渠道和矩形钢筋混凝土渠道示意图。

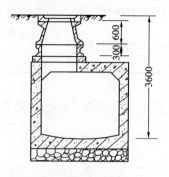

图 9-4 矩形钢筋混凝土渠道

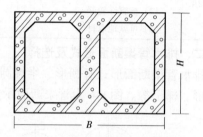

图 9-5 双孔矩形钢筋混凝土暗渠

对于大型排水沟渠的选择，除了应考虑其受力、水力条件外，还应结合施工技术、材料的来源、经济造价等情况，经分析比较后，确定出适合设计地区具体实际情况，既经济又合理的沟渠。由于大型排水沟渠，其最佳过水断面往往显得窄而深，这不仅会使土方工程的单价提高，而且在施工过程中可能遇到地下水或流砂，势必会增加工程中施工的困难。因此，对大型排水沟渠应选用宽而浅的断面形式。表 9-5 为管件排水管材种类及适用条件，供参考。

常用排水管材种类、优缺点及适用条件　　　　　　表 9-5

管材种类	优 点	缺 点	适用条件
钢管及铸铁管	(1) 质地坚固，抗压、抗振性强 (2) 每节管子较长，接头少	(1) 价格高昂 (2) 钢材对酸碱的防蚀性较差	适用于受高内压、高外压或对抗渗漏要求特别高的场合，如泵站的进出水管，穿越其他管道的架空管，穿越铁路、河流、谷地等
陶土管（无釉、单面釉、双面釉）	(1) 双面釉耐酸碱，抗腐蚀性强 (2) 便于制造	(1) 质脆，不宜远运，不能受内压 (2) 管节短，接头少 (3) 管径小，一般不大于 600mm (4) 有的断面尺寸不规格	适用于排除侵蚀性污水或管外有侵蚀性地下水的自流管
钢筋混凝土管及混凝土管	(1) 造价较低，耗费钢材少 (2) 大多数是在工厂预制，也可现场浇制 (3) 可根据不同的内压和外压分别设计制成无压管、低压管、预应力管及轻重型管等 (4) 采用预制管时，现场施工期间较短	(1) 管节较短，接头较少 (2) 大口径管重量大，搬运不便 (3) 容易被含酸含碱的污水侵蚀	钢筋混凝土管适用于自流管、压力管或穿越铁路（常用顶管施工）、河流、谷地（常做成倒虹管）等； 混凝土管适用于管径较小的无压管

201

续表

管材种类	优点	缺点	适用条件
砖砌沟渠	(1) 可砌筑成多种形式的断面—矩形、拱形、圆形等 (2) 抗腐性较好 (3) 可就地取材	(1) 断面小于300mm时不易施工 (2) 现场施工时间较预制管长	适用于大型下水道工程

二、排水管渠断面形式及选择

排水管渠断面形式有圆形、半椭圆形、马蹄形、拱顶矩形、蛋形、矩形、弧形及流槽的矩形、梯形等。图9-6为管渠断面示意图。

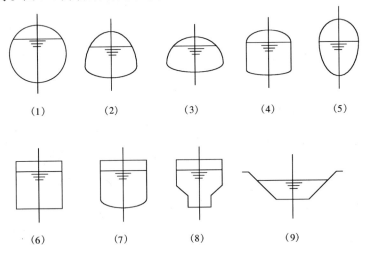

图 9-6 常用管渠断面
(1) 圆形；(2) 半椭圆形；(3) 马蹄形；(4) 拱顶矩形；(5) 蛋形；
(6) 矩形；(7) 弧形流槽的矩形；(8) 带低流槽的矩形；(9) 梯形

1. 圆形断面

当排水管道直径在小于 2m 时，并且地质条件较好，一般情况下，常选用圆形断面。由于该断面具有水力条件好，与其他形状断面比较，在流量、坡度及管内壁粗糙系数一定的条件下，指定的断面面积具有最大的水力半径和最大的流速。因为当面积一定时，以圆形周长为最短，湿周 x 最小，水力半径 R 最大。此外，圆形管道的受力条件好，对外力的抵抗能力强，且便于运输、施工及维护管理。同时，圆形管便于预制，使用材料较经济。因此，圆形管在排水工程中被广泛采用。

2. 半椭圆形断面

在土压力和活荷载较大时，可以较好的分配管壁压力，因而可以减少管渠的厚度，在污水量无大变化及管渠直径大于 2m 时，采用此种断面较为合适。

3. 马蹄形断面

其高度小于宽度，在地质条件较差或地形平坦需减少埋深时，可采用此种断面形式。此外，由于这种断面下部较大，适宜输送流量变化不大的大流量污水。

4. 蛋形断面

该断面由于底部较小，从理论上讲，在小流量时，仍可维持较大的流速，水力条件好，从而可减少淤积。但是，通过对管渠养护、管理的实践证明，此种断面的疏通工作比较困难，亦不便于制作、运输及施工。因此，目前采用较少。

5．矩形断面

矩形断面形式构造简单，施工方便，适用多种建筑材料建造，并能现场浇制或砌筑，具有使用灵活的特点，可根据需要调整其高度和宽度，以增大排水量。如某些工业企业的污水管渠、路面狭窄地区的排水管渠以及排洪沟通常采用此种断面形式。另外，为改善受力和水力条件，在矩形断面的基础上加以改进，一般是将矩形渠道底部用细石混凝土或水泥砂浆做成弧形流槽，可利用此流槽排除合流制系统中的非雨天时的城市污水，来获得较大的流速，从而减少管渠淤积的可能。另外，也可将渠顶砌成拱形以更好的分配管壁压力。为加快施工进度，可加大预制块的尺寸。图 9-7、9-8 为预制混凝土块拱形渠道和预制混凝土块污水渠道示意图。

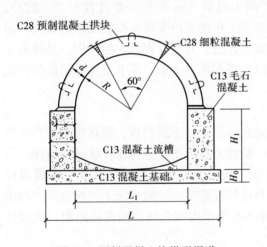

图 9-7　预制混凝土块拱形渠道

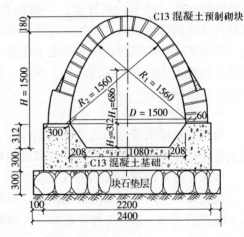

图 9-8　预制混凝土块污水渠道

6．梯形断面

在明渠排水中常用梯形断面。其形式、结构简单，便于施工，可用多种材料建造。梯形明渠的底宽，一般不应小于 0.3m，以便于渠道的清淤、维护及管理。明渠采用砖、石、混凝土块铺砌时，一般采用 1:0.75～1:1 的边坡。对于无铺砌的明渠，可根据不同的土质按表 9-6 的要求选用。

梯形明渠土质与边坡　　　　表 9-6

序号	明渠土质	边坡	序号	明渠土质	边坡
1	粉砂	1:3～1:3.5	6	砾石土、卵石土	1:1.25～1:1.5
2	松散细砂、中粗砂	1:2～1:2.5	7	半岩性土	1:0.5～1:1
3	细实的细砂、中砂	1:1.5～1:2	8	风化岩石	1:0.25～1:0.5
4	粗砂、黏质砂土	1:1.5～1:2	9	岩石	1:0.1～1:0.25
5	砂质黏土、黏土	1:2.5～1:1.5			

在排水管渠断面形式选择时，考虑的主要因素有：管渠的受力情况、水力条件、施工

技术、经济造价以及养护管理等。其基本要求是：管渠结构必须要有较好的稳定性，能够抵抗内外压力和地面荷载；水力学方面，在断面面积一定时，应具有最大排水能力，并在一定流速下不产生淤积、沉淀；在养护管理方面，管道断面不易产生淤积，并且易于冲洗；在经济方面，每单位长度的造价应是较低的。

第二节 排水管渠系统上的构筑物

为保证及时有效地收集、输送、排除城市污水及天然降雨，保证排水系统正常的工作，在排水系统上除设置管渠以外，还需要在管渠上设置一些必要的构筑物。常用的构筑物有检查井、跌水井、水封井、溢流井、冲洗井、倒虹管、雨水口及出水口等。这些附属构筑物对排水系统的工作有很重要的影响，其中有些构筑物在排水系统中所需要的数量很多，它们在排水系统的总造价中占有相当的比例。例如，为便于管渠的维护管理，通常都应设置检查井，对于污水管道，一般在直线管段上每隔50m左右需要设置一个。此外，有些构筑物的造价很高，如倒虹管等。它们对排水工程的造价及将来的使用影响很大。因此，如何使这些构筑物在排水系统中建造的经济、合理，并能发挥最大的作用，是排水工程设计和施工中的重要课题之一。因此，须予以重视和慎重考虑。本节主要介绍这些构筑物的作用及构造。

一、检查井

为便于对排水管道系统进行定期检修、清通和连结上、下游管道，须在管道适当位置上设置检查井。当管道发生严重堵塞或损坏时，检修人员可下井进行操作疏通和检修。

检查井通常设置在管道的交汇、转弯和管径、坡度及高程变化处。在排水管道设计中，检查井在直线管径上的最大间距，可根据具体情况确定，一般情况下，检查井的间距按50m左右考虑。表9-7为检查井最大间距，表9-8为国内部分城市检查井间距，供设计时参考。

直线管道上检查井间距　　表9-7

管 别	管径或暗渠净高（mm）	最大间距（m）	常用间距（m）
污水管道	≤400	40	20~35
	500~900	50	35~50
	1000~1400	75	50~65
	≥1500	100	65~80
雨水管道合流管道	≤600	50	25~40
	700~1100	65	40~55
	1200~1600	90	55~70
	≥1800	120	70~85

注：管径或暗渠高于2000mm时，检查井最大间距可适当增大。

随着城市范围的扩大，排水设施标准的提高，有些城市出现管径大于2000mm的排水管渠，管渠的净高度可允许养护人员或机械进入管渠内检修养护，为此在不影响用户接管的前提下，检查井最大间距可适当增大。

检查井的平面形状一般为圆形，大型管渠的检查井也有矩形和扇形（参见图9-9，

9-10、9-11)。

按检查井的作用有雨水检查井和污水检查井。其构造和使用条件基本相同,只是井内的流槽高度有差别。

建造检查井的材料一般是砖、石、混凝土或钢筋混凝土。在国外多采用钢筋混凝土预制。近年来,美国已经开始采用聚合物混凝土预制的检查井。我国目前则多采用砖砌,以水泥浆抹面。

检查井的基本构造可由基础、井底、井身、井盖和井盖座等部分组成,图 9-12 为检查井构造。

国内部分城市检查井间距　　　　　　　　　　　　　表 9-8

城　市	管径(mm)	污水检查井间距(m)	雨水(合流)检查井间距(m)
北　京	300～900 1500～1950	35～45 70～80	35～45 40～50
上　海		35	35
天　津	<800	30～40	40～50
南　京		30	30
济　南	300	30	30
广　州	200～1200	30	30
杭　州		50	30～50
沈　阳			40
长　春	300～600 600～1000	40 50	40 50
石家庄			40～50
郑　州	900	60	50
哈尔滨		40～50	40～50

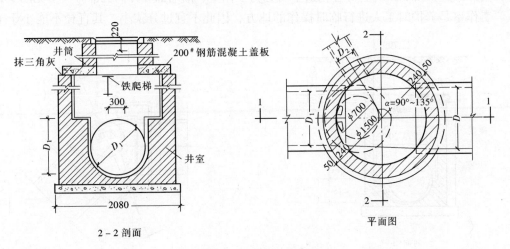

图 9-9　圆形污水检查井

检查井的井底材料一般采用低标号混凝土，基础采用碎石、卵石、碎砖夯实或低标号混凝土。为使水流流过检查井时阻力小，井底应设连结上、下管道的半圆形或弧形流槽，两侧为直壁。污水管道的检查井流槽顶与上、下游管道的管顶相平，或与 0.85 倍大管管径处相平。雨水管渠和合流管渠的检查井流槽顶可与 0.5 倍管径处相平。流槽两侧至检查井壁间的地板（称沟肩）应有一定宽度，一般应不小于 20cm，以便养护人员井下立足，并应有 0.02~0.05 的坡度坡向流槽，以防止检查井内积水时淤泥沉积。在管道转弯或管道的交汇处，流槽中心线的弯曲半径应按转角大小和管径大小确定，并且不得小于大管的管径，其目的是为了使水流畅通。检查井井底各种流槽的平面形式见图 9-13。

根据某些城市排水管道的养护经验，为有利于管渠的清淤，应每隔一定距离（约 200m 左右），将井底做成落底为 0.5~1.0m 的沉积槽。

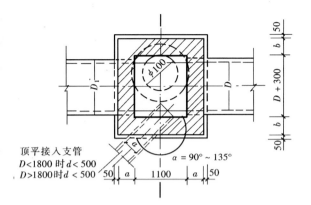

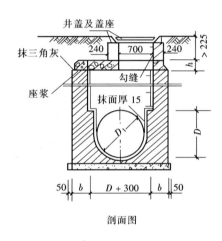

图 9-10 矩形污水检查井

检查井的井身构造与是否需要工人下井有密切关系。不需要下人的浅井，其构造很简单，一般为直壁筒形，井径一般在 500~700mm，见图 9-14 所示。而对于经常要检修的检查井，其井口大于 800mm 为宜。在构造上可分为工作室、渐缩部和井筒三部分（参见图 9-12）。工作室是养护时工人进行临时操作的地方，因此不宜过分狭小，其直径不能小于 1m。

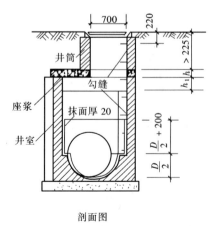

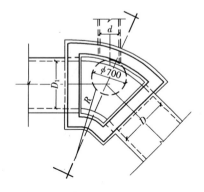

图 9-11 扇形雨水检查井

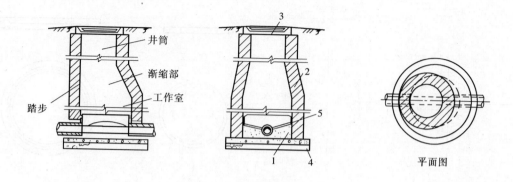

图 9-12 检查井构造图
1—井底；2—井身；3—井盖及盖座；4—井基；5—沟肩

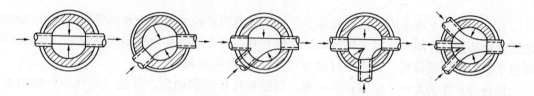

图 9-13 检查井底流槽的形式

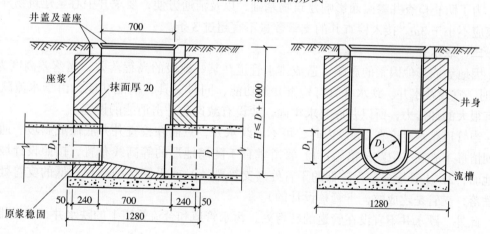

图 9-14 不需下人的检查井

其高度在埋深许可时一般采用 1.8m 或更高些，污水检查井由流槽顶算起，雨水（合流）检查井由管底起算。为降低造价，缩小井盖尺寸，井筒直径比工作室小，考虑到工人在检修时出入安全和方便，其直径不应小于 0.7m。井筒与工作室之间可采用锥形渐缩部连接，渐缩部高度一般为 0.6~0.8m，另外，也可以在工作室顶偏向出水管道一边加钢筋混凝土盖板梁。为便于工人检查时上下方便，井身在偏向进水管的一边保持直立，并设有牢固性好、抗腐蚀性强的爬梯。

检查井的井盖形式常用圆形，其直径采用 0.65~0.70m，可采用铸铁或钢筋混凝土材料制造。在车行道上一般采用铸铁井盖和井座，为防止雨水流入，盖顶略高出地面。在人行道或绿化地带内可采用钢筋混凝土制造的井盖及盖座，见图 9-15、图 9-16。

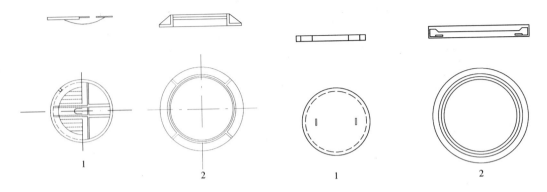

图 9-15 轻型铸铁井盖及盖座　　　　图 9-16 轻型钢筋混凝土井盖及盖座
　　1—井盖；2—盖座　　　　　　　　　　1—井盖；2—盖座

合流制管渠上可采用雨水检查井。当排除具有腐蚀性的工业废水的管渠，要采用耐腐蚀性管材和接口，同时也要采用耐腐蚀性检查井，即在检查井内作耐腐蚀衬里（如耐酸陶瓷衬里、耐酸瓷板衬里、玻璃钢衬里等），或采用花岗岩砌筑。

检查井尺寸的大小，应按管道埋深、管径和操作要求确定，详见《给排水标准图集》S231、S232、S233。

为了防止检查井渗漏而影响建筑物基础，以及清通方便，要求井中心至建筑物外墙的距离应不小于 3m。接入检查井的支管数量不宜超过 3 条。

二、跌水井

因地势或其他因素的影响，造成排水管道在某些地段的高程落差，当落差高度为 1~2m 时，宜设跌水井。跌水井具有检查井的功能，同时又具有消能功能，由于水流跌落时具有很大的冲击力，所以井底要求牢固，要设有减速防冲击消能的设施。

当管道跌水高度在 1m 以内时，可不设跌水井，只需在检查井井底做成斜坡。通常在下列情形下必须采取跌落措施：1）管道垂直于陡峭地形的等高线布置，按照设计坡度露出地面；2）支管接入高程较低的干管处（支管跌落）或干管接纳高程较低的支管处（干管跌落，支管是建成的，干管是设计的）。

此外，跌水井不宜设在管道的转弯处，污水管道和合流管道上的跌水井，宜设排气通风管。

目前，常用的跌水井有竖管式、溢流堰式和阶梯式跌水井。如图 9-17、9-18、9-19 所示。

竖管式跌水井，一般可不做水力计算，它适用于管径 $D \leq 400mm$ 的管道。竖管式跌水井的一次允许跌落高度随管径大小不同而异。当管径小于 200mm 时，一次跌水水头高度不得大于 6m；当管径为 300~400mm 时，一次跌水高度不宜大于 4m；当管径大于 400mm 时，一次跌水高度按水力计算确定。

当管道管径大于 400mm，采用溢流堰式跌水井时，其跌水水头高度、跌水方式及井身长度应通过有关水力计算来确定。也可采用阶梯式跌水井。其跌水部分为多级阶梯，逐步消能。跌水井的井底及阶梯要考虑对水流冲刷的防护，应采取必要的加固措施。

有关跌水井其他形式及尺寸，详见《给水排水标准图集》S234。

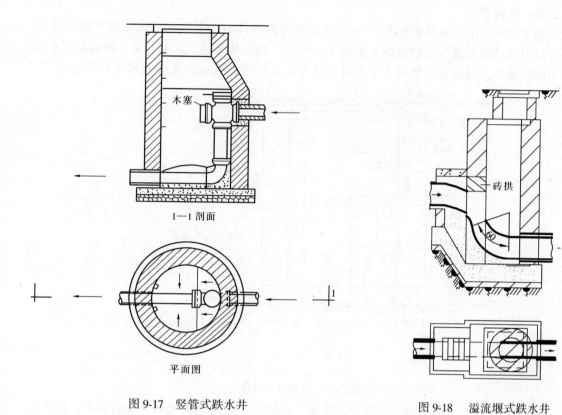

图 9-17 竖管式跌水井

图 9-18 溢流堰式跌水井

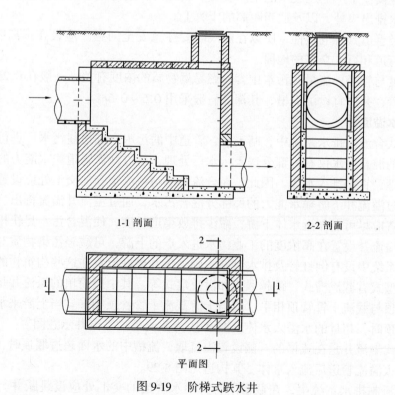

图 9-19 阶梯式跌水井

三、水封井

当工业废水中含有易燃的能产生爆炸或火灾的气体时,其废水管道系统中应设水封井,以阻隔易燃易爆气体的流通及阻隔水面游火,防止其蔓延。水封井是一种能起到水封作用的检查井,其形式有竖管式水封井和高差式水封井。图 9-20 为竖管式水封井示意。

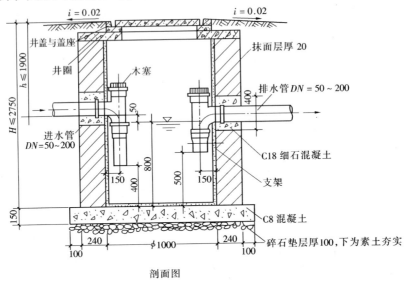

图 9-20 竖管式水封井

水封井应设在生产上述废水的生产装置、储罐区、原料储运场地、成品仓库、容器洗涤车间和废水排出口处,以及适当距离的干管上。

由于这类管道具有危险性,所以在定线时要注意安全问题。应设在远离明火的地方,不能设在车行道和行人众多的地段。

水封深度与管径、流量和污水中含易燃易爆物质的浓度有关,一般在 0.25m 左右。井上宜设通风管,井底宜设沉泥槽,其深度一般采用 0.5~0.6m。

四、雨水溢流井

在截流式合流制排水系统中,晴天时,管道中的污水全部送往污水厂进行处理,雨天时,管道中的混合污水仅有一部分送入污水厂处理,超过截流管道输水能力的那部分混合污水不作处理,直接排入水体。因此,在合流管道与截流干管的交汇处应设置溢流井,其作用是将超过溢流井下游输水能力的那部分混合污水,通过溢流井溢流排出。因此,溢流井的设置位置应尽可能靠近水体下游,减少排放渠道长度,使混合污水尽快排入水体。此外,最好将溢流井设置在高浓度的工业污水进入点的上游,可减轻污染物质对水体的污染程度。如果系统中设有倒虹管及排水泵站,则溢流井最好设置在这些构筑物的前面。

溢流井型式有截流槽式、跳越堰式和溢流堰式等。其中最简单的溢流井是在井中设置截流槽,槽顶与截流干管管顶相平,或与上游截流干管管顶相平。当上游来水过多,槽中水面超过槽顶时,超量的水溢入水体。图 9-21 为截流槽式溢流井示意图。

溢流堰式溢流井是在流槽的一侧设置溢流堰,流槽中的水面超过堰顶时,超量的水溢过堰顶,进入溢流管道后流入水体。其构造见图 8-29。

在半分流制排水系统中,在截留干管与雨水管道的交汇处应设跳跃井。其作用是当

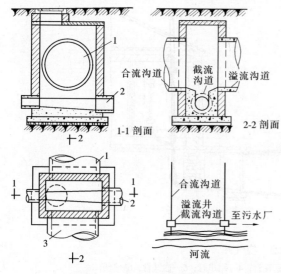

图 9-21 截流槽式溢流井
1—合流管道；2—截流干管；3—溢流管道

小雨或初雨时，由于雨水流量不大，全部雨水被截流送往污水厂处理；当大雨时，雨水管道中的流量增到一定量后，雨水将越过截流干管，全部雨水直接排入水体。跳跃堰式溢流井构造见图8-30。

五、冲洗井

当污水在管道内的流速不能保证自清时，为防止淤积可设置冲洗井。冲洗井有两种类型：人工冲洗和自动冲洗。自动冲洗井一般采用虹吸式，其构造复杂，且造价很高，目前已很少采用。

人工冲洗井的构造比较简单，是一个具有一定容积的检查井。冲洗井的出流管上设有闸门，井内设有溢流管以防止井中水深过大。冲洗水可利用污水、中水或自来水。用自来水时，供水管的出口必须高于溢流管管顶，以免污染自来水。

冲洗井一般适合用于管径不大于400mm的管道上。冲洗管道的长度一般为250m左右。图9-22为冲洗井构造示意图。

六、换气井

换气井是一种设有通风管的检查井。图9-23为换气井的形式之一。

由于污水中的有机物常在管道中沉积而厌氧发酵，发酵分解产生的甲烷、硫化氢、二氧化碳等气体，如与一定体积的空气混合，在点火条件下将会产生爆炸，甚至引起火灾。所以为了防止此类事件的发生，同时也为了保证工人在检修管道时的安全，有时在街道排水管的检查井上设置通风管，使有害气体在住宅管的抽风作用下，随同空气沿庭院管道、出户管及竖管排入大气中。

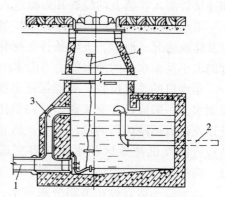

图 9-22 冲洗井
1—出流管；2—供水管；3—溢流管；
4—拉阀的绳索

七、潮门井

临海、临河城市的排水管道，往往会受到潮汐和水体水位的影响。为防止涨潮时潮水或洪水倒灌进入管道，因此应在排水管道出水口上游的适当位置上设置装有防潮门的检查井。

防潮门一般用铁制，略带倾斜地安装在井中上游管道出口处，其倾斜度一般为1:10~1:20。防潮门只能单向启开。当排水管道中无水或水位较低时，防潮门靠自重密闭。当上游排水管道来水时，水流顶开防潮门排入水体。当涨潮时，防潮门靠下游潮水压力密闭，使潮水不会倒灌入排水管道中。图9-24为防潮门示意图。

此外，设置了防潮门的检查井井口，应高出最高潮水位或最高河水位，井口应用螺栓

211

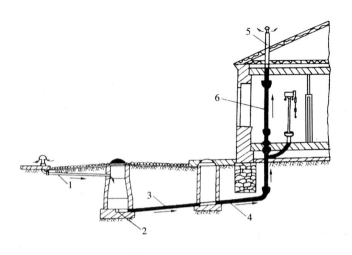

图 9-23 换气井
1—通风管；2—街道排水管；3—庭院管；4—用户管；5—透气管；6—竖管

和盖板密封，以防止潮水或河水从井口倒灌入市区。为使防潮门工作安全有效，应加强维护和管理工作，经常清除防潮门座上的污物。

八、雨水口、连接暗井

雨水口是设在雨水管道或合流管道上，是用来收集地面雨水径流的构筑物。地面上的雨水经过雨水口和连接管流入管道上的检查井后而进入排水管道。

雨水口的设置，应根据道路（广场）情况、街坊以及建筑情况、地形、土壤条件、绿化情况、降雨强度的大小及雨水口的泄水能力等因素决定。

雨水口的设置位置，应能保证迅速有效地收集地面雨水。一般应设在交叉路口、路侧边沟的一定距离处以及设有道路边石的低洼地方，防止雨水漫过道路造成道路及低洼地区积水而妨碍交通。在十字路口处，应根据雨水径流情况布置雨水口（参见图 1-33）。

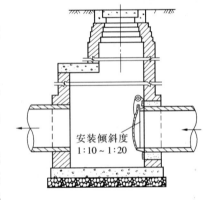

图 9-24 潮门井

雨水口不适宜设在道路分水点上、地势较高的地方、道路转弯的曲线段、建筑物门口、停车站前及其他地下管道上等处。

雨水口的形式和设置数量，主要根据汇水面积上产生的径流量的大小和雨水口的泄水能力来确定。在截水点和径流量较小的地方一般设单箅雨水口，汇水点和径流量较大的地方一般设双箅雨水口，汇水距离较长、汇水面积较大的易积水地段常需设置三箅或选用联合式雨水口，在立交桥下道路最低点一般要设十箅左右，以上均按路拱中心线一侧的每个布置点计算。

雨水口的设置间距，应考虑道路纵坡和道路边石的高度。道路上雨水口的间距一般为 25～50m（视汇水面积大小而定）。在个别低洼和易于积水地段，应根据需要适当增加雨水口。

雨水口按进水箅在街道上的设置位置可分为 3 种形式：边沟雨水口（图 9-25）、侧石雨水口（图 9-26）以及两者相结合的联合式雨水口（图 9-27）。

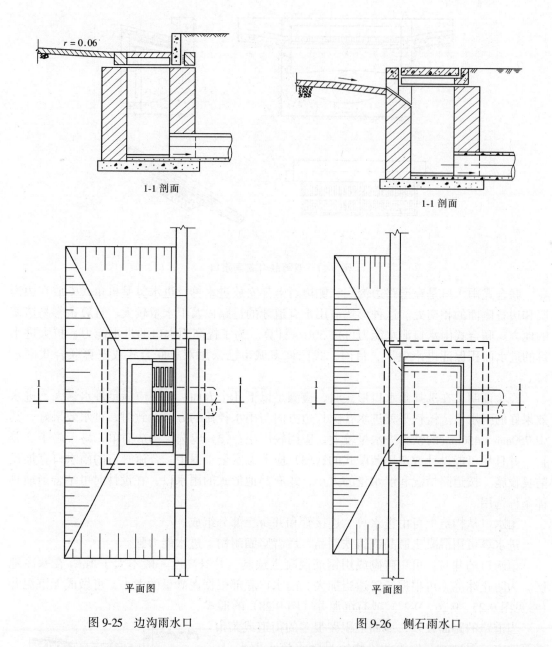

图 9-25 边沟雨水口　　　　　图 9-26 侧石雨水口

边沟雨水口的进水箅是水平的，一般宜低于路面 30～40mm，箅条与水流方向平行。该雨水口适用于道路坡度较小、汇水量较小、有道牙的路面上，其泄水能力按 20L/s 计算。如汇水量较大时，可采用双箅雨水口或多箅雨水口，双箅雨水口其泄水能力按 30L/s 计算。

侧石雨水口的进水箅设在道路的侧边石上，箅条与雨水流向呈正交，该雨水口适用于有道牙的路面以及箅条间隙容易被树叶等杂物堵塞的地方。侧石雨水口泄水能力按 20L/s 计算。

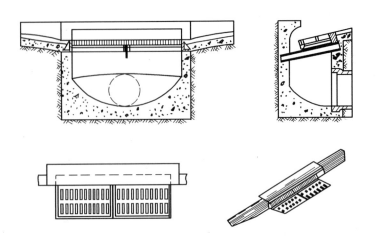

图 9-27 双箅联合式雨水口

联合式雨水口是在道路边沟底和侧边石上都安放进水箅，进水箅呈折角式安放在边沟底和边石侧面的相交处。这种形式适用于有道牙的道路以及汇水量较大、且箅条容易堵塞的地方。联合式雨水口泄水能力可按 30L/s 计算。为了提高雨水口的进水能力，扩大进水箅的进水面积保证进水效果，目前，我国许多城市已采用双箅联合式或三箅联合式雨水口。

经验证明，在选择雨水口形式时，应满足以下几个方面：(1) 应满足进水量大，进水效果好的雨水口。铸铁平箅进水孔隙长边方向与雨水径流的方向一致时，进水效果好，其中 750mm×450mm 的铁箅进水量较大，应用较广泛；(2) 应选择构造简单，易于施工、养护，并且尽可能设计或选用装配式的；(3) 应考虑安全、卫生。合流管道的雨水口宜加设防臭设施。按道路情况和泄水量的大小，还有其他形式的雨水口，在设计时可结合当地具体条件选用。

雨水口从构造上可由进水箅、连接管和井身三部分组成。

进水箅可用混凝土制品或铸铁制品，后者坚固耐用，进水能力强。

雨水口的井身，可用砖砌或用钢筋混凝土预制。井身高度一般不大于 1m，在寒冷地区，为防止冰冻，可根据经验适当加大。雨水口底部根据泥砂量的大小，可做成无沉泥井（参见图 9-25、9-26、9-27）或有沉泥井（图 9-28）的形式。

当道路的路面较差，地面上积秽很多的街道或菜市场等地方，泥砂、石屑等污染物容易随水流入雨水口，因此，为避免这些污染物进入管道而造成堵塞，常采用设置沉泥井式雨水口截留进入雨水口粗重杂质。为保证发挥其作用，对设有沉泥井的雨水口需要及时清除井底的截留物，否则不但失去截留作用，而且可能散发臭味。清掏方法可使用手动污泥夹、小型污泥装载车；也可使用抓泥车和吸泥车，其清掏积泥的效率更高。

此外，设有沉泥井的雨水口，井底积水是蚊虫滋生

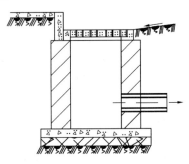

图 9-28 有沉泥井的雨水口

的地方，天暖多雨的季节要定时加药。

雨水口以连接管接入检查井，连接管管径应根据算数及泄水量由计算确定。连接管的最小管径一般为200mm，连接管坡度一般不小于1%，雨水连接管的长度一般不宜大于25m，连接管串联雨水口的个数不宜超过3个。

当管道的直径大于800mm时，也可在连接管与管道连接处不另设检查井，而设连接暗井。如图9-29所示。

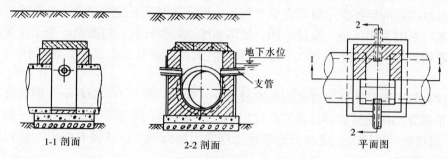

图9-29　连接暗井

九、倒虹管

排水管道有时会遇到障碍物，如穿过河道、铁路等地下设施时，管道不能按原有坡度埋设，而是以下凹的折线方式从障碍物下通过，这种管道称为倒虹管。

倒虹管由进水井、管道及出水井三部分组成。倒虹管井应布置在不受洪水淹没处，必要时可考虑排气设施。

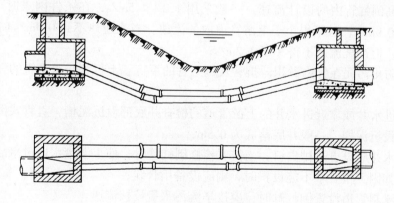

图9-30　折管式倒虹管

进出水井内应设闸槽和闸门。进水井内应备有冲洗设施。井的工作室高度（闸台以上）一般为2m。井室入孔中心尽可能安排在各条管道的中心线上。

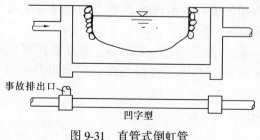

图9-31　直管式倒虹管

管道分为折管式和直管式两种，如图9-30、9-31所示。折管式管道包括下行管、平行管和上行管三部分。这种倒虹管施工复杂、养护困难，适用于河面与河滩较宽、河床较深的情况。直管式适用于河面与河滩较窄，或障碍物面积与深度较小的情况，其施工养护较前者容易，直管式倒虹管在国外和我国华东地区应用广泛。

在进行倒虹管设计时应注意以下几方面：

(1) 确定倒虹管的路线时，应尽可能与障碍物正交通过，以缩短倒虹管的长度，并应符合与该障碍物相交的有关规定；

(2) 选择通过河道的地质条件好的地段、不易被水冲刷地段及埋深小的部位敷设；

(3) 穿过河道的倒虹管一般不宜少于两条，当近期水量不能达到设计流速时，可使用其中的一条，暂时关闭一条。穿过小河、旱沟和洼地的倒虹管，可敷设一条工作管道。穿过特殊重要构筑物（如地下铁道）的倒虹管，应敷设三条管道，其中二条工作，一条备用；

(4) 倒虹管一般采用金属管或钢筋混凝土管。管径一般不小于200mm。倒虹管水平管的长度应根据穿越物的形状和远景发展规划确定，水平管的管顶距规划的河底一般不宜小于0.5m，通过航运河道时，应与当地航运管理部门协商确定，并设有标志。遇到冲刷河床应采取防冲措施；

(5) 倒虹管采用复线时，其中的水流用溢流堰自动控制，或用闸门控制。溢流堰和闸门设在进水井中（见图9-30），用以控制水流。当流量不大时，井中水位低于堰口，污水从小管中流至出水井；当流量大于小管的输水能力时，井中水位上升，管渠内水就溢过堰口通过大管同时流出。

由于倒虹管的清通比一般管道困难得多，因此，在设计时可采用以下措施来防止倒虹管内污水的淤积：

(1) 提高倒虹管内的设计流速。一般采用1.2~1.5m/s，在条件困难时可适当降低，但不宜小于0.9m/s，且不得小于上游管道内的流速。当流速达不到0.9m/s时，应采用定期冲洗措施，但冲洗流速不得小于1.2m/s；

(2) 为防止污泥在管内淤积，折管式倒虹管的下行、上行管与水平管的夹角一般不大于30°；

(3) 在进水井或靠近进水井的上游管道的检查井底部设沉泥槽，直管式倒虹管的进出水井中也应设沉泥槽，一般井底落底为0.5m；

(4) 进水井应设事故排出口，当需要检修倒虹管时，使上游废水通过事故排出口直接排入水体。如因卫生要求不能设置时，则应设备用管线；

(5) 合流制管道设置倒虹管时，应按旱流污水量校核流速。

污水在倒虹管内的流动是依靠上、下游管道中的水位差（进、出水井的水面高差）进行的，该高差用来克服污水流经倒虹管的阻力损失。

在计算倒虹管时，应计算管径和全部阻力损失值，要求进水井和出水井间水位高差H稍大于全部阻力损失值H_1，其差值一般取0.05~0.10m。

【例9-1】 已知最大流量Q_{max} = 510L/s，最小流量Q_{min} = 120L/s，倒虹管长度L = 50m。倒虹管上游管道流速v = 1.0m/s，下游v = 1.24m/s，进口与出口局部阻力系数ξ分别为0.5和1.0。

求直管式倒虹管的管径和倒虹管的全部水头损失。

【解】

1. 用一条水平敷设的工作管线，管径采用 700mm，倒虹管前检查井中设沉泥槽，倒虹管的进出水井各落底 0.5m。查水力计算表 $D = 700$mm，$Q_{max} = 510$L/s，$i = 0.00305$，$v = 1.30$m/s，由于 $v = 1.30$m/s > 0.9m/s，也大于上游管道 $v = 1.3$m/s > 1.0m/s。符合设计要求。

2. 计算倒虹管的全部水头损失

$$H = i \cdot L + \Sigma\xi \frac{v^2}{2g} = 0.00305 \times 50 + (0.5 + 1.0)\frac{1.30^2}{2 \times 9.8} = 0.282\text{m}$$

十、管桥

当排水管道穿过谷地时，可不改变管道的坡度，采用栈桥或桥梁承托管道，这种设施称为管桥。管桥比倒虹管易于施工，检修维护方便，且造价低。其建设应取得城市规划部门的同意。管桥也可作为人行桥，无航运的河道，可考虑采用。但只适用于小流量污水。

管道在上桥和下桥处应设检查井，通过管桥时每隔 40~50m 应设检修口。在上游检查井应设有事故排放口。

十一、出水口

排水管渠出水口，是设在排水系统终点的构筑物，污水由出水口向水体排放。出水口的位置形式和出水口流速，应根据出水水质、水体的流量、水位变化幅度、水流方向、下游用水情况、稀释和自净能力、波浪状况、岸边变迁（冲淤）情况和夏季主导风向等因素确定，并要取得当地卫生主管部门和航运管理部门的同意。

在较大的江河岸边设置出水口时，应与取水构筑物、游泳区及家畜饮水区有一定卫生防护距离。并要注意不能影响下游城市居民点的卫生和饮用。

当在城市河流的桥、涵、闸附近设置雨水出水口时，应选其下游，同时要保证结构条件、水力条件所需的距离。

当在海岸设置污水出水口时，应考虑潮位的变化、水流方向、主导风向、波浪情况、海岸和海底高程的变迁情况、水产情况、是否是风景游览及游泳区等，选择适当的位置和形式，以保证出水口的使用安全，不影响水产、水运，保持海岸附近地带的环境卫生。

出水口设在岸边的称为岸边式出水口。为使污水与河水较好混合，同时为避免污水沿滩流泻造成环境污染，因此污水出水口一般采用淹没式，即出水管的管底标高低于水体的常水位。淹没式分为岸边式和河床分散式两种。图 9-32、图 9-33 为岸边式出水口示意图。出水口与河道连接处一般设置护坡或挡土墙，以保护河岸，固定管道出口管的位置，底板要采取防冲加固措施。

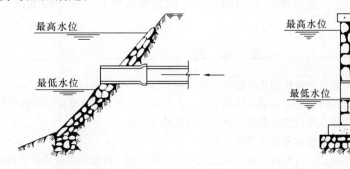

图 9-32 采用护坡的出水口 　　　图 9-33 采用挡土墙的出水口

河床分散式出水口是将污水管道顺河底用铸铁管或钢管引至河心。用分散排出口将污水排入水体。为防止污泥在管道中沉淀淤积，在河底出水口总管内流速不小于 0.7m/s。考虑三通管有堵塞的可能，应设事故出水口。

雨水出水口主要采用非淹没式，即管底标高高于水体最高水位以上或高于常水位以上，以防止河水倒灌。当出水口标高高于水体水面很多时，应考虑设单级或多级跌水设施消能，以防止冲刷。图 9-34 为江心分散式出水口。其翼墙可分为一字式和八字式两种。图 9-35 为一字式出水口，图 9-36 为八字式出水口。

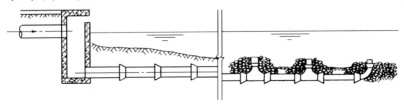

图 9-34　江心分散式出水口

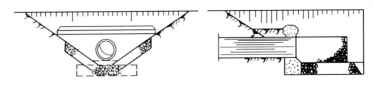

图 9-35　一字式出水口

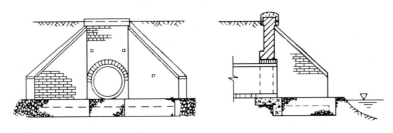

图 9-36　八字式出水口

此外，在受潮汐影响或洪水威胁的地区，出水口的数量应适当减少，在受短期洪水威胁的地区，在出水口前一个检查井可设自动或人工启闭式闸门，以防止倒灌。

出水口最好采用耐浸泡、抗冻胀的材料砌筑，一般用浆砌块石。在寒冷地区，出水口的基础线必须设在冰冻线以下。

思 考 题

1. 对排水管渠的材料有何要求？常用的排水管渠有哪几种？各有哪些优缺点？
2. 在选择排水管渠断面形式时，应必须满足哪些要求？在实际工程中为什么常用圆形断面？
3. 在排水管渠系统中，为什么要设置检查井？试说明其设置及构造。
4. 跌水井的作用是什么？常用跌水井有哪些形式？
5. 雨水口是由哪几部分组成的？有几种类型？试说明雨水口的作用、布置形式及各种形式雨水口的适用条件。
6. 在什么条件下，可考虑设置倒虹管？倒虹管设计时应注意哪些问题？
7. 常用出水口有哪几种形式？各种形式出水口适用哪些条件？

第十章 给水排水管道的技术管理和维护

第一节 给水排水管道档案管理

给水排水管道档案主要是工程技术档案，是为了系统地积累施工技术资料，总结经验，并给各项管道工程交工使用、维护管理和改建扩建提供依据。因此施工单位应从工程准备开始，就建立工程技术档案，汇集整理有关资料，并贯穿于整个施工过程，直至交工验收后结束。

凡是列入技术档案的技术文件、资料，都必须如实反映情况，并有有关人员的签证，不得擅自修改、伪造和事后补做。

工程技术档案的主要内容因保存单位不同可分为几部分。

提供给建设单位保存的技术资料主要有：

（1）竣工工程项目一览表；
（2）图纸会审记录，设计变更通知书，技术核定书及竣工图等；
（3）隐蔽工程验收记录（包括水压试验、灌水试验、测量记录等）；
（4）工程质量检验记录及质量事故的发生和处理记录、监理工程师的整改通知单等；
（5）规范规定的必要的试验、检验记录；
（6）设备的调试和试运行记录；
（7）由施工单位和设计单位提出的工程移交及使用注意事项文件；
（8）其他有关该项工程的技术决定。

由施工单位保存和参考的技术资料档案主要有：

（1）工程项目及开工报告；
（2）图纸会审记录及有关工程会议记录，设计变更及技术核定单；
（3）施工组织设计和施工经验总结；
（4）施工技术、质量、安全交底记录及雨季施工措施记录；
（5）分部分项及单位工程质量评定表及重大质量、安全事故情况分析及其补救措施和处理文件；
（6）隐蔽工程验收记录及交竣工证明书；
（7）设备及系统试压、调试和试运行记录；
（8）规范要求的各种检验、试验记录；
（9）施工日记；
（10）其他有关施工技术管理资料及经验总结。

由监理公司、档案馆保存的资料，就不详细介绍。

工程技术档案是永久性保存文件，应严加管理，不能遗失和损坏。人员调动，必须办理交接手续。由施工单位保存的资料，根据工程性质，确保使用年限。

第二节 给水管网的监测与检漏

一、管网的检漏

监测是利用各种手段得到管网运行的参数。通过对这些参数的分析来判断管网的运行状态。

检漏工作是降低管线漏水量，节约用水量，降低成本的重要措施。漏水量的大小与给水管网的材料质量、施工质量、日常维护工作、管网运行年限、管网工作压力等因素有关。管网漏水不仅会提高运行成本，还会影响附近的其他设施的安全。

水管漏水的原因很多，如管网质量差或使用过久而破损；施工不良、管道接口不牢、管基沉陷、支座（支墩）不当、埋深不够、防腐不规范等；意外事故造成管网的破坏；维修不及时；水压过高等都会导致管网漏水。

检漏的方法有很多，如听漏法、直接观察法、间接测定法、分区检漏法等。

1. 听漏法

听漏法是常用的检漏方法，它是根据管道漏水时产生的漏水声或由此产生的震荡，利用听漏棒、听漏器以及电子检漏器等仪器进行管道渗漏的测定。

听漏工作为了要避免其他杂音的干扰，应选择在夜间进行。使用听漏棒时，将其一端放在地面、阀门或消火栓上，可从棒的另一端听到漏水声。这种方法与操作人员的经验有很大的关系。

半导体检漏仪则是比较好的检漏工具。它是一种高频放大器，利用晶体探头将地下漏水的低频振动转化为电信号，放大后即可在耳机里听到漏水声，也可从输出电表的指针摆动看出漏水的情况。检漏器的灵敏度很高，但杂音亦会放大，故而有时判断起来也有困难。

2. 直接观察法

直接观察法是从地面上观察管道的漏水迹象。遇到下列情况之一，可作为查找漏水点的依据。地面上有"泉水"出露，甚至呈明显的管涌现象；铺设时间不长的管道，管沟回填土如局部下塌速度比别处快；周围地面都是干土，惟一一处是潮土；柏油路面发生沉陷现象；干旱区域的地面上，沿管子方向青草长得茂盛处等。此方法简单易行，但比较粗略。

3. 分区检测法

把整个给水管网分成若干小区，凡与其他小区相通的阀门全部关闭，小区内暂停用水，然后开启装有水表的进水管上的阀门，如小区内的管网漏水，水表指针将会转动，由此可读出漏水量。查明小区内管道漏水后，可按需要逐渐缩小检漏范围。

4. 间接测定法

间接测定法是利用测定管线的流量和节点的水压来确定漏水的地点，漏水点的水力坡降线有突然下降的现象。

检漏的方法是多种多样，在工程实践中我们可以根据不同的情况，采取相应的检漏措施。

二、管道水压和流量测定

管网运行过程中为了更好地了解管网中运行参数的变化，通常需要对某些管道进行水压和流量的测定。

1. 压力测定

在水流呈直线的管道下方设置导压管，注意导压管应与水流方向垂直。在导压管上安装压力表即可测出该管段水压值的大小。

常用的压力表是弹簧管压力表，其工作原理是：弹簧管作为测量元件，它的一端固定在支持器上，另一端为自由端，是封闭的，自由端借连杆和扇形齿轮相连。扇形齿轮和中心齿轮啮合，它们组成传动放大机构。在中心齿轮的轴上装着指针和螺旋形的游丝，游丝的作用是保证齿轮的啮合紧密。此外，如电接点压力表，它装有电接点，当被测压力超过给定的范围时会发出电讯号，既可用于远程控制，也可用于双位控制。

2. 流量的测定

流量测定的设备较多，在此我们简单介绍三种。

（1）差压流量计　差压流量计是基于流体流动的节流原理，利用液体流经节流装置时产生的压力差实现流量的测定。它由节流装置、压差引导管和压差计三个部分组成，节流装置是差压式流量计的测量元件，它装在管道里造成液体的局部收缩。

（2）电磁流量计　电磁流量计测量原理是基于法拉第电磁感应定律。即：导电液体在磁场中作切割磁力线运动时，导体中产生感生电动势。测量流量时，液体流过垂直于流动方向的磁场，导电性液体的流动感应出一个与平均流速成正比的电压，因此要求被测流动流体要有最低限度的导电率，其感生电压信号通过二个与液体直接接触的电极检出，并通过电缆传送至放大器，然后转换为统一输出的信号。这种测量方式具有如下优点：测量管内无阻流件，因而无附加压力损失；由于信号在整个充满磁砀的空间中形成，它是管道截面上的平均值，因此，从电极平面至传感器上游端平面间所需直管段相对较短，长度为5倍的管径；只有管道衬里和电极与被测液体接触，因此只要合理选择电极及衬里材料，即可达到耐腐蚀、耐磨损的要求；传感器信号是一个与平均流速成精确线性关系的电动势；测量结果与液体的压力、温度、密度、黏度、电导率（不小于最低电导率）等物理参数无关，所以测量精度高，工作可靠。

（3）超声波流量计　超声波流量计是利用超声波传播原理测量圆管内液体流量的仪器。探头（换能器）贴装在管壁外侧，不与液体直接接触，其测量过程对管路系统无任何影响，使用非常方便。

仪表分为探头和主机两部分。使用时将探头贴装在被测管路上，通过传输电缆与主机连接。使用键盘将管路及液体参数输入主机，仪表即可工作。PCL型超声波流量计采用先进的"时差"技术，高精度地完成电信号的测量，以独特技术完成信号的全自动跟踪、雷诺数及温度自动补偿。电路设计上充分考虑了复杂的现场，从而保证了仪表的精度、准确、可靠性。

第三节　给水管道的防腐与修复

管道外部直接与大气和土壤接触，将产生化学和电化腐蚀。为了避免和减少这种腐蚀，对与空气接触的管道外部可涂刷防腐涂料，对埋地管道可设置防腐绝缘层或进行电化保护。

一、管道防腐

1. 涂料防腐

涂料俗称"油漆",是指天然漆和植物油为主体所组成的混合液体,随着化学工业的不断发展,油漆中的油料,部分或全部被合成树脂所取代,所以再叫油漆已不够准确,现称为有机涂料,简称涂料。

(1) 管道表面的处理。管道表面往往有锈层、油类、旧漆膜、灰尘等,涂漆前对管道表面要进行很好处理,否则就影响漆膜的附着力,使新涂的漆膜很快脱落,达不到防腐的目的。

1) 手工处理。用刮刀、锉刀、钢丝刷或砂纸等管道表面的锈层、氧化皮、铸砂等除掉。

2) 机械处理。采用机械设备处理管道表面或压缩空气喷石英砂(喷砂法)吹打管道表面的锈层、氧化皮、铸砂等污物除掉。喷砂法比手工操作和机械设备处理效果好,管道表面经喷打后呈粗糙状,能增强漆膜的附着力。

3) 化学处理。用酸洗法清除管道表面的锈层、氧化皮。采用浓度为10%~20%,温度为18~60℃的稀硫酸溶液,浸泡管道15~60min。为了酸洗时不损害管道,在酸溶液中加入缓蚀剂。酸洗后要用清水洗涤,并用5%的碳酸钠溶液进行中和,然后用热水冲洗。

4) 旧漆膜的处理。在旧漆膜上重新涂漆时,可视旧漆膜的附着情况,确定是否全部清除或部分清除。如旧漆膜附着很好,刮不掉可不必清除;如旧漆膜附着不好,必须全部清除重新涂刷。

(2) 涂料施工。涂料施工的程序:第一层底漆或防锈漆,直接涂在管道的表面上与管道表面紧密结合,是整个涂层的基础,它起到防锈、防腐、防水、层间结合的作用;第二层面漆(调合漆或磁漆),是直接曝露在大气表面的防护层,施工应精细,使管道获得所需要的彩色;第三层罩光清漆,有时为了增强涂层的光泽和耐腐蚀能力等,常在面漆上面再涂一层或几层罩光漆。

涂漆方法应根据施工的要求、涂料的性能、施工条件、设备情况进行选择。涂漆方法的选择将影响漆膜的色彩、光亮度、使用寿命。常用的涂漆方法有手工涂刷、空气喷涂等。目前,涂漆的方法是以机械化、自动化逐步代替手工操作,特别是涂料工业正朝着有机高分子合成材料方向发展。涂漆方式及设备也必须朝着节约涂料,提高劳动生产率,改善劳动条件,清除操作人员职业病的方向努力革新。

2. 埋地管道的防腐

目前,我国埋地管道的防腐,主要是采用沥青绝缘防腐,对一些腐蚀性高的地区或重要的管线也可采用电化保护防腐措施。埋地管道在穿越铁路、公路、河流、盐碱沼泽地、山洞等地段时一般采用加强防腐,穿越电气铁路的管道需采用特加强防腐。

埋地管道沥青绝缘防腐层结构 表10-1

防腐措施	防腐层结构	每层沥青厚度(mm)	总厚度不小于(mm)
普通防腐	沥青底漆-沥青3层、中间夹玻璃布2层-塑料布	2	6
加强防腐	沥青底漆-沥青4层、中间玻璃布3层-塑料布	2	8
特加强防腐	沥青底漆-沥青5层或6层、中间玻璃布4层或5层-塑料布	2	10或者12

沥青底漆(冷底子油):为增强沥青和管道表面的粘结力,在涂沥青绝缘层前需先刷

一层沥青底漆。它是用和沥青绝缘层同类的沥青及不含铅的车用汽油或工业溶剂汽油按 1:2.5~3.0（体积比）调配而成，其比重为 0.8~0.82。

沥青：管道绝缘防腐用沥青一般是石油建筑沥青或专用石油沥青，都属于低蜡沥青，含蜡在 3% 以下。为了提高沥青的强度也可采用加矿物填料（石灰石粉、高岭土、滑石粉等）的办法，沥青绝缘层应具有：热稳定性、足够的强度和耐寒性。

玻璃布：为沥青绝缘层中间加强包扎材料，可提高绝缘层强度和稳定性。用于管道绝缘防腐的玻璃布，有无纺布、定长纤维布，目前多采用连续长纤维布，要求玻璃布含碱量为 12% 左右（中碱性）。

塑料布：为沥青绝缘层的外包材料，可增强绝缘层的强度、热稳定性、耐寒性、防止绝缘层机械损伤和日晒变形。目前均采用聚氯乙烯工业或农业用薄膜。为了适应冬季施工的需要，可采用地下管道绝缘防腐专用聚氯乙烯薄膜。

施工步骤与方法：

(1) 管道表面除锈和去污；

(2) 将管道架起，将调配好的冷底子油在 20~30℃ 时，用漆刷涂刷在除锈后的管道表面上。涂层要均匀，厚度为 0.1~0.15mm；

(3) 将调配好的沥青玛脂，在 60℃ 以上时用专用设备向管道表面浇洒，同时管子以一定速度旋转，浇洒设备沿管线移动，在管子表面均匀浇上一层沥青玛脂；

(4) 若浇洒沥青玛脂设备能起吊、旋转时，宜在水平浇洒沥青玛脂后，再用漆刷平摊开来；如不能，则只能用漆刷涂刷沥青玛脂；

(5) 最内层的沥青玛脂，采用人工或半机械化涂刷时，应分两层，每层厚度 1.5~2.0mm 涂层应均匀、光滑；

(6) 用矿棉纸油毡或浸有冷底子油的玻璃丝布制成的防水卷材，应呈螺旋形缠绕在热沥青玛脂层上，相互搭接的压头宽度不小于 50mm，卷材纵向搭接长度为 80~100mm，并用热沥青玛脂将接头粘合。

(7) 缠包牛皮纸或缠包没有涂冷底子油的玻璃丝布时，每圈之间应有 15~20mm 的搭边，前后搭接长度不得小于 100mm，接头处用冷底子油或热沥青玛脂粘合；

(8) 当管道外壁做特加强防腐层时，两道防水卷材宜反向缠绕。

(9) 涂抹热沥青玛脂时，其温度应保持在 160~180℃，当施工环境气温高于 30℃ 时，其温度可降至 150℃；

(10) 普通、加强和特加强防腐层的最小进取厚度分别为 3、6 和 9mm，其厚度偏差分别为 -0.3、-0.5 和 -0.5mm。

二、刮管涂料

输水管如事先没有做内衬，运行一定时间后管道内壁就会产生锈蚀并结垢，有时甚至可使管径缩小 1/2 以上，极大地影响送输水的能力且造成水有铁锈味或出现黑水，使水质变坏，严重时不能饮用。为恢复其输水能力，改善水质，就需根据结垢情况进行管线清垢工作。

1. 人工清管器

对小口径（$DN50$ 以下）水管内的结垢清除，如结垢松软，一般用较大压力的水对管道进行冲洗。如管道管径稍大（$DN75~400$mm）结垢为坚硬沉淀物时，就需要用由拉耙、盆形钢丝轮、钢丝刷等组成的清管器,用0.5t的卷扬机和钢丝绳在管道内将其来回拖动,把结垢铲除,再用清水冲洗干净,最后放入钝化液,使管壁形成钝化膜,这样既达到除垢目的又延长了管道的使用寿命。

2. 电动刮管机

对于口径在 $DN500$ 以上的管道可用电动刮管机。刮管机主要由密封防水电机、齿轮减速装置、链条、榔头及行走动力机构组成。它通过旋转的链条带动榔头锤击管壁,把垢体击碎下来。

整个刮管涂料的工序包括刮管、除垢、冲洗、排水喷涂等五道工序,通常有配套的刮管机、除垢机、冲洗机、喷浆机以及其他的辅助设备来完成。

施工时,要求管道在相距 200~400m 直管处开挖工作坑,作为机械进出口。涂料采用水泥砂浆,只要管壁无泥巴、无积垢、管内无大片积水区,即可进行。

以上刮管加衬方法,特点是不用大面积挖沟就能分段把水管清理干净,大大地恢复输水能力,减小了水头阻力。砂浆层呈环状附着在管壁上,有相当的耐压力,当管外壁已锈蚀有微小穿孔时砂浆层仍完好无损,可照常输送 0.3MPa 的有压水。

3. 聚氨酯和橡皮刮管器

一种用聚氨酯做成的刮管器,外形像一枚炸弹,在其表面镶嵌有若干个钢制钉头,它不用钢丝绳拖拉,用发射器送入管中仅靠刮管器前后压差就可推动刮管器前进,同时表面的铁钉将结垢除下来;还有一种用铁骨架外包环状硬橡皮轮,也是用发射器将其送入管内,自己往前走把结垢清除掉,它的特点是刮管器内装有警报信息装置,它在管内走到哪里在地面上用接收器便可知道,即使卡在管中也很容易探测到方位,以便采取相应的措施进行处理。

凡结垢清理完毕的管道必须做衬里,否则其锈蚀速度比原来发展更快。对小口径的地下管道,如果想在地下涂水泥砂浆比较困难,而用聚氨酯或其他无毒塑料制成的软管做成衬里则可以一劳永逸。其方法是:将软管送入清洗完了的管道中,平拉铺直,然后利用原来管道上的出水口,例如接用户卡子或者消火栓等作为排气口。此时要设法向软管内冲水,同时把卡子或消火栓打开排出管壁与软管之间的空气,注意向软管灌水与打开消火栓等排气要同时进行,这时软管就会撑起,很好地贴在管壁上,这样原来管道就相当于外壁是钢或铸铁内镶塑料的复合管道。

第四节 给水管道的水质管理和供水调度

一、水质管理

给水管道的水质管理是整个给水系统管理的重要内容,因为它直接关系到人民的身体健康和工业产品的质量。符合饮用水标准的水进入管网要经过长距离输送到达用户,如果管网本身管理不善,造成二次污染,将难以满足用户对水质的要求,甚至可能导致饮用者患病乃至死亡、产品不合格等重大事故。所以加强给水管道管理,是保证水质的重要措施。

(一)影响给水管道水质变化的主要因素

给水管道系统中的化学和生物的反应给水质带来不同程度的影响,导致管道内水质二次污染的主要因素有水源水质、给水管道的渗漏、管道的腐蚀和管壁上金属的腐蚀、储水设备中残留或产生的污染物质、消毒剂与有机物和无机物质间的化学反应产生的消毒副产物、细菌的再生长和病原体的寄生、由悬浮物导致的混浊度等。另一方面水在管道中停留的时间过长也是影响水质的又一主要原因。在管道中，可以从不同的水源通过不同的时间和管线路径将水输送给用户，而水的输送时间与管道内水质的变化有着密切关系。

给水管道系统内的水受外界的影响产生的二次污染也不能忽视。由于管道漏水、排水管或排气阀损坏，当管道降压或失压时，水池废水、受污染的地下水等外部污水均有可能倒流入管道，待管道升压后就送到了用户；用户蓄水的屋顶水箱或其他地下水池未定期清洗，特别是人孔未盖严致使其他污物进入水箱或水池；管道与生产供水管道连接不合理；管道错接等原因可引起局部或短期水质恶化或严重恶化。

在卫生部颁发的《生活饮用水水质卫生规范》和《生活饮用水配水设备及防护材料卫生安全评价规范》中，规定供水单位必须负责检验水源水、净化构筑物出水、出厂水和管网水的水质，应在水源、出厂水和居民经常用水点采样。城市供水管网的水质检验采样点数，一般应按每两万供水人口设一个采样点计算。供水人口超过100万时，按上述比例计算出的采样点数可酌量减少。人口在20万以下时，应酌量增加。在全部采样点中应有一定的点数，选在水质易受污染的地点和管网系统陈旧部分供水区域。在每一采样点上每月采样检验应不少于两次，细菌学指标、浑浊度和肉眼可见物为必检项目。其他指标可根据当地水质情况和需要选项。对水源水、出厂水和部分有代表性的管网末端水，至少每半年进行一次常规检验项目全分析。当检测指标连续超标时，应查明原因，采取有效措施，防止对人体健康造成危害。凡与饮用水接触的输配水设备、水处理材料和防护材料，均不得污染水质，出水水质必须符合《生活饮用水水质卫生规范》的要求。

水在加氯消毒后，氯与管材发生反应，特别是在老化和没有保护层的铸铁管和钢管中，由于铁的腐蚀或者生物膜上的有机质氧化，会消耗大量的氯气，管道中的余氯会产生一定的损失。此类反应的速率一般很高，氯的半衰期会减少到几小时，并且它会随着管道的使用年数增长和材料的腐蚀而不断加剧。

氯化物的衰减速度比自由氯要慢一些，但同样也会产生少量的氯化副产物。但是，在一定的pH值和氯氨存在的条件下，氯氨的分解会生成氮，可能会导致水的富营养化。目前已经有方法来处理管道系统中氯损失率过大的问题。首先，可以使用一种更加稳定的化合型消毒物质，例如氯化物；其次，可以更换管道材料和冲洗管道；第三，通过运行调度减少水在管道系统中的滞留时间，消除管道中的严重滞留管段；第四，降低处理后水中有机化合物的含量。

管道腐蚀会带来水的金属味、帮助病原微生物的滞留、降低管道的输水能力，并最后导致管道泄漏或堵塞。管道腐蚀的种类主要有：衡腐蚀、凹点腐蚀、结节腐蚀、生物腐蚀等。

许多物理、化学和生物因素都会影响到腐蚀的发生和腐蚀速率。在铁质管道中，水在停滞状态下会促使结节腐蚀和凹点腐蚀的产生和加剧。一般来说，对所有的化学反应，腐蚀速率都会随着温度的提高而加快。但是，在较高的温度下，钙会在管壁上形成一层保护膜。pH值较低时会促进腐蚀，当水中pH<5时，铜和铁的腐蚀都相当快。当pH>9时，这两种金属通常都不会被腐蚀。当pH=5~9时，如果在管壁上没有防腐保护层，腐蚀就会发生。碳酸盐和重碳酸盐碱度为水中 pH 值的变化提供了缓冲空间，它同样也会在管壁形成一层碳酸盐保护层，并防止水泥管中钙的溶解。溶解氧和可溶解的含铁化合物发生反应形成可溶性的含铁氢氧化物。这种状态的铁就会导致结节的形成及铁锈水的出现。所有可溶性固体在水中表现为离子的聚合体，它会提高导电性及电子的转移，因此会促进电化腐蚀。硬水一般比软水的腐蚀性低，因为在管壁上形成一层碳酸钙保护层。氧化铁细菌会产生可溶性的含铁氢氧化物。

一般有三种方法可以控制腐蚀：调整水质、涂衬保护层和更换管道材料。调整 pH 值是控制腐蚀最直接的形式，因为它直接影响到电化腐蚀和碳酸钙的溶解，也会直接影响混凝土管道中钙的溶解。

（二）给水管道的水质控制

保证给水管道水质也是给水管网调度和管理工作的重要任务之一。随着人们对水污染以及污染水对人体的危害认识的逐步提高，人们希望从管网中得到优质的用水。近年来，用户对给水水质的投诉也越来越多，促使供水企业对给水管道水质的管理逐步加强，新的《生活饮用水水质卫生规范》明确提出了对给水管道水质的要求，研究控制给水管道水质的调度手段和技术，提出给水管道水质管理的新概念和方法，已经成为给水管道系统研究的重要和急迫课题。

为保持给水管道正常的水量或水质，除了对出厂水质严格把关外，目前主要采取以下措施：

（1）通过给水栓、消火栓和放水管，定期冲排管道中停滞时间过长的"死水"；

（2）及时检漏、堵漏，避免管道在负压状态下受到污染；

（3）对离水厂较远的管线，若余氯不能保证，应在管网中途加氯，以提高管网边缘地区的余氯浓度，防止细菌繁殖；

（4）长期未用的管线或管线末端，在恢复使用时必须冲洗干净；

（5）定期对金属管道清垢、刮管和衬涂内壁，以保证管网输水能力和水质洁净；

（6）无论在新敷管线竣工后还是旧管线检修后均应冲洗消毒。消毒之前先用高速水流冲洗水管，然后用 20~30mg/L 的漂白粉溶液浸泡 24h 以上，再用清水冲洗，同时连续测定排出水的浊度和细菌，直到合格为止；

（7）长期维护与定期清洗水塔、水池以及屋顶高位水箱，并检验其贮水水质；

（8）用户自备水源与城市管网联合供水时，一定要有空气隔离措施；

（9）在管网的运行调度中，重视管道内的水质检测，发现问题及时采取有效措施予以解决。

水质检测是一门技术性较强的学科，涉及物理、化学、分析化学、仪器分析、水生物学等多种学科。然而，在水的检测工作中还涉及到一些具有共性的问题，例如：有关水质检测方面的一般规则、水样的采集和保存、水质检验结果的表示方法和数据处理、检测质量控制、检测仪器安装及技术性能要求、开机前后的注意事项、检测过程中出现异常现象的处理办法等都是较为重要的问题。有关内容详见"水分析技术"及"水处理微生物学"等课程。

二、供水调度

为了满足用户对水量、水压和水质的要求，在运行过程中常常需要控制管道中的水压、水量，其目的是：通过供水的调度可以合理地利用水资源；通过供水的调度可以达到节能、降低运行成本的作用；通过供水调度可以降低管网事故的危害性的大小；通过供水调度可以协调各水厂之间的供水。

大城市的给水管网往往随着用水量的增长而逐步形成多水源的给水系统，通常在管网中设有水库和加压泵站。多水源给水系统的城市如不采取统一调度的措施，各方面的工作将得不到很好的协调，从而影响到经济而有效的供水。为此须有集中管理部门进行统一调度，及时了解整个给水系统的生产情况，并采取有效的科学方法执行集中调度的任务。通过集中调度，各水厂泵站不再只根据本水厂水压的大小来启闭水泵，而是由集中调度管理部门按照管网控制点的水压确定各水厂和泵站运行水泵的台数。这样，既能保证管网所需的水压，且可避免因管网水压过高而浪费能量。

调度管理部门是整个管网也是整个给水系统的管理中心，不仅要进行日常的运转管理，还要在管网发生事故时，立即采取措施。要做好调度工作，管理人员就必须熟悉各水厂和泵站中的各种设备，并了解和掌握管网的特点和用户的用水情况，才能充分发挥统一调度的功效。

目前我国绝大多数供水系统运行调度还处于经验型的管理状态，即调度人员根据以往的运行资料和设备情况，按日、按时段制订供水计划，确定各泵站在各时段投入运行的水泵型号和台数。这种经验型的管理办法虽然大体上能够满足供水需要，但却缺乏科学性和预见性，难以适应日益发展变化的客观要求，所确定的调度方案，只是若干可行方案中的一种，而不是最优的，往往造成管网中部分地区水压过高，而另一部分地区则水压不足，不能满足供水要求。这种不合理的供水状况又难以及时正确地反馈，调度人员也难以迅速作出科学决策，及时采取有效措施加以调节，从而造成既浪费能源又不能很好地满足供水需求的局面。随着科学技术的快速发展，仅凭人工经验调度已不能符合现代化管理的要求。

先进的调度管理应充分利用计算机信息化和自动控制技术，该项技术国外在 20 世纪 60 年代后期就开始了调度系统的计算机应用，现已普遍采用计算机系统进行数据采集、监督运行和远程控制，建立 SCADA（Supervision Control And Data Acquisition）系统，即监控和数据采集系统。近年来，我国许多供水公司也逐渐采用了自动化控制技术进行管理，包括管网地理信息系统（GIS）、管网压力、流量及水质的遥测和遥讯系统等，通过计算机数据库管理系统和管网水力及水质动态模拟软件，实现给水管网的程序逻辑控制和运行调度管理。

该系统一般由中央监控系统、分中心和现场终端等组成。中央监控系统用以监测各分中心和净水厂的无人设备，它可以完成收集管网点的信息，预测配水量，制定送水泵运行计划，计算管网终端水压控制值，把控制指令传送给分中心、泵站、清水池等工作。分中心监控水源地、清水池、泵站各设施的流量、水位、水压和水质等参数并传送给中央监控系统。现场终端设在泵站、管网末端和水源地等，用以检测水质、流量、机泵运转状况、接受及执行中心来的指令。整个系统具有遥测、遥控、监视机电设备运行状况、数据处理、数值统计、预测值计算和指导操作员进行供配水调度及无线电话的功能。

从长远看，建立城市供水管网的数学模型，结合计算机进行城市供水系统的优化调度是供水行业发展的必然趋势。优化调度系统的应用，在很大程度上依赖于系统监测控制设备及数据获取水平的提高、可用软件的普及程度及用水量模型的预测精度。

由于管网建模需要消耗较多人力物力与时间，不是短期内能够实现的，在发展 SCADA 软件的同时，当前还是以经济调度为主，在管网中设置相当的有线或无线的远距离水压监测器，依此作为控制人员实际操作的依据，来选择经济合理的水源与配泵。

第五节　排水管渠系统的管理和维护

一、管理和维护的任务

排水管渠在建成通水后，为了保证其正常工作，必须经常进行维护和管理。排水管渠常见的故障有：污物淤积堵塞管道；过重的外荷载、地基不均匀沉陷或污水的浸蚀作用，使管渠损坏、裂缝或腐蚀等。

维护管理的任务是：(1) 验收排水管渠；(2) 监督排水管渠使用规则的执行；(3) 经常检查、冲洗或清通排水管渠，以维持其排水能力；(4) 修理管渠及其附属构筑物，并处理意外事故等。

排水管渠系统的养护工作，一般由城市建设机关专设部门领导，按行政区划设养护管理所，下划若干养护工程队，分片负责。整个城市排水系统的管理养护组织一般可分为管渠系统、排水泵站和污水厂三部分。工厂内的排水系统一般由工厂自行负责管理与维护。在实际工作中，管渠系统的管理维护应实行岗位责任制，分片区包干。同时，可根据管渠中沉淀可能性的大小，划分成若干个维护等级，以便对其中水力条件差、排入管渠的污物较多，易于淤积的管渠进行重点维护。实践证明，这样可大大提高维护工作的效率，是保证排水管渠正常工作的行之有效的办法。

二、管渠的清通

管渠系统管理维护经常性的和大量的工作是清通排水管渠。在排水管渠中，往往由于水量不足，坡度较小，污水中污物较多或施工质量不良等原因而发生沉淀、淤积，淤积过多将影响管渠的排水能力，甚至造成管渠的堵塞。因此，必须定期清通。清通的方法主要有竹劈清通法、钢丝清通法、水力方法和机械方法等。

1. 竹劈清通法

作业时，首先需要在有积水的下游方向找排水检查井，然后揭开检查井井盖，如需清通的排水管管径较大，宜采用竹劈进行清通。

用竹劈清通时，应先将竹劈较细一端插入排水井中，为增强竹劈端头的锐力，同时保护端头不致过早地磨坏，宜在竹劈较细的端头包上锐形铁尖，插入竹劈的长度应超出堵塞的范围，然后来回地进行抽拉，直到将被堵塞管道清通为止，当一节竹劈长度不够时，可将几节竹劈连接起来使用。

2. 钢丝清通法

当被堵塞的排水管道直径较小时，宜采用钢丝清通法。用钢丝清通管道时，一般选用直径为 1.5mm 的钢丝，既能钩出管道中诸如棉丝、布条之类的堵塞物，又不致于在管道接口处被卡住，宜在插入管道的一端弯成小钩。为转动钢丝方便，应将露在管道外的钢丝盘成圈，清通时，既要不断地转动钢丝，又要经常改变转动的方向。当感觉到钢丝碰到堵塞物时，应将钢丝向一个方向转动几下后，再将钢丝拖出，钩出堵塞物。照此方法，将钢丝捅入、转动、拉出，反复进行多次，至将堵塞的管道清通好为止。

对清通小管径、长度小且有电源的地方，用排水疏通机既快又省力，有条件时应优先选用。

3. 水力清通

水力清通方法是用水对管道进行冲洗。可以利用管道内的污水自冲，也可利用自来水或河水。用管道内污水自冲时，管道本身必须具有一定的流量，同时管内的淤泥不宜过多（20%左右）。用自来水冲洗时，通常从消防龙头或街道集中给水栓取水，或用水车将水送到冲洗现场，一般在街坊内的污水支管每冲洗一次大约需水 2000~3000m³。

水力清通的操作方法是：首先用一个一端由钢丝绳系在绞车上的橡皮气塞或木桶橡皮刷堵住管道井下游管道的进口，使上游管道充水。待上游管道充满并在检查井中水位抬高至 1m 左右以后，突然放掉气塞中部分空气，使气塞缩小，气塞便在水流的推力作用下往下游浮动而刮走污泥，同时水流在上游较大的水压的作用下，以较大的流速从气塞底部冲向下游管道。这样沉积在管底的淤泥便在气塞和水流的冲刷下排向下游的检查井，而管道本身则得到清洗（见图 10-1）。污泥排入下游的检查井后，可用吸泥车抽吸运走。

近年来，有些城市采用水力冲洗车进行管道的清通。目前生产中使用的水力冲洗车的水罐容量为 1.2~8.0m³，高压胶管直径为 25~32mm，喷头喷嘴为 1.5~8.0mm 等多种规格，射水方向与喷头前进方向盘相反，喷射角为 15°、30°或 35°，消耗的喷水量为 200~500L/min。

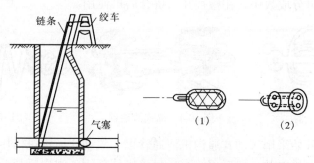

图 10-1　水力清通操作示意图
(1) 橡皮气塞；(2) 木桶橡皮刷

水力清通方法操作简便，工效较高，工作人员操作条件较好，目前已得到广泛采用。根据我国一些城市的经验，水力清通不仅能清除下游管道 250m 以内的淤泥，而且在 150m 左右的上游管道中的淤泥也能得到相当程度的清刷。当检查井中水位升高到 1.20m 时，突然松塞放水，不仅可以清除污泥，而且可冲刷出管道中的碎砖石等。但在管渠系统脉脉相通的地方，当一处用上了气塞后，虽然此处的管渠堵塞了，由于上游的污水可以流向别的管段，无法在该管渠中积存，气塞也就无法向下游移动，此时只能采用水力冲洗车或从别的地方运水来冲洗，消耗的水量较大。

4. 机械清通

当管渠淤塞严重，淤泥粘结比较密实，水力清通效果不好时，需要采用机械清通的方法。机械清通时，首先用竹片穿过需要清通的管渠段，竹片一端系上钢丝绳，绳上系住清通工具的一端。在清通管渠段的两端检查井上各设一架绞车，当竹片穿过管渠段后

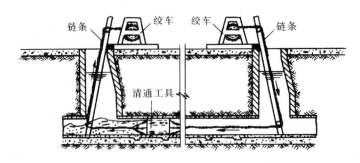

图 10-2 机械清通操作示意

将钢丝绳系在一架绞车上，清通工具的另一端通过钢丝绳系在另一绞车上。然后利用绞车往复绞动钢丝绳，带动清通工具将淤泥刮至下游检查井内，使管渠得以清通。绞车的动力可以是手动的，也可以是机动的，如以汽车引擎作为动力。机械清通的操作示意如图 10-2 所示。

机械清通工具是多种多样的，按其作用分有耙松淤泥的骨形松土器（图 10-3）、清通树根及破布等的锚式清通器（图 10-4）和弹簧刀（图 10-5），用于刮泥的清通工具，如胶皮刷图 10-6（a）、铁箕图 10-6（b）、钢丝刷图 10-7（a）、铁牛图 10-7（b）等。

清通工具的大小应与管道管径相适应，当管壁较厚时，可先用小号清通工具，待淤泥清除到一定程度后再用与管径相适应的清通工具。清通大管径时，由于检查井的井口尺寸的限制，清通工具可分成数块，在检查井内拼合后再使用。

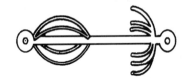
图 10-3 骨形松土器

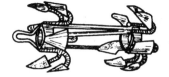
图 10-4 锚式清通器

图 10-5 弹簧刀

近年来，国外开始采用气动式通沟机清通管渠。气动式通沟机借压缩空气把清泥器从一个检查井送到另一检查井，然后用绞车通过该机尾部钢丝绳向后拉，清泥器的翼片即行张开，把管内淤泥刮到检查井底部。钻杆通沟机是通过汽油机或汽车引擎带动钻头向前钻进，同时将管内的淤积物清除到另一检查井中。淤泥被刮到下游检查井后，通常用吸泥车吸出，如果淤泥含水量少，也可采用抓泥车挖出，然后用汽车运走。

排水管渠的维护工作必须注意安全。管渠中的污水常常会析出硫化氢、甲烷、二氧化

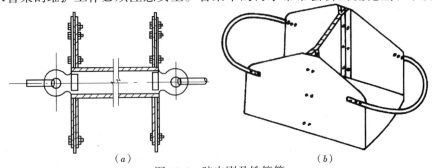

图 10-6 胶皮刷及铁箕
(a) 胶皮刷；(b) 铁箕

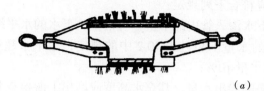

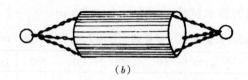

图 10-7 钢丝刷及铁牛
(a) 钢丝刷；(b) 铁牛

碳等气体，某些生产污水能析出石油、汽油或苯等气体，这些气体与空气中的氮混合能形成爆炸性气体。煤气管道的失修、渗漏也能导致煤气逸入排水管渠中造成危险。如果维护人员要下井，除应有必要的劳动保护措施外，下井前必须先将安全灯放入井内，如有有害气体，由于缺氧，灯将熄灭。如有爆炸性气体，灯在熄灭前会发出闪光。在发现管渠中存在有害气体时，必须采取有效措施排除，例如将相邻两检查井的井盖打开一段时间，或者用引风机吸出有害气体。排气后要进行复查。即使确认有害气体已被排除，维护人员下井时仍应有适当的预防措施，例如在井内不得携带有明火的灯，不得点火或吸烟，必要时可戴上附有气带的防毒面具，穿上系有绳子的防护腰带，井外留人，以备随时给予井下人员以必要的援助。

三、排水管渠的修理

系统地检查排水管渠的淤塞及损坏情况，有计划地安排管渠修理，是维护工作的重要内容之一。当发现管渠系统有损坏时，应及时修理，以防止损坏处扩大而造成事故。管渠的修理有大修与小修之分，应根据各地的经济条件来划分。修理内容包括检查井、雨水口顶盖等的修理与更换；检查井内踏步的更换，砖块脱落后的修理；局部管渠段损坏后的修补；由于出户管的增加需要添建的检查井及管渠；或由于管渠本身损坏严重、淤积严重，无法清通时所需的整段开挖翻修。

当进行检查井的改建、添加或整段管渠翻修时，常常需要断绝污水的流通，应采取措施，例如安装临时水泵将污水从上游检查井抽送到下游检查井，或者临时将污水引入雨水管渠中。修理项目应尽可能在短时间内完成，如能在夜间进行更好。在需时较长时，应与有关交通部门取得联系，设置路障，夜间应挂红灯。

四、排水管道渗漏检测

排水管道的渗漏主要用闭水试验来检测，闭水试验的方法是先将两排水检查井间的管道封闭，封闭的方法可用砖砌水泥砂浆或用木制堵板加止水垫圈。封闭管道后，从管道低的一端充水，目的为了便于排除管道中的空气，直到排气管排水关闭排气阀，再充水使水位达到水筒内所要求的高度，记录时间和计算水筒内的降水量，则可根据规范的要求进行判断管道的渗水量。

对非金属污水管道闭水试验应符合下列规定：

(1) 在潮湿土壤中，检查地下水渗入管中的水量，可根据地下水的水平线而定。地下水位超过管顶2~4m，渗入管中的水量不超过表10-2中的规定；地下水超过管顶4m以上，则每增加水头1m，允许渗入水量10%；

(2) 在干燥土壤中，检查管道的渗出水量，其充水高度应高出上游检查井内管顶高度4m，渗水不应大于表10-2中的规定；

(3) 非金属污水管道的渗水试验时间不应小于30min。

1000m长管道在一昼夜内允许渗入或渗出水量（m³）　　　表10-2

管　径（mm）	<150	200	250	300	350	400	450	500	600
钢筋混凝土管、混凝土管或石棉水泥管	7.0	20	24	8	30	32	34	36	40
缸瓦管	7.0	12	15	18	20	21	22	23	23

思 考 题

1. 施工单位应保存的技术资料有哪些？
2. 管道涂料防腐的施工步骤是什么？
3. 给水管道有哪些检漏方法？
4. 为避免管道内水质变坏，应采取哪些措施？
5. 排水管渠系统管理和维护的任务是什么？
6. 排水管道的清通方法有哪些？
7. 排水管渠修理的内容有哪些？

附 录

排水管道与其他管线（构筑物）的最小净距　　　　附录 1-1

名 称	水平净距（m）	垂直净距（m）	名 称	水平净距（m）	垂直净距（m）
建筑物	见注 3		乔木	见注 5	
给水管	见注 4	0.15 见注 4	地上柱杆	1.5	
排水管	1.5	0.15	道路侧石边缘	1.5	
煤气管 低压	1.0	0.15	铁路	见注 6	轨底 1.2
煤气管 中压	1.5		电车路轨	2.0	
煤气管 高压	2.0		架空管架基础	2.0	
煤气管 特高压	5.0		油管	1.5	0.25
热力沟管	1.5		压缩空气管	1.5	0.15
电力电缆	1.0		氧气管	1.5	0.25
			乙炔管	1.5	0.25
			电车电缆		0.50
通讯电缆	1.0	直埋 0.5 穿埋 0.15	明渠渠底		0.50
			涵洞基础底		0.15

注：1. 表列数字除注明者外，水平净距均指外壁净距，垂直净距系指下面管道的外顶与上面管道距基础底间净距。
　　2. 采取充分措施（如结构措施）后，表列数字可以减小。
　　3. 与建筑物水平净距，管道埋深浅于建筑物基础时，一般不小于 2.5m（压力管不小于 5.0m）；管道埋深深于建筑物基础时，按计算确定，但不小于 3.0m。
　　4. 与给水管水平净距，给水管径小于或等于 200mm 时，不小于 1.5m，给水管径大于 200mm 时，不小于 3.0m；与生活给水管道交叉时，污水管道、合流管道在生活给水管道下面的垂直净距不应小于 0.4m。当不能避免在生活给水管道上面穿越时，必须予以加固。加固长度不应小于生活给水管道的外径加 4m。
　　5. 与乔木中心距离不小于 1.5m；如遇现状高大乔木时，则不小于 2.0m。
　　6. 穿越铁路时应尽量垂直通过，沿单行铁路敷设时应距路堤坡脚或路堑坡顶不小于 5m。

居民生活用水定额 [L/（cap.d）]　　　　附录 3-1

城市规模	特大城市		大城市		中、小城市	
分区　用水情况	最高日	平均日	最高日	平均日	最高日	平均日
一	180~270	140~210	160~250	120~190	140~230	100~170
二	140~200	110~160	120~180	90~140	100~160	70~120
三	140~180	110~150	120~160	90~130	100~140	70~110

注：cap 表示"人"的计量单位。

综合生活用水定额 [L/（cap.d）]　　　　附录 3-2

城市规模	特大城市		大城市		中、小城市	
分区　用水情况	最高日	平均日	最高日	平均日	最高日	平均日
一	260~410	210~340	240~390	190~310	220~370	170~280
二	190~280	150~240	170~260	130~210	150~240	110~180
三	170~270	140~230	150~250	120~200	130~230	100~170

注：1. 居民生活用水指：城市居民日常生活用水。
　　2. 综合生活用水指：城市居民日常生活用水和公共建筑用水，但不包括浇洒道路、绿地和其他市政用水。
　　3. 特大城市指：市区和近郊区非农业人口 100 万及以上的城市；
　　　大城市指：市区和近郊区非农业人口 50 万及以上，不满 100 万的城市；
　　　中、小城市指：市区和近郊区非农业人口不满 50 万的城市；
　　4. 一区包括：贵州、四川、湖北、湖南、江西、浙江、福建、广东、广西、海南、上海、云南、江苏、安徽、重庆；
　　　二区包括：黑龙江、吉林、辽宁、北京、天津、河北、山西、河南、山东、宁夏、陕西、内蒙古河套以东和甘肃黄河以东的地区；
　　　三区包括：新疆、青海、西藏、内蒙古河套以西和甘肃黄河以西的地区。
　　5. 经济开发区和特区城市，根据用水实际情况，用水定额可酌情增加。

集体宿舍、旅馆和公共建筑生活用水定额及小时变化系数   附录 3-3

序号	建筑物名称	单位	生活用水定额（最高日）(L)	小时变化系数
1	集体宿舍			
	有盥洗室	每人每日	50~100	2.5
	有盥洗室和浴室	每人每日	100~200	2.5
2	旅馆、招待所			
	有集中盥洗室	每床每日	50~100	2.5~2.0
	有盥洗室和浴室	每床每日	100~200	2.0
	设有浴室的客房	每床每日	200~300	2.0
3	宾馆			
	客房	每床每日	400~500	2.0
4	医院、疗养院、休养所			
	有集中盥洗室	每病床每日	50~100	2.5~2.0
	有盥洗室和浴室	每病床每日	100~200	2.5~2.0
	设有浴室的病房	每病床每日	250~400	2.0
5	门诊部、诊疗所	每病人每次	15~25	2.5
6	公共浴室			
	有淋浴器	每顾客每次	15~20	2.0~1.5
	设有浴池、淋浴器、浴盆、理发室	每顾客每次	10~15	2.0~1.5
7	理发室	每顾客每次	10~25	2.0~1.5
8	洗衣房	每公斤干衣	40~80	1.5~1.0
9	餐饮业			
	营业餐厅	每顾客每次	10~20	2.0~1.5
	工业企业、机关、学校食堂	每顾客每次	10~15	2.5~2.0
10	幼儿园、托儿所			
	有住宿	每儿童每日	50~100	2.5~2.0
	无住宿	每儿童每日	25~50	2.5~2.0
11	商场	每顾客每次	1~3	2.5~2.0
12	菜市场	每平方米每次	2~3	2.5~2.0
13	办公楼	每人每班	30~60	2.5~2.0
14	中小学校（无住宿）	每学生每日	30~50	2.5~2.0
15	高等院校（有住宿）	每学生每日	100~200	2.5~1.5
16	电影院	每观众每场	3~8	2.5~2.0
17	剧院	每观众每场	10~20	2.5~2.0
18	体育场			
	运动员淋浴	每人每次	50	2.0
	观众	每人每场	3	2.0
19	游泳池			

注：1. 高等学校、幼儿园、托儿所为生活用水综合指标。

2. 集体宿舍、旅馆、招待所、医院、疗养院、修养所、办公楼、中小学校生活用水定额均不包括食堂、洗衣房的用水量，医院、疗养院、修养所指病房生活用水。

3. 菜市场用水指地面冲洗水。

4. 生活用水定额除包括主要用水对象的用水外，还包括工作人员的用水，其中旅馆、招待所、宾馆生活用水定额包括客房服务员生活用水，不包括其他服务人员生活用水量。

5. 理发室包括洗毛巾用水。

6. 生活用水定额包括生活用热水用水地定额和饮水定额。

工业企业职工淋浴用水定额 附录 3-4

车间卫生特征			每人每班淋浴用水定额（L）
有毒物质	生产性粉尘	其他	
极易经皮肤吸收引起中毒的剧毒物质（如有机磷、三硝基甲苯等）		处理传染性材料、动物原料（如皮毛等）	60
易经皮肤吸收或有恶臭的物质，或高毒物质（如丙烯腈、苯酚等）	严重污染全身或对皮肤有刺激的粉尘（如炭黑、玻璃棉等）	高温作业、井下作业	40
其他毒物	一般粉尘（如棉尘）	重作业	
不接触有毒物质及粉尘，不污染或轻度污染身体（或仪表、金属冷加工等）			

城镇、居住区室外消防用水量 附录 3-5

人数（万人）	同一时间内的火灾次数（次）	一次灭火用水量（L/s）
≤1.0	1	10
≤2.5	1	15
≤5.0	2	25
≤10.0	2	35
≤20.0	2	45
≤30.0	2	55
≤40.0	2	65
≤50.0	3	75
≤60.0	3	85
≤70.0	3	90
≤80.0	3	95
≤10.0	3	100

注：城镇的室外消防用水量应包括居住区、工厂、仓库（含堆场、贮罐）和民用建筑的室外消火栓用水量。当工厂、仓库和民用建筑的室外消火栓用水量按附录 3-7 计算，其值与按本表计算不一致时，应取其较大值。

同一时间内的火灾次数表 附录 3-6

名称	基地面积（hm²）	附有居住区人数（万人）	同一时间内的火灾次数	备注
工厂	≤100	≤1.5	1	按需水量最大的一座建筑物（或堆场、贮罐）计算
		>1.5	2	工厂、居住区各一次
	>100	不限	2	按需水量最大的两座建筑物（或堆场、贮罐）计算
仓库民用建筑	不限	不限	1	按需水量最大的一座建筑物（或堆场、贮罐）计算

注：采矿、选矿等工业企业，如各分散基地有单独的消防给水系统时，可分别计算。

附录 5-1

铸铁管水力计算表

Q		DN (mm) 50		75		100		125			
(m³/s)	(L/s)	v	1000i	v	1000i	v	1000i	v	1000i	v	1000i
1.80	0.50	0.26	4.99								
2.16	0.60	0.32	6.90								
2.52	0.70	0.37	9.09								
2.88	0.80	0.42	11.6								
3.24	0.90	0.48	14.3								
3.60	1.0	0.53	17.3								
3.96	1.1	0.58	20.6	0.21	0.92						
4.32	1.2	0.64	24.1	0.23	2.31						
4.68	1.3	0.69	27.9	0.26	2.76						
5.04	1.4	0.74	32.0	0.28	3.20						
5.40	1.5	0.79	36.3	0.30	3.69						
5.76	1.6	0.85	40.9	0.33	4.22						
6.12	1.7	0.90	45.7	0.35	4.77						
6.48	1.8	0.95	50.8	0.37	5.34						
6.84	1.9	1.01	56.2	0.39	5.95						
7.20	2.0	1.06	61.9	0.42	6.59						
7.56	2.1	1.11	67.9	0.44	7.28						
7.92	2.2	1.17	74.0	0.46	7.98	0.20	1.17				
8.28	2.3	1.22	80.3	0.49	8.71	0.21	1.31				
8.64	2.4	1.27	87.5	0.51	9.47	0.22	0.45				
9.00	2.5	1.33	94.9	0.53	10.3	0.23	1.61				
9.36	2.6	1.38	103	0.56	11.1	0.25	1.77				
9.72	2.7	1.43	111	0.58	11.9	0.26	1.94				
10.08	2.8	1.48	119	0.60	12.8	0.27	2.11				
10.44	2.9	1.54	128	0.63	13.8	0.29	2.29				
10.80	3.0	1.59	137	0.65	14.7	0.30	2.48	0.20	0.902		
11.16	3.1	1.64	146	0.67	15.7	0.31	2.66	0.21	0.966		
11.52	3.2	1.70	155	0.70	16.7	0.32	2.88	0.215	1.03		
11.23	3.3	1.75	165	0.72	17.7	0.34	3.08	0.22	1.11		
12.24	3.4	1.80	176	0.74	18.8	0.35	3.30	0.23	1.18		
12.60	3.5	1.86	186	0.77	19.9	0.36	3.52	0.24	1.25		
12.96	3.6	1.91	197	0.79	21.0	0.38	3.75	0.25	1.33		
13.32	3.7	1.96	208	0.81	22.2	0.39	0.98	0.265	1.41	0.20	0.723
13.68	3.8	2.02	219	0.84	23.2	0.40	4.23	0.26	1.49	0.21	0.755
14.04	3.9	2.07	231	0.86	24.5	0.42	4.47	0.27	1.57	0.212	0.794
14.40	4.0	2.12	243	0.88	25.8	0.43	4.73	0.28	1.66	0.22	0.834
14.76	4.1	2.17	255	0.91	27.1	0.44	4.99	0.29	1.75	0.224	0.874
15.12	4.2	2.23	268	0.93	28.4	0.45	5.26	0.30	1.84	0.23	0.909
15.48	4.3	2.28	281	0.95	29.7	0.47	5.53	0.31	1.93	0.235	0.952
15.84	4.4	2.33	294	0.98	31.1	0.48	5.81	0.315	2.03	0.24	0.995
				1.00	32.5	0.49	6.10	0.32	2.12	0.25	1.04
				1.02	33.9	0.51	6.39	0.33	2.22	0.252	1.08
						0.52	6.69	0.34	2.31		
						0.53	7.00	0.35	12.42		
						0.55	7.31	0.36	2.53		
						0.56	7.63	0.364	2.63		
						0.57	7.96				

续表

Q		DN (mm)												
		50		75		100		125		150				
(m³/s)	(L/s)	v	1000i	v	1000i	v	1000i	v	1000i	v	1000i	v	1000i	
16.20	4.5	2.39	308	1.05	35.3	0.58	8.29	0.37	2.74	0.26	1.12			
16.56	4.6	2.44	321	1.07	36.8	0.60	8.63	0.38	2.85	0.264	1.17			
16.92	4.7	2.49	335	1.09	38.3	0.61	8.97	0.39	2.96	0.27	1.22			
17.28	4.8	2.55	350	1.12	39.8	0.62	9.33	0.40	3.07	0.275	1.26			
17.64	4.9	2.60	365	1.14	41.4	0.64	9.68	0.41	3.20	0.28	1.31			
18.00	5.0	2.65	380	1.16	43.0	0.65	10.0	0.414	3.31	0.286	1.35			
18.36	5.1	2.70	395	1.19	44.6	0.66	10.4	0.42	3.43	0.29	1.40			
18.72	5.2	2.76	411	1.21	46.2	0.68	10.8	0.43	3.56	0.30	1.45			
19.08	5.3	2.81	427	1.23	48.0	0.69	11.2	0.44	3.68	0.304	1.50			
19.44	5.4	2.86	443	1.26	49.8	0.70	11.6	0.45	3.80	0.31	1.55			
19.80	5.5	2.92	459	1.28	51.7	0.72	12.0	0.455	3.92	0.315	1.60			
20.16	5.6	2.97	476	1.30	53.6	0.73	12.3	0.46	4.07	0.32	1.65			
20.52	5.7	3.02	493	1.33	55.3	0.74	12.7	0.47	4.19	0.33	1.71			
20.88	5.8			1.35	57.3	0.75	13.2	0.48	4.32	0.333	1.77			
21.24	5.9			1.37	59.3	0.77	13.6	0.49	4.47	0.34	1.81			
21.60	6.0			1.39	61.5	0.78	14.0	0.50	4.60	0.344	1.87			
21.96	6.1			1.42	63.6	0.79	14.4	0.505	4.74	0.35	1.93			
22.32	6.2			1.44	65.7	0.80	14.9	0.551	4.87	0.356	1.99			
22.68	6.3			1.46	67.8	0.82	15.3	0.52	5.03	0.36	2.08	0.20	0.505	
23.04	6.4			1.49	70.0	0.83	15.8	0.53	5.17	0.37	2.10	0.206	0.518	
23.40	6.5			1.51	72.2	0.84	16.2	0.54	5.31	0.373	2.16	0.21	0.531	
23.76	6.6			1.53	74.4	0.86	16.7	0.55	5.46	0.38	2.22	0.212	0.545	
24.12	6.7			1.56	76.7	0.87	17.2	0.555	5.62	0.384	2.28	0.215	0.559	
24.48	6.8			1.58	79.0	0.88	17.7	0.56	5.77	0.39	2.34	0.22	0.577	
24.84	6.9			1.60	81.3	0.90	18.1	0.57	5.92	0.396	2.41	0.222	0.591	
25.20	7.0			1.63	83.7	0.91	18.6	0.58	6.09	0.40	2.46	0.225	0.605	
25.56	7.1			1.65	86.1	0.92	19.1	0.59	6.24	0.41	2.53	0.228	0.619	
25.92	7.2			1.67	88.6	0.93	19.6	0.60	6.40	0.413	2.60	0.23	0.634	
26.28	7.3			1.70	91.1	0.95	20.1	0.604	6.56	0.42	2.66	0.235	0.653	
26.64	7.4			1.72	93.6	0.96	20.7	0.61	6.74	0.424	2.72	0.238	0.668	
27.00	7.5			1.74	96.1	0.97	21.2	0.62	6.90	0.43	2.79	0.24	0.683	
27.36	7.6			1.77	98.7	0.99	21.7	0.63	7.06	0.436	2.86	0.244	0.698	
27.72	7.7			1.79	101	1.00	22.2	0.64	7.25	0.44	2.93	0.248	0.718	
28.08	7.8			1.81	104	1.01	22.8	0.65	7.41	0.45	2.99	0.25	0.734	
28.44	7.9			1.84	107	1.03	23.3	0.654	7.58	0.453	3.07	0.254	0.749	
28.80	8.0			1.86	109	1.04	23.9	0.66	7.75	0.46	3.14	0.257	0.765	
29.16	8.1			1.88	112	1.05	24.4	0.67	7.95	0.465	3.21	0.26	0.781	
29.52	8.2			1.91	115	1.06	25.0	0.68	8.12	0.47	3.28	0.264	0.802	
29.884	8.3			1.93	118	1.08	25.6	0.69	8.30	0.476	3.35	0.267	0.819	
30.24	8.4			1.95	121	1.09	26.2	0.70	8.50	0.48	3.43	0.27	0.835	

续表

Q		DN (mm)											
		75		100		125		150		200		250		300	
(m³/s)	(L/s)	v	1000i	v	1000i	v	1000i	v	1000i	v	1000i	v	1000i	v	1000i
30.60	8.5	1.98	123	1.10	26.7	0.704	8.68	0.49	3.49	0.273	0.851				
30.96	8.6	2.00	126	1.12	27.3	0.71	8.86	0.493	3.57	0.277	0.874				
31.32	8.7	2.02	129	1.13	27.9	0.72	9.04	0.50	3.65	0.28	0.891				
31.68	8.8	2.05	129	1.14	28.5	0.73	9.25	0.505	3.73	0.283	0.908				
32.04	8.9	2.07	132	1.16	29.2	0.75	9.44	0.51	3.80	0.287	0.930				
32.40	9.0	2.09	135	1.17	29.9	0.745	9.63	0.52	3.91	0.29	0.942				
33.30	9.25	2.15	138	1.2	31.3	0.77	10.1	0.53	4.07	0.30	0.989				
34.20	9.5	2.21	146	1.23	33.0	0.79	10.6	0.54	4.28	0.305	1.04				
35.10	9.75	2.27	154	1.27	34.7	0.81	11.2	0.56	4.49	0.31	1.09				
36.00	10.0	2.33	162	1.30	36.5	0.83	11.7	0.57	4.69	0.32	1.13				
36.90	10.25	2.38	171	1.33	38.4	0.85	12.2	0.59	4.92	0.33	1.19				
37.80	10.5	2.44	180	1.36	40.3	0.87	12.8	0.60	5.13	0.34	1.24				
38.70	10.75	2.50	188	1.40	42.2	0.89	13.4	0.62	5.37	0.35	1.30				
39.60	11.0	2.56	197	1.43	44.2	0.91	14.0	0.63	5.59	0.354	1.35				
40.50	11.25	2.62	207	1.46	46.2	0.93	14.6	0.64	5.82	0.36	1.41				
41.40	11.5	2.67	216	1.49	48.3	0.95	15.1	0.66	6.07	0.37	1.46				
42.30	11.75	2.73	226	1.53	50.4	0.97	15.8	0.67	6.31	0.38	1.52				
43.20	12.0	2.79	236	1.56	52.6	0.99	16.4	0.69	6.55	0.39	1.58				
44.10	12.25	2.85	246	1.59	54.8	1.01	17.0	0.70	6.82	0.394	1.64				
45.00	12.5	2.91	256	1.62	57.1	1.03	17.7	0.72	7.07	0.40	1.70				
45.90	12.75	2.96	267	1.66	59.4	1.06	18.4	0.73	7.32	0.41	1.76				
46.80	13.0	3.02	278	1.69	61.7	1.08	19.0	0.75	7.60	0.42	1.82				
47.70	13.25		289	1.72	64.1	1.10	19.7	0.76	7.87	0.43	1.88				
48.60	13.5			1.75	66.6	1.12	20.4	0.77	8.14	0.434	1.95				
49.50	13.75			1.79	69.1	1.14	21.2	0.79	8.43	0.44	2.01				
50.40	14.0			1.82	71.6	1.16	21.9	0.80	8.71	0.45	2.08				
51.30	14.25			1.85	74.2	1.18	22.6	0.82	8.99	0.46	2.15	0.20	0.384		
52.20	14.5			1.88	76.8	1.20	23.3	0.83	9.30	0.47	2.21	0.21	0.400		
53.10	14.75			1.92	79.5	1.22	24.1	0.85	9.59	0.474	2.28	0.216	0.421		
54.00	15.0			1.95	82.2	1.24	24.9	0.86	9.88	0.48	2.35	0.22	0.438		
55.80	15.5			2.01	87.8	1.28	26.6	0.89	10.5	0.50	2.50	0.226	0.456		
57.60	16.0			2.08	93.5	1.32	28.4	0.92	11.1	0.51	2.64	0.23	0.474		
59.40	16.5			2.14	99.5	1.37	30.2	0.95	11.8	0.53	2.79	0.236	0.492		
61.20	17.0			2.21	106	1.41	32.0	0.97	12.5	0.55	2.96	0.24	0.510	0.20	0.301
63.00	17.5			2.27	112	1.45	33.9	1.00	13.2	0.56	3.12	0.246	0.529	0.21	0.312
64.80	18.0			2.34	118	1.49	35.9	1.03	13.9	0.58	3.28	0.25	0.552	0.212	0.320
66.60	18.5			2.40	125	1.53	37.9	1.06	14.6	0.59	3.45	0.26	0.572	0.22	0.338
68.40	19.0			2.47	132	1.57	40.0	1.09	15.3	0.61	3.62	0.262	0.592	0.23	0.358
70.20	19.5			2.53	139	1.61	42.1	1.12	16.1	0.63	3.80	0.27	0.612	0.233	0.377
72.00	20.2			2.60	146	1.66	44.3	1.15	16.9	0.64	3.97	0.272	0.632	0.24	0.398
												0.28	0.653	0.25	0.421
												0.282	0.674	0.255	0.443
												0.29	0.695	0.26	0.464
												0.293	0.721	0.27	0.486
												0.30	0.743	0.28	0.509
												0.303	0.766	0.283	0.532
												0.31	0.788		
												0.32	0.834		
												0.33	0.886		
												0.34	0.935		
												0.35	0.985		
												0.36	1.04		
												0.37	1.09		
												0.38	1.15		
												0.39	1.20		
												0.40	1.26		
												0.41	1.32		

续表

Q		DN (mm)															
		100		125		150		200		250		300		350		400		450	
(m³/s)	(L/s)	v	1000i	v	1000i	v	1000i	v	1000i	v	1000i	v	1000i	v	1000i	v	1000i	v	1000i
73.8	20.5	2.66	1554	1.70	46.5	1.18	17.7	0.66	4.16	0.42	1.38	0.29	0.556	0.213	0.264				
75.60	21.0	2.73	161	1.74	48.8	1.20	18.4	0.67	4.34	0.43	1.44	0.30	0.580	0.22	0.275				
77.40	21.5	2.79	169	1.78	51.2	1.23	19.3	0.69	4.53	0.44	1.50	0.304	0.604	0.223	0.286				
79.20	22.0	2.86	177	1.82	53.6	1.26	20.2	0.71	4.73	0.45	1.57	0.31	0.629	0.23	0.300				
81.00	22.5	2.92	185	1.86	56.1	1.29	21.2	0.72	4.93	0.46	1.63	0.32	0.655	0.234	0.311				
82.80	23.0	2.99	193	1.90	58.6	1.32	22.1	0.74	5.13	0.47	1.69	0.325	0.681	0.24	0.323				
84.60	23.5			1.95	61.2	1.35	23.1	0.76	5.35	0.48	1.77	0.33	0.707	0.244	0.335				
86.40	24.0			1.99	63.8	1.38	24.1	0.77	5.56	0.49	1.83	0.34	0.734	0.25	0.347				
88.20	24.5			2.03	66.5	1.41	25.1	0.79	5.77	0.50	1.90	0.35	0.765	0.255	0.362				
90.00	25.0			2.07	69.2	1.43	26.1	0.80	5.98	0.51	1.97	0.354	0.793	0.26	0.375				
91.80	25.5			2.11	72.0	1.46	27.2	0.82	6.21	0.52	2.05	0.36	0.821	0.265	0.388	0.20	0.204		
93.60	26.0			2.15	74.9	1.49	28.3	0.84	6.44	0.53	2.12	0.37	0.850	0.27	0.401	0.207	0.211		
95.40	26.5			2.19	77.8	1.52	29.4	0.85	6.67	0.54	2.19	0.375	0.879	0.275	0.414	0.21	0.218		
97.20	27.0			2.24	80.7	1.55	30.5	0.87	6.90	0.55	2.26	0.38	0.910	0.28	0.430	0.215	0.225		
99.00	27.5			2.28	83.8	1.58	31.6	0.88	7.14	0.56	2.35	0.39	0.939	0.286	0.444	0.22	0.233		
100.8	28.0			2.32	86.8	1.61	32.8	0.90	7.38	0.57	2.42	0.40	0.969	0.29	0.458	0.223	0.240		
102.6	28.5			2.36	90.0	1.63	34.0	0.92	7.62	0.58	2.50	0.403	1.00	0.296	0.472	0.227	0.248		
104.4	29.0			2.40	93.2	1.66	35.2	0.93	7.87	0.59	2.58	0.41	1.03	0.30	0.486	0.23	0.256		
106.2	29.5			2.44	96.4	1.69	36.4	0.95	8.13	0.61	2.66	0.42	1.06	0.31	0.803	0.235	0.264		
108.0	30.0			2.48	99.6	1.72	37.7	0.96	8.40	0.62	2.75	0.424	1.10	0.312	0.518	0.24	0.271		
109.8	30.5			2.53	103	1.75	38.9	0.98	8.66	0.63	2.83	0.43	1.13	0.32	0.533	0.243	0.280		
111.6	31.0			2.57	106	1.78	40.2	1.00	8.92	0.64	2.92	0.44	1.17	0.322	0.548	0.247	0.288		
113.4	31.5			2.61	110	1.81	41.5	1.01	9.19	0.65	3.00	0.45	1.20	0.33	0.563	0.25	0.296	0.20	0.172
115.2	32.0			2.65	113	1.84	42.8	1.03	9.46	0.66	3.09	0.453	1.23	0.333	0.582	0.255	0.304	0.204	0.176
117.0	32.5			2.69	117	1.86	44.2	1.04	9.74	0.67	3.18	0.46	1.27	0.34	0.597	0.26	0.313	0.207	0.181
118.8	33.0			2.73	121	1.89	45.6	1.06	10.0	0.68	3.27	0.47	1.30	0.343	0.613	0.263	0.322	0.21	0.187
120.6	33.5			2.77	124	1.92	47.0	1.08	10.3	0.69	3.36	0.474	1.34	0.35	0.629	0.267	0.330	0.214	0.192
122.4	34.0			2.82	128	1.95	48.4	1.09	10.6	0.70	3.45	0.48	1.37	0.353	0.646	0.27	0.339	0.217	0.196
124.2	34.5			2.86	132	1.98	49.8	1.11	10.9	0.71	3.54	0.49	1.41	0.36	0.665	0.274	0.346	0.22	0.201
126.0	35.0			2.90	136	2.01	51.3	1.12	11.2	0.72	3.64	0.495	1.45	0.364	0.682	0.28	0.355	0.223	0.206
127.8	35.5			2.94	140	2.04	52.7	1.14	11.5	0.73	3.74	0.50	1.49	0.37	0.699	0.282	0.364	0.226	0.211
129.6	36.0			2.98	144	2.06	54.2	1.16	11.8	0.74	3.83	0.51	1.52	0.374	0.716	0.286	0.373	0.23	0.216
131.4	36.5			3.02	148	2.09	55.7	1.17	12.1	0.75	3.93	0.52	1.56	0.38	0.733	0.29	0.382	0.233	0.223
133.2	37.0					2.12	57.3	1.19	12.4	0.76	4.03	0.523	1.60	0.385	0.754	0.294	0.392	0.236	0.228
135.0	37.5					2.15	58.8	1.21	12.7	0.77	4.13	0.53	1.64	0.39	0.772	0.30	0.401	0.24	0.233
136.8	38.0					2.18	60.4	1.22	13.0	0.78	4.23	0.54	1.68	0.395	0.789	0.302	0.411	0.242	0.238
138.6	38.5					22.21	62.0	1.24	13.4	0.79	4.33	0.545	1.72	0.40	0.808	0.306	0.420	0.245	0.242
140.4	39.0					2.24	63.6	1.25	13.7	0.80	4.44	0.55	1.76	0.405	0.826	0.31	0.430	0.248	0.249
142.2	39.5					2.27	65.3	1.27	14.1	0.81	4.54	0.56	1.81	0.41	0.848	0.314	0.440	0.25	0.254
144.0	40.0					2.29	66.9	1.29	14.4	0.82	4.63	0.57	1.85	0.42	0.866	0.32	0.450		

续表

Q		DN (mm)														
		150		200		250		300		350		400		450		500		600	
(m³/s)	(L/s)	v	1000i	v	1000i	v	1000i	v	1000i	v	1000i	v	1000i	v	1000i	v	1000i	v	1000i
147.6	41	2.35	70.3	1.32	15.2	0.84	4.87	0.58	1.93	0.43	0.904	0.33	0.471	0.26	0.267	0.21	0.160		
151.2	42	2.41	73.8	1.35	15.9	0.86	5.09	0.59	2.02	0.44	0.943	0.334	0.492	0.264	0.278	0.214	0.167		
154.8	43	2.47	77.4	1.38	16.7	0.88	5.32	0.61	2.10	0.45	0.986	0.34	0.513	0.27	0.289	0.22	0.174		
158.4	44	2.52	81.0	1.41	17.5	0.90	5.56	0.62	2.19	0.46	1.03	0.35	0.534	0.28	0.302	0.224	0.181		
162.0	45	2.58	84.7	1.45	18.3	0.92	5.79	0.64	2.29	0.47	1.07	0.36	0.557	0.283	0.314	0.23	0.188		
165.6	46	2.64	88.5	1.48	19.1	0.94	6.04	0.65	2.38	0.48	1.11	0.37	0.579	0.29	0.326	0.234	0.196		
169.2	47	2.70	92.4	1.51	19.9	0.96	6.27	0.66	2.48	0.49	1.15	0.374	0.602	0.293	0.338	0.24	0.203		
172.8	48	2.75	96.4	1.54	20.8	0.99	6.53	0.68	2.57	0.50	1.20	0.38	0.625	0.30	0.353	0.244	0.211		
176.4	49	2.81	100	1.58	21.7	1.01	6.78	0.69	2.67	0.51	1.25	0.39	0.649	0.31	0.365	0.25	0.218		
180.0	50	2.87	105	1.61	22.6	1.03	7.05	0.71	2.77	0.52	1.30	0.40	0.673	0.314	0.378	0.255	0.228		
183.6	51	2.92	109	1.64	23.5	1.05	7.30	0.72	2.87	0.53	1.34	0.41	0.697	0.32	0.393	0.26	0.236		
187.2	52	2.98	113	1.67	24.4	1.07	7.58	0.74	2.99	0.54	1.39	0.414	0.722	0.33	0.406	0.265	0.244		
190.8	53	3.04	118	1.70	25.4	1.09	7.85	0.75	3.09	0.55	1.44	0.42	0.747	0.333	0.420	0.27	0.252		
194.4	54			1.74	26.3	1.11	8.13	0.76	3.20	0.56	1.49	0.43	0.773	0.34	0.433	0.275	0.260		
198.0	55			1.77	27.3	1.13	8.41	0.78	3.31	0.57	1.54	0.44	0.799	0.35	0.449	0.28	0.269		
201.6	56			1.80	28.3	1.15	8.70	0.79	3.42	0.58	1.59	0.45	0.826	0.352	0.463	0.285	0.277		
205.2	57			1.83	29.3	1.17	8.99	0.81	3.53	0.59	1.64	0.454	0.853	0.36	0.477	0.29	0.286	0.20	0.122
208.8	58			1.86	30.4	1.19	9.29	0.82	3.64	0.60	1.70	0.46	0.876	0.365	0.494	0.295	0.295	0.21	0.127
212.4	59			1.90	31.4	1.21	9.58	0.83	3.77	0.61	1.75	0.46	0.905	0.37	0.509	0.30	0.304	0.212	0.130
216.0	60			1.93	32.5	1.23	9.91	0.85	3.88	0.62	1.81	0.48	0.932	0.38	0.524	0.306	0.315	0.216	0.134
219.6	61			1.96	33.6	1.25	10.2	0.86	4.00	0.63	1.86	0.485	0.960	0.383	0.539	0.31	0.324	0.22	0.137
223.2	62			1.99	34.7	1.27	10.6	0.88	4.12	0.64	1.91	0.49	0.989	0.39	0.557	0.316	0.333	0.223	0.142
226.8	63			2.03	35.8	1.29	10.9	0.89	4.25	0.65	1.97	0.50	1.02	0.40	0.572	0.32	0.343	0.226	0.145
230.4	64			2.06	37.0	1.31	11.3	0.91	4.37	0.67	2.03	0.51	1.05	0.402	0.588	0.326	0.352	0.23	0.150
234.0	65			2.09	38.1	1.33	11.7	0.92	4.50	0.68	2.09	0.52	1.08	0.41	0.606	0.33	0.362	0.233	0.153
237.6	66			2.12	39.3	1.36	12.0	0.93	4.64	0.69	2.15	0.525	1.11	0.415	0.622	0.336	0.372	0.237	0.158
241.2	67			2.15	40.5	1.38	12.4	0.95	4.76	0.70	2.20	0.53	1.14	0.42	0.639	0.34	0.382	0.24	0.161
244.8	68			2.19	41.7	1.40	12.7	0.96	4.90	0.71	2.27	0.54	1.17	0.43	0.658	0.346	0.392	0.244	0.166
248.4	69			2.22	43.0	1.42	13.1	0.98	5.03	0.72	2.33	0.55	1.20	0.434	0.674	0.35	0.402	0.248	0.171
252.0	70			2.25	44.2	1.44	13.5	0.99	5.17	0.73	2.39	0.56	1.23	0.44	0.691	0.356	0.412	0.25	0.175
255.6	71			2.28	45.5	1.46	13.9	1.00	5.30	0.74	2.46	0.565	1.27	0.45	0.708	0.36	0.425	0.255	0.180
259.2	72			2.31	46.8	1.48	14.3	1.02	5.45	0.75	2.52	0.57	1.30	0.453	0.729	0.367	0.435	0.26	0.183
262.8	73			2.35	48.1	1.50	14.7	1.03	5.59	0.76	2.59	0.58	1.33	0.46	0.746	0.37	0.446	0.262	0.189
266.4	74			2.38	49.4	1.52	15.1	1.05	5.74	0.77	2.65	0.59	1.37	0.465	0.764	0.377	0.457	0.265	0.192
270.0	75			2.41	50.8	1.54	15.5	1.06	5.88	0.78	2.71	0.60	1.40	0.47	0.785	0.38	0.468	0.27	0.198
273.6	76			2.44	52.1	1.56	15.9	1.07	6.02	0.79	2.78	0.605	1.43	0.48	0.803	0.387	0.479	0.272	0.201
277.2	77			2.48	53.5	1.58	16.3	1.09	6.17	0.80	2.85	0.61	1.46	0.484	0.821	0.39	0.490	0.276	0.207
280.8	78			2.51	54.9	1.60	16.7	1.10	6.32	0.81	2.92	0.62	1.50	0.49	0.840	0.397	0.501	0.28	0.211
284.4	79			2.54	56.3	1.62	17.2	1.12	6.48	0.82	2.99	0.63	1.54	0.50	0.858	0.40	0.513	0.283	0.216
288.0	80			2.57	57.8	1.64	17.6	1.13	6.63	0.83	3.06	0.64	1.58	0.503	0.880	0.407	0.524		

续表

Q		DN (mm)																
		200		250		300		350		400		450		500		600		700		800	
(m³/s)	(L/s)	v	1000i	v	1000i	v	1000i	v	1000i	v	1000i	v	1000i	v	1000i	v	1000i	v	1000i	v	1000i
291.6	81	2.60	59.2	1.66	18.1	1.15	6.79	0.84	3.13	0.645	1.61	0.51	0.899	0.41	0.536	0.286	0.220				
295.2	82	2.64	60.7	1.68	18.5	1.16	6.94	0.85	3.20	0.65	1.64	0.516	0.922	0.42	0.550	0.29	0.226				
298.8	83	2.67	62.2	1.70	19.0	1.17	7.10	0.86	3.28	0.66	1.68	0.52	0.941	0.423	0.562	0.293	0.230				
302.4	84	2.70	63.7	1.73	19.4	1.19	7.26	0.87	3.35	0.67	1.72	0.53	0.961	0.43	0.574	0.297	0.235				
306.0	85	2.73	65.2	1.75	19.9	1.20	7.41	0.88	3.42	0.68	1.76	0.534	0.981	0.433	0.586	0.30	0.241				
309.6	86	2.77	66.8	1.77	20.4	1.22	7.58	0.89	3.50	0.684	1.80	0.54	1.00	0.44	0.598	0.304	0.245				
313.2	87	2.80	68.3	1.79	20.8	1.23	7.76	0.90	3.57	0.69	1.83	0.55	1.02	0.443	0.610	0.308	0.2551				
316.8	88	2.83	69.9	1.81	21.3	1.24	7.94	0.91	3.65	0.70	1.87	0.553	1.04	0.45	0.623	0.31	0.256				
320.4	89	2.86	71.5	1.83	21.8	1.26	8.12	0.93	3.73	0.71	1.91	0.56	1.07	0.453	0.635	0.315	0.261				
324.0	90	2.89	73.1	1.85	22.3	1.27	8.30	0.94	3.80	0.72	1.95	0.57	1.09	0.46	0.648	0.32	0.266				
327.6	91	2.93	74.8	1.87	22.8	1.29	8.49	0.95	3.88	0.724	1.98	0.572	1.11	0.463	0.661	0.322	0.272				
331.2	92	2.96	76.4	1.89	23.3	1.30	8.68	0.96	3.96	0.73	2.03	0.58	1.13	0.47	0.674	0.325	0.276				
334.8	93	2.99	78.1	1.91	23.8	1.32	8.87	0.97	4.05	0.74	2.07	0.585	1.16	0.474	0.690	0.33	0.282				
338.4	94	3.02	79.8	1.93	24.3	1.33	9.06	0.98	4.12	0.75	2.12	0.59	1.18	0.48	0.703	0.332	0.287				
342.0	95			1.95	24.8	1.34	9.25	0.99	4.20	0.76	2.16	0.595	1.20	0.484	0.716	0.336	0.291				
345.6	96			1.97	25.4	1.36	9.45	1.00	4.29	0.764	2.20	0.60	1.23	0.49	0.730	0.34	0.2998				
349.2	97			1.99	25.9	1.37	9.65	1.01	4.37	0.77	2.24	0.604	1.25	0.494	0.743	0.343	0.304				
352.8	98			2.01	26.4	1.39	9.85	1.02	4.46	0.78	2.29	0.61	1.27	0.50	0.757	0.347	0.311				
356.4	99			2.03	27.0	1.40	10.0	1.03	4.54	0.79	2.33	0.62	1.29	0.504	0.771	0.35	0.315				
360.0	100			2.05	27.5	1.41	10.2	1.04	4.62	0.80	2.37	0.622	1.32	0.51	0.784	0.354	0.322				
367.2	102			2.09	28.6	1.44	10.7	1.06	4.80	0.81	2.46	0.63	1.37	0.52	0.813	0.36	0.333	0.20	0.152		
374.4	104			2.14	29.8	1.47	11.1	1.08	4.98	0.83	2.55	0.64	1.42	0.53	0.844	0.37	0.345	0.203	0.157		0.08
381.6	106			2.18	30.9	1.50	11.5	1.10	5.16	0.84	2.64	0.65	1.47	0.54	0.873	0.375	0.357	0.207	0.163		0.0827
388.8	108			2.22	32.1	1.53	12.0	1.12	5.34	0.86	2.73	0.67	1.52	0.55	0.903	0.38	0.369	0.21	0.168		0.0856
396.0	110			2.26	33.3	1.56	12.4	1.14	5.53	0.88	2.83	0.68	1.57	0.56	0.933	0.39	0.381	0.215	0.175		0.0885
403.2	112			2.30	34.5	1.58	12.9	1.16	5.72	0.89	2.92	0.69	1.62	0.57	0.963	0.40	0.394	0.22	0.180		0.0915
410.4	114			2.34	35.8	1.61	13.3	1.18	5.91	0.91	3.02	0.70	1.68	0.58	0.997	0.403	0.406	0.223	0.186		0.0945
417.6	116			2.38	37.0	1.64	13.8	1.21	6.09	0.92	3.12	0.72	1.73	0.59	1.03	0.41	0.419	0.227	0.192		0.0976
424.8	118			2.42	38.3	1.67	14.3	1.23	6.31	0.94	3.22	0.73	1.79	0.60	1.06	0.42	0.432	0.23	0.197		0.101
432.0	120			2.46	39.6	1.70	14.8	1.25	6.52	0.95	3.32	0.74	1.84	0.61	1.09	0.424	0.445	0.234	0.204		0.104
439.2	122			2.51	41.0	1.73	15.3	1.27	6.74	0.97	3.43	0.75	1.90	0.62	1.13	0.43	0.458	0.24	0.210		0.107
446.4	124			2.55	42.3	1.75	15.8	1.29	6.96	0.99	3.53	0.77	1.96	0.63	1.16	0.44	0.474	0.243	0.216		0.110
453.6	126			2.59	43.7	1.78	16.3	1.31	7.19	1.00	3.64	0.78	2.02	0.64	1.20	0.45	0.487	0.247	0.222		0.114
460.8	128			2.63	45.1	1.81	16.8	1.33	7.42	1.02	3.75	0.79	2.09	0.65	1.23	0.453	0.501	0.25	0.229		0.117
468.0	130			2.67	46.5	1.84	17.3	1.35	7.65	1.03	3.85	0.80	2.15	0.66	1.27	0.46	0.515	0.255	0.236		0.120
475.2	132			2.71	48.0	1.87	17.9	1.37	7.89	1.05	3.96	0.82	2.21	0.67	1.30	0.47	0.530	0.26	0.242		0.124
482.4	134			2.75	49.4	1.90	18.4	1.39	8.13	1.07	4.08	0.83	2.27	0.68	1.34	0.474	0.544	0.263	0.249		0.127
489.6	136			2.79	50.9	1.92	19.0	1.41	8.38	1.08	4.19	0.84	2.34	0.69	1.38	0.48	0.559	0.267	0.256		0.131
496.8	138			2.83	52.4	1.95	19.5	1.43	8.62	1.10	4.31	0.85	2.40	0.70	1.41	0.49	0.573	0.27	0.262		0.134
504.0	140			2.88	53.9	1.98	20.1	1.46	8.88	1.11	4.43	0.87	2.46	0.71	1.45	0.495	0.588	0.274	0.270		0.138
												0.88						0.28	0.277		0.140
																					0.144

241

续表

Q		DN (mm)															
		300		350		400		450		500		600		700		800	
(m³/s)	(L/s)	v	1000i	v	1000i	v	1000i	v	1000i	v	1000i	v	1000i	v	1000i	v	1000i
511.2	142	2.01	20.7	1.48	9.13	1.13	4.55	0.89	2.53	0.72	1.49	0.50	0.603	0.37	0.284	0.282	0.148
518.4	144	2.04	21.3	1.50	9.39	1.15	4.67	0.91	2.59	0.73	1.53	0.51	0.619	0.374	0.291	0.286	0.152
525.6	146	2.07	21.8	1.52	9.65	1.16	4.79	0.92	2.66	0.74	1.57	0.52	0.634	0.38	0.2998	0.29	0.155
532.8	148	2.09	22.5	1.54	9.92	1.18	4.92	0.93	2.73	0.75	1.61	0.523	0.650	0.385	0.306	0.294	0.159
540.0	150	2.12	23.1	1.56	10.2	1.19	5.04	0.94	2.80	0.76	1.65	0.53	0.666	0.39	0.313	0.30	0.163
547.2	152	2.15	23.7	1.58	10.5	1.21	5.16	0.96	2.87	0.77	1.69	0.544	0.684	0.395	0.321	0.302	0.167
554.4	154	2.18	24.3	1.60	10.7	1.23	5.29	0.97	2.94	0.78	1.73	0.545	0.700	0.40	0.328	0.306	0.171
561.6	156	2.21	24.0	1.62	11.0	1.24	5.43	0.98	3.01	0.79	1.77	0.55	0.718	0.405	0.335	0.31	0.175
568.8	158	2.24	25.6	1.64	11.3	1.26	5.57	0.99	3.08	0.80	1.81	0.56	0.733	0.41	0.343	0.314	0.179
576.0	160	2.26	26.2	1.66	11.6	1.27	5.71	1.01	3.14	0.81	1.85	0.57	0.750	0.416	0.352	0.32	0.183
583.2	162	2.29	26.9	1.68	11.9	1.29	5.86	1.02	3.22	0.83	1.90	0.573	0.767	0.42	0.360	0.322	0.187
590.4	164	2.32	27.6	1.70	12.2	1.31	6.00	1.03	3.29	0.84	1.94	0.58	0.7884	0.426	0.367	0.326	0.191
597.6	166	2.35	28.2	1.73	12.5	1.332	6.15	1.04	3.37	0.85	1.98	0.59	0.802	0.43	0.375	0.33	0.195
604.8	168	2.38	28.9	1.75	12.8	1.34	6.30	1.06	3.44	0.86	2.03	0.594	0.819	0.436	0.383	0.334	0.200
612.0	170	2.40	29.6	1.77	13.1	1.35	6.45	1.07	3.52	0.87	2.07	0.60	0.837	0.44	0.392	0.34	0.204
619.2	172	2.43	30.3	1.79	13.4	1.37	6.50	1.08	3.59	0.88	2.12	0.61	0.855	0.447	0.400	0.342	0.208
626.4	174	2.46	31.0	1.81	13.7	1.38	6.76	1.09	3.67	0.89	2.16	0.615	0.873	0.45	0.409	0.346	0.2113
633.6	176	2.49	31.8	1.83	14.0	1.40	6.91	1.11	3.75	0.90	2.21	0.62	0.891	0.457	0.417	0.35	0.217
640.8	178	2.52	32.5	1.85	14.3	1.42	7.07	1.12	3.83	0.91	2.26	0.63	0.909	0.46	0.425	0.354	0.222
648.0	180	2.55	33.2	1.87	14.7	1.43	7.23	1.13	3.91	0.92	2.31	0.64	0.931	0.47	0.435	0.36	0.226
655.2	182	2.57	34.0	1.89	15.0	1.45	7.39	1.14	3.99	0.93	2.35	0.64	0.95	0.47	0.443	0.36	0.231
662.4	184	2.60	34.7	1.91	15.3	1.46	7.56	1.16	4.08	0.94	2.40	0.65	0.97	0.48	0.452	0.36	0.235
669.6	186	2.63	35.5	1.93	15.7	1.48	7.72	1.17	4.16	0.95	2.45	0.66	0.99	0.48	0.461	0.37	0.240
676.8	188	2.66	36.2	1.95	16.0	1.50	7.89	1.18	4.24	0.96	2.50	0.66	1.01	0.49	0.469	0.37	0.244
684.0	190	2.69	37.0	1.97	16.3	1.51	8.06	1.19	4.33	0.97	2.55	0.67	1.03	0.49	0.480	0.38	0.249
691.2	192	2.72	37.8	2.00	16.7	1.53	8.23	1.21	4.41	0.98	2.60	0.68	1.05	0.50	0.488	0.38	0.254
698.4	194	2.74	38.6	2.02	17.0	1.54	8.40	1.22	4.50	0.99	2.65	0.69	1.07	0.50	0.497	0.38	0.2559
705.6	196	2.77	39.4	2.04	17.4	1.56	8.57	1.23	4.59	1.00	2.70	0.69	1.09	0.51	0.506	0.39	0.2263
712.8	198	2.80	40.2	2.06	17.7	1.58	8.75	1.24	4.69	1.01	2.75	0.70	1.11	0.51	0.515	0.39	0.268
720.0	200	2.83	41.0	2.08	18.1	1.59	8.93	1.26	4.78	1.02	2.81	0.71	1.13	0.52	0.526	0.40	0.273
730.8	203	2.87	42.2	2.11	18.7	1.62	9.20	1.28	4.93	1.03	2.88	0.72	1.16	0.53	0.539	0.400	0.281
741.6	206	2.91	43.5	2.14	19.2	1.64	9.47	1.30	5.07	1.05	2.96	0.73	1.19	0.53	0.554	0.41	0.288
752.4	209	2.96	44.8	2.17	19.8	1.66	9.75	1.31	5.22	1.06	3.04	0.74	1.22	0.54	0.569	0.42	0.296
763.2	212	3.00	46.1	2.20	20.3	1.67	10.0	1.33	5.37	1.08	3.13	0.75	1.25	0.55	0.585	0.42	0.303
774.0	215			2.23	20.9	1.71	10.3	1.35	5.53	1.09	3.21	0.76	1.29	0.56	0.600	0.43	0.311
784.8	218			2.27	21.5	1.73	10.6	1.37	5.68	1.11	3.29	0.77	1.32	0.57	0.614	0.43	0.319
795.6	221			2.30	22.1	1.76	10.9	1.39	5.84	1.13	3.37	0.78	1.36	0.57	0.630	0.44	0.327
806.4	224			2.33	22.7	1.78	11.2	1.41	6.00	1.14	3.47	0.79	1.39	0.58	0.646	0.45	0.335
817.2	227			2.36	23.3	1.81	11.5	1.43	6.16	1.16	3.55	0.80	1.42	0.59	0.662	0.45	0.343
828.0	230			2.39	24.0	1.83	11.8	1.45	6.32	1.17	3.64	0.81	1.46	0.60	0.679	0.46	0.352

Q	DN (mm) 900		1000	
	v	1000i	v	1000i
511.2	0.22	0.0837		
518.4	0.226	0.0857		
525.6	0.23	0.0877		
532.8	0.233	0.0905		
540.0	0.236	0.0925		
547.2	0.24	0.0946		
554.4	0.242	0.0967		
561.6	0.245	0.0989		
568.8	0.248	0.101	0.20	0.0624
576.0	0.25	0.103	0.206	0.0635
583.2	0.255	0.106	0.209	0.0651
590.4	0.258	0.108	0.21	0.0662
597.6	0.26	0.111	0.214	0.0679
604.8	0.264	0.113	0.216	0.0690
612.0	0.267	0.115	0.219	0.0707
619.2	0.27	0.117	0.22	0.0719
626.4	0.273	0.120	0.224	0.0736
633.6	0.277	0.123	0.227	0.0753
640.8	0.28	0.125	0.23	0.0765
648.0	0.283	0.128	0.232	0.078
655.2	0.286	0.130	0.234	0.080
662.4	0.29	0.132	0.237	0.081
669.6	0.292	0.135	0.24	0.083
676.8	0.295	0.137	0.242	0.084
684.0	0.30	0.1441	0.244	0.086
691.2	0.302	0.143	0.247	0.087
698.4	0.305	0.146	0.25	0.089
705.6	0.308	0.148	0.252	0.091
712.8	0.31	0.151	0.255	0.093
720.0	0.3114	0.153	0.26	0.095
730.8	0.32	0.158	0.262	0.097
741.6	0.324	0.162	0.266	0.100
752.4	0.33	0.166	0.27	0.102
763.2	0.333	0.170	0.274	0.1005
774.0	0.34	0.175	0.278	0.108
784.8	0.343	0.180	0.28	0.110
795.6	0.35	0.183	0.285	0.113
806.4	0.352	0.188	0.29	0.115
817.2	0.357	0.193	0.293	0.118
828.0	0.36	0.197		

续表

Q		DN (mm)															
		350		400		450		500		600		700		800		900		1000	
(m³/s)	(L/s)	v	1000i	v	1000i	v	1000i	v	1000i	v	1000i	v	1000i	v	1000i	v	1000i	v	1000i
838.8	233	2.42	24.6	1.85	12.1	1.47	6.49	1.19	3.73	0.82	1.49	0.605	0.693	0.463	0.359	0.366	0.202	0.297	0.121
849.6	236	2.45	25.2	1.88	12.4	1.48	6.66	1.20	3.81	0.83	1.53	0.61	0.710	0.47	0.367	0.37	0.207	0.30	0.123
860.4	239	2.48	25.9	1.90	12.7	1.50	6.83	1.22	3.91	0.85	1.56	0.62	0.727	0.475	0.376	0.376	0.212	0.304	0.126
871.2	242	2.52	26.5	1.93	13.1	1.52	7.00	1.23	4.00	0.86	1.60	0.63	0.744	0.48	0.384	0.38	0.216	0.31	0.129
882.0	245	2.55	27.2	1.95	13.4	1.54	7.17	1.25	4.10	0.87	1.64	0.64	0.762	0.49	0.393	0.385	0.221	0.312	0.132
892.3	248	2.58	27.8	1.97	13.7	1.56	7.35	1.26	1.21	0.88	1.67	0.644	0.777	0.493	0.402	0.39	0.226	0.316	0.1335
903.6	251	2.61	28.5	2.00	14.1	1.58	7.53	1.28	4.31	0.89	1.72	0.65	0.795	0.50	0.411	0.394	0.230	0.32	0.138
914.4	254	2.64	29.2	2.02	14.4	1.60	7.71	1.29	4.41	0.90	1.75	0.66	0.813	0.505	0.420	0.40	0.235	0.323	0.141
925.2	257	2.67	29.9	2.05	14.7	1.62	7.89	1.31	4.52	0.91	1.79	0.67	0.831	0.51	0.429	0.404	0.241	0.327	0.144
936.0	260	2.70	30.6	2.07	15.1	1.63	8.08	1.32	4.62	0.92	1.83	0.68	0.849	0.52	0.438	0.41	0.246	0.33	0.147
946.8	263	2.73	31.3	2.09	15.4	1.65	8.27	1.34	4.73	0.93	1.87	0.683	0.865	0.523	0.447	0.413	0.250	0.335	0.150
957.6	266	2.76	32.0	2.12	15.8	1.67	8.46	1.35	4.84	0.94	1.91	0.69	0.884	0.53	0.456	0.42	0.256	0.34	0.153
968.4	269	2.80	32.8	2.14	16.1	1.69	8.65	1.37	4.95	0.95	1.95	0.70	0.903	0.535	0.466	0.423	0.262	0.342	0.156
979.2	272	2.83	33.5	2.16	16.5	1.71	8.84	1.39	5.06	0.96	1.99	0.71	0.922	0.54	0.475	0.43	0.267	0.346	0.159
990.0	275	2.86	34.2	2.19	16.9	1.73	9.04	1.40	5.17	0.97	2.03	0.715	0.942	0.55	0.485	0.432	0.272	0.35	0.162
1000.8	278	2.89	35.0	2.21	17.2	1.75	9.24	1.42	5.29	0.98	2.07	0.72	0.958	0.553	0.495	0.44	0.277	0.354	0.166
1011.6	281	2.92	35.8	2.24	17.6	1.77	9.44	1.43	5.40	0.99	2.11	0.73	0.978	0.56	0.505	0.442	0.283	0.36	0.169
1022.4	284	2.95	36.5	2.26	18.0	1.79	9.64	1.45	5.52	1.00	2.15	0.74	0.997	0.565	0.514	0.446	0.288	0.362	0.172
1033.2	287	2.98	37.3	2.28	18.4	1.80	9.85	1.46	5.63	1.02	2.20	0.75	1.02	0.57	0.524	0.45	0.294	0.365	0.175
1044.0	290	3.01	38.1	2.31	18.8	1.82	10.0	1.48	5.75	1.03	2.24	0.753	1.03	0.58	0.534	0.456	0.299	0.37	0.178
1054.8	293			2.33	19.2	1.84	10.3	1.49	5.87	1.04	2.28	0.76	1.05	0.583	0.545	0.46	0.305	0.373	0.182
1065.6	296			2.36	19.5	1.86	10.5	1.51	5.99	1.05	2.33	0.77	1.08	0.59	0.555	0.465	0.310	0.377	0.185
1076.4	299			2.38	19.9	1.88	10.7	1.52	6.11	1.06	2.37	0.78	1.10	0.595	0.565	0.47	0.316	0.38	0.189
1087.2	302			2.40	20.3	1.90	10.9	1.54	6.24	1.07	2.42	0.785	1.12	0.60	0.576	0.475	0.322	0.384	0.192
1098.0	305			2.43	20.8	1.92	11.1	1.55	6.36	1.08	2.46	0.79	1.14	0.61	0.586	0.48	0.327	0.39	0.195
1108.8	308			2.45	21.2	1.94	11.3	1.57	6.49	1.09	2.51	0.80	1.16	0.613	0.597	0.484	0.333	0.392	0.199
1119.6	311			2.47	21.6	1.96	11.6	1.58	6.61	1.10	2.55	0.81	1.18	0.62	0.608	0.49	0.340	0.396	0.203
1130.4	314			2.50	22.0	1.97	11.8	1.60	6.74	1.11	2.60	0.82	1.20	0.625	0.618	0.494	0.346	0.40	0.206
1141.2	317			2.52	22.4	1.99	12.0	1.61	6.87	1.12	2.64	0.824	1.22	0.63	0.629	0.50	0.351	0.404	0.210
1152.0	320			2.55	22.8	2.01	12.2	1.63	7.00	1.13	2.69	0.83	1.24	0.64	0.640	0.503	0.357	0.41	0.213
1166.4	324			2.58	23.4	2.04	12.5	1.65	7.18	1.15	2.76	0.84	1.27	0.645	0.655	0.51	0.365	0.412	0.217
1180.8	328			2.61	24.0	2.06	12.9	1.67	7.36	1.16	2.82	0.85	1.30	0.65	0.668	0.52	0.374	0.42	0.223
1195.2	332			2.64	24.6	2.09	13.2	1.69	7.54	1.17	2.88	0.86	1.33	0.66	0.683	0.522	0.382	0.423	0.228
1209.6	336			2.67	25.2	2.11	13.5	1.71	7.72	1.19	2.95	0.87	1.36	0.67	0.698	0.53	0.390	0.43	0.233
1224.0	340			2.71	25.8	2.14	13.8	1.73	7.91	1.20	3.01	0.88	1.39	0.68	0.714	0.534	0.398	0.433	0.238
1238.4	344			2.74	26.4	2.16	14.1	1.75	8.09	1.22	3.08	0.89	1.42	0.684	0.729	0.54	0.408	0.44	0.243
1252.8	348			2.77	27.0	2.18	14.5	1.77	8.28	1.23	3.15	0.90	1.45	0.69	0.745	0.55	0.416	0.443	0.248
1267.2	352			2.80	27.6	2.21	14.8	1.79	8.47	1.24	3.22	0.91	1.48	0.70	0.761	0.553	0.425	0.45	0.253
1281.6	356			2.83	28.3	2.24	15.1	1.81	8.67	1.26	3.30	0.93	1.51	0.71	0.777	0.56	0.434	0.453	0.258
1296.0	360			2.86	28.9	2.26	15.5	1.83	8.86	1.27	3.37	0.94	1.54	0.72	0.793	0.57	0.443	0.46	0.263

续表

Q		400		450		500		600		DN (mm) 700		800		900		1000	
(m³/s)	(L/s)	v	1000i	v	1000i	v	1000i	v	1000i	v	1000i	v	1000i	v	1000i	v	1000i
1310.4	364	2.90	29.6	2.29	15.8	1.85	9.06	1.29	3.45	0.95	1.58	0.724	0.809	0.572	0.451	0.463	0.268
1324.8	368	2.93	30.2	2.31	16.2	1.87	9.26	1.30	3.52	0.96	1.61	0.73	0.826	0.58	0.460	0.47	0.274
1339.2	372	2.96	30.9	2.34	16.5	1.89	9.46	1.32	3.60	0.97	1.64	0.74	0.843	0.585	0.470	0.474	0.280
1353.6	376	2.99	31.5	2.36	16.9	1.91	9.67	1.33	3.68	0.98	1.67	0.75	0.859	0.59	0.479	0.48	0.285
1368.0	380	3.02	32.2	2.39	17.3	1.94	9.88	1.34	3.76	0.99	1.71	0.76	0.876	0.60	0.488	0.484	0.291
1382.4	384			2.41	17.6	1.96	10.1	1.36	3.84	1.00	1.74	0.764	0.893	0.604	0.498	0.49	0.296
1396.8	388			2.44	18.0	1.98	10.3	1.37	3.92	1.01	1.77	0.77	0.911	0.61	0.508	0.494	0.302
1411.2	392			2.46	18.4	2.00	10.5	1.39	4.00	1.02	1.81	0.78	0.928	0.62	0.517	0.50	0.307
1425.6	396			2.49	18.7	2.02	10.7	1.40	4.08	1.03	1.84	0.78	0.946	0.622	0.526	0.504	0.313
1440.0	400			2.52	19.1	2.04	10.9	1.41	4.16	1.04	1.88	0.79	0.964	0.63	0.537	0.51	0.319
1458.0	405			2.55	19.6	2.06	11.2	1.43	4.27	1.05	1.92	0.80	0.986	0.64	0.549	0.52	0.326
1476.0	410			2.58	20.1	2.09	11.5	1.45	4.37	1.07	1.97	0.81	1.01	0.644	0.560	0.522	0.333
1494.0	415			2.61	20.6	2.11	11.8	1.47	4.48	1.08	2.01	0.82	1.03	0.65	0.573	0.53	0.340
1512.0	420			2.64	21.1	2.14	12.1	1.48	4.59	1.09	2.06	0.83	1.05	0.66	0.586	0.535	0.349
1530.0	425			2.67	22.1	2.16	12.3	1.50	4.70	1.10	2.10	0.84	1.08	0.67	0.599	0.54	0.356
1548.0	430			2.70	22.1	2.19	12.6	1.52	4.81	1.12	2.15	0.85	1.10	0.68	0.612	0.55	0.363
1566.0	435			2.74	22.6	2.22	12.9	1.54	4.92	1.13	2.20	0.86	1.12	0.684	0.626	0.554	0.371
1584.0	440			2.77	23.1	2.24	13.2	1.56	5.04	1.14	2.24	0.87	1.15	0.69	0.639	0.56	0.379
1602.0	445			2.80	23.7	2.27	13.5	1.57	5.15	1.16	2.29	0.88	1.17	0.70	0.651	0.57	0.387
1620.0	450			2.83	24.2	2.29	13.8	1.59	5.27	1.17	2.34	0.89	1.20	0.71	0.665	0.573	0.395
1638.0	455			2.86	24.7	2.32	14.2	1.61	5.39	1.18	2.39	0.90	1.22	0.715	0.679	0.58	0.402
1656.0	460			2.89	25.3	2.34	14.5	1.63	5.51	1.19	2.44	0.91	1.25	0.72	0.693	0.59	0.411
1674.0	465			2.92	25.8	2.37	14.8	1.64	5.63	1.21	2.49	0.92	1.27	0.73	0.707	0.592	0.419
1692.0	470			2.96	26.4	2.39	15.1	1.66	5.75	1.22	2.54	0.93	1.30	0.74	0.721	0.60	0.427
1710.0	475			2.99	27.0	2.42	15.4	1.68	5.85	1.23	2.59	0.935	1.32	0.75	0.736	0.605	0.436
1728.0	480			3.02	27.5	2.44	15.8	1.70	5.99	1.25	2.65	0.94	1.35	0.754	0.748	0.61	0.444
1746.0	485					2.47	16.1	1.72	6.12	1.26	2.70	0.95	1.38	0.76	0.763	0.62	0.452
1764.0	490					2.50	16.4	1.73	6.25	1.27	2.76	0.96	1.40	0.77	0.778	0.624	0.461
1782.0	495					2.52	16.8	1.75	6.38	1.29	2.82	0.97	1.43	0.78	0.793	0.63	0.469
1800.0	500					2.55	17.1	1.77	6.50	1.30	2.87	0.98	1.46	0.79	0.808	0.64	0.479
1836.0	510					2.60	17.8	1.80	6.77	1.33	2.99	0.99	1.51	0.80	0.838	0.65	0.496
1872.0	520					2.65	18.5	1.84	7.04	1.35	3.11	1.01	1.56	0.82	0.867	0.66	0.514
1908.0	530					2.70	19.2	1.87	7.31	1.38	3.23	1.03	1.62	0.83	0.899	0.67	0.532
1944.0	540					2.75	19.9	1.91	7.59	1.40	3.35	1.05	1.68	0.85	0.931	0.69	0.550
1980.0	550					2.80	20.7	1.95	7.87	1.43	3.48	1.07	1.74	0.86	0.962	0.70	0.569
2016.0	560					2.85	21.4	1.98	8.16	1.46	3.60	1.09	1.80	0.88	0.995	0.71	0.589
2052.0	570					2.90	22.2	2.02	8.45	1.48	3.73	1.11	1.86	0.90	1.03	0.73	0.609
2088.0	580					2.95	23.0	2.05	8.75	1.51	3.87	1.13	1.92	0.91	1.06	0.740	0.627
2124.0	590					3.00	23.8	2.09	9.06	1.53	4.00	1.15	1.98	0.93	1.10	0.75	0.648
2160.0	600							2.12	9.37	156	4.14	1.19	2.05	0.94	1.13	0.76	0.669

续表

Q		DN (mm)								
		600		700		800		900		1000
(m³/s)	(L/s)	v	1000i	v	1000i	v	1000i	v	1000i	v	1000i
2196	610	2.16	9.68	1.59	4.28	1.21	2.11	0.96	1.17	0.78	0.690
2232	620	2.19	10.0	1.61	4.42	1.23	2.18	0.97	1.20	0.79	0.709
2268	630	2.23	10.3	1.64	4.56	1.25	2.25	0.99	1.24	0.80	0.731
2304	640	2.26	10.7	1.66	4.71	1.27	2.32	1.01	1.28	0.81	0.753
2340	650	2.30	11.0	1.69	4.86	1.29	2.39	1.02	1.31	0.83	0.775
2376	660	2.33	11.3	1.71	5.01	1.31	2.47	1.04	1.35	0.84	0.796
2412	670	2.37	11.7	1.74	5.16	1.33	2.54	1.05	1.39	0.85	0.819
2448	680	2.41	12.0	1.77	5.32	1.35	2.62	1.05	1.43	0.87	0.842
2484	690	2.44	12.4	1.79	5.47	1.37	2.70	1.08	1.47	0.88	0.864
2520	700	2.48	12.7	1.82	5.63	1.39	2.78	1.10	1.51	0.89	0.888
2556	710	2.51	13.1	1.84	5.79	1.41	2.86	1.12	1.55	0.90	0.912
2592	720	2.55	13.5	1.87	5.96	1.43	2.94	1.13	1.59	0.92	0.937
2628	730	2.58	13.9	1.90	6.13	1.45	3.02	1.15	1.63	0.93	0.959
2664	740	2.62	14.2	1.92	6.29	1.47	3.10	1.16	1.67	0.94	0.985
2700	750	2.65	14.6	1.95	6.47	1.49	3.19	1.18	1.72	0.95	1.01
2736	760	2.69	15.0	1.97	6.64	1.51	3.27	1.19	1.76	0.97	1.04
2772	770	2.72	15.4	2.00	6.82	1.53	3.36	1.21	1.80	0.98	1.06
2808	780	2.76	15.8	2.03	6.99	1.55	3.45	1.23	1.85	0.99	1.09
2844	790	2.79	16.2	2.05	7.17	1.57	3.53	1.24	1.89	1.01	1.11
2880	800	2.83	16.6	2.08	7.36	1.59	3.62	1.26	1.94	1.02	1.14
2916	810	2.86	17.1	2.10	7.54	1.61	3.72	1.27	1.99	1.03	1.16
2952	820	2.90	17.5	2.13	7.73	1.63	3.81	1.29	2.04	1.04	1.19
2988	830	2.94	17.9	2.16	7.92	1.65	3.90	1.30	2.09	1.06	1.22
3024	840	2.97	18.4	2.18	8.11	1.67	4.00	1.32	2.14	1.07	1.24
3060	850	3.01	18.8	2.21	8.31	1.69	4.09	1.34	2.19	1.08	1.27
3096	860			2.23	8.50	1.71	4.19	1.35	2.24	1.09	1.30
3132	870			2.26	8.70	1.73	4.29	1.37	2.30	1.11	1.33
3168	880			2.29	8.90	1.75	4.39	1.38	2.35	1.12	1.36
3204	890			2.31	9.11	1.77	4.49	1.40	2.40	1.13	1.39
3240	900			2.34	9.31	1.79	4.59	1.41	2.46	1.15	1.42
3276	910			2.36	9.52	1.81	4.69	1.43	2.51	1.16	1.45
3312	920			2.39	9.73	1.83	4.79	1.45	2.57	1.17	1.48
3348	930			2.42	9.94	1.85	4.90	1.46	2.62	1.18	1.51
3384	940			2.44	10.2	1.87	5.00	1.48	2.68	1.20	1.53
3420	950			2.47	10.4	1.89	5.11	1.19	2.74	1.21	1.57
3456	960			1.49	10.6	1.91	5.22	1.51	2.80	1.22	1.60
3492	970			2.52	10.8	1.93	5.33	1.52	2.85	1.24	1.63
3528	980			2.55	11.0	1.95	5.44	1.54	2.91	1.25	1.67
3564	990			2.57	11.3	1.97	5.55	1.56	2.97	1.26	1.70
3600	1000			2.60	11.5	1.99	5.66	1.57	3.03	1.27	1.74

附表 5-2

给水管径简易估算

管径 (mm)	计算流量 (L/s)	使用人口数 (人)							备注
		用水定额 50 L/(人·d) K=2.0	用水定额 60 L/(人·d) K=1.8	用水定额 80 L/(人·d) K=1.7	用水定额 100 L/(人·d) K=1.6	用水定额 120 L/(人·d) K=1.5	用水定额 150 L/(人·d) K=1.4	用水定额 200 L/(人·d) K=1.3	
1	2	3	4	5	6	7	8	9	10
50	1.3	1120	1040	830	700	620	530	430	1. 流速: 当 D ≥ 400mm 时, v≥1.0m/s; 当 D ≤ 350mm 时, v≤1.0m/s. 2. 本表可根据用水人口数及用水定额查得管径, 或根据管井\用水量查得标准服务人口.
75	1.3~3.0	1120~2600	1040~2400	830~1900	700~1600	620~1400	530~1200	430~100	
100	3.0~5.8	2600~5000	2400~4600	1900~3700	1600~3100	1400~2800	1200~4200	1900~3400	
125	5.8~10.25	5000~8900	4600~8200	3700~6500	3100~5500	2800~4900	2400~4200	1900~3400	
150	10.25~17.5	8900~15000	8200~14000	6500~11000	5500~9500	4900~8400	4200~7200	3400~5800	
200	17.5~31.0	15000~27000	14000~25000	11000~20000	9500~17000	8400~15000	7200~12700	5800~10300	
250	31.0~48.5	27000~41000	25000~38000	20000~30000	17000~26000	15000~23000	12700~20000	10300~16000	
300	48.5~71.00	41000~61000	38000~57000	30000~45000	26000~28000	23000~34000	20000~29000	16000~24000	
350	71.00~111	61000~96000	57000~88000	45000~70000	28000~60000	34000~58000	29000~45000	24000~37000	
400	111~159	96000~145000	88000~135000	70000~107000	60000~91000	58000~81000	45000~70000	37000~56000	
450	159~196	145000~170000	135000~157000	107000~125000	91000~106000	81000~94000	70000~81000	56000~65000	
500	196~284	170000~246000	157000~228000	125000~181000	106000~154000	94000~137000	94000~137000	81000~117000	
600	284~384	246000~332000	228000~307000	181000~244000	154000~207000	137000~185000	117000~157000	95000~128000	
700	384~505	332000~446000	307000~412000	244000~328000	207000~279000	185000~247000	157000~212000	128000~171000	
800	505~635	446000~549000	412000~507000	328000~404000	279000~343000	247000~304000	212000~261000	211000~261000	
900	635~785	549000~679000	507000~628000	404000~506000	343000~425000	304000~377000	261000~323000	211000~261000	
1000	785~1100	679000~852000	628000~98000	506000~780000	425000~595000	377000~529000	323000~453000	261000~366000	

钢筋混凝土圆管（不满流 $n = 0.014$）计算图　　　附录 7-1

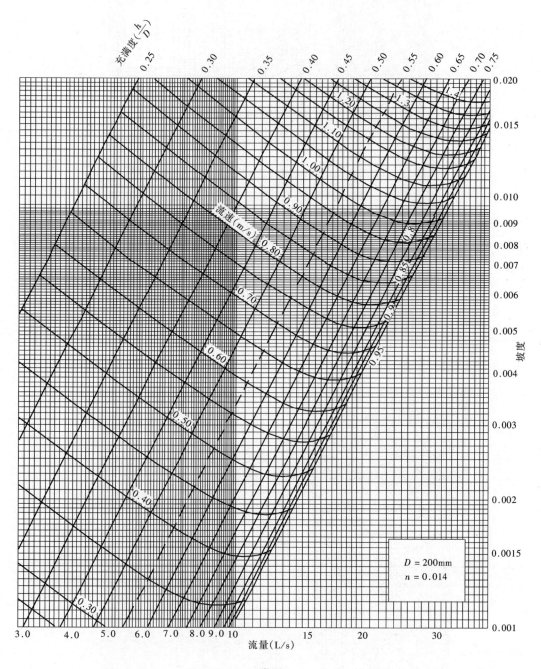

附图 1

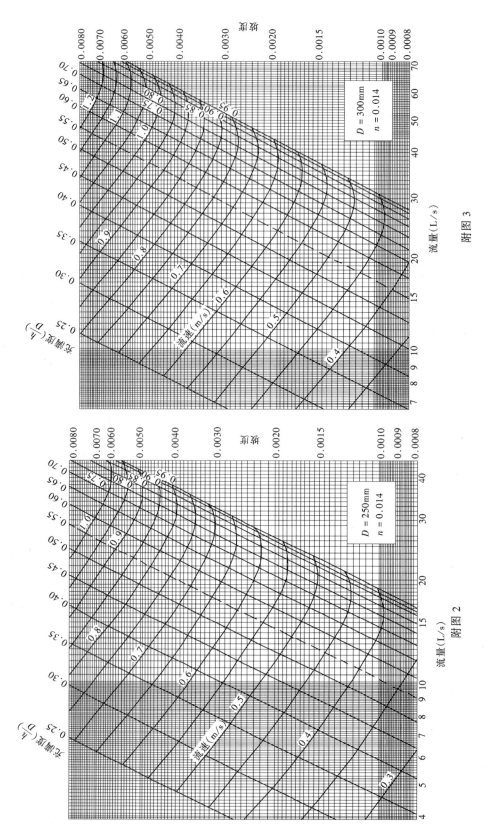

附图 2　附图 3

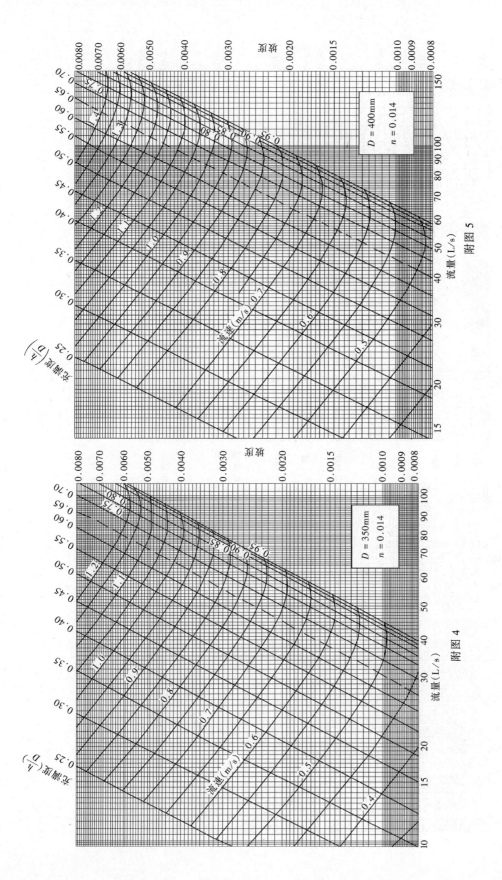

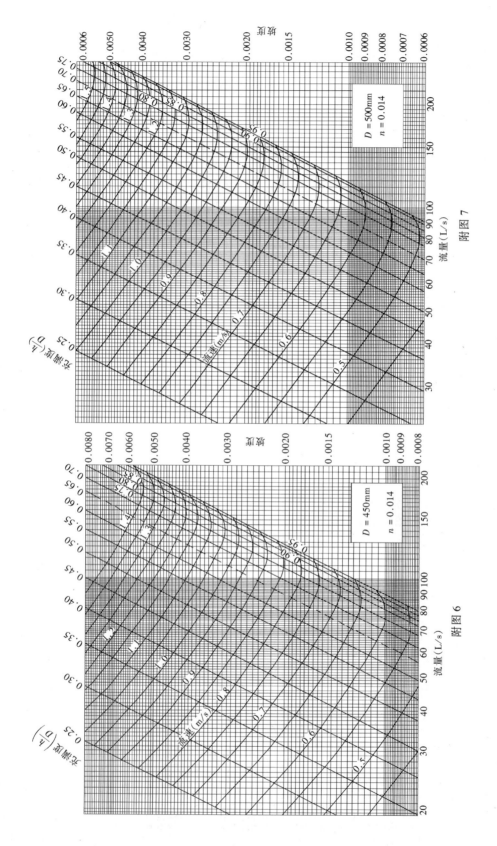

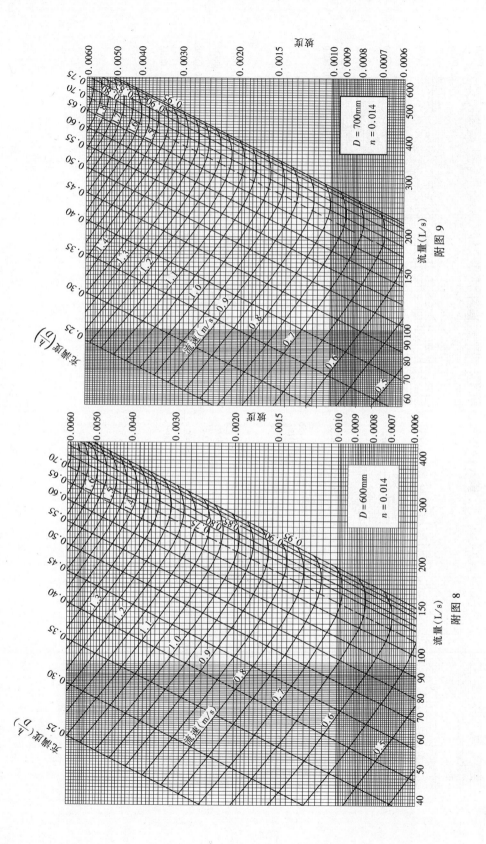

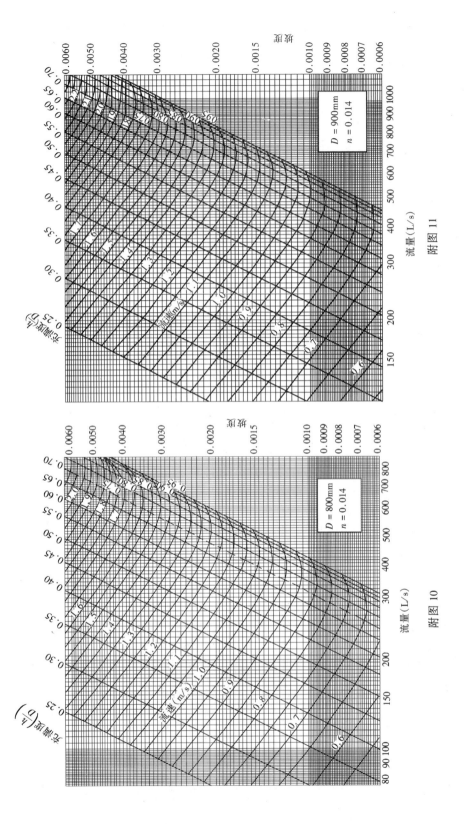

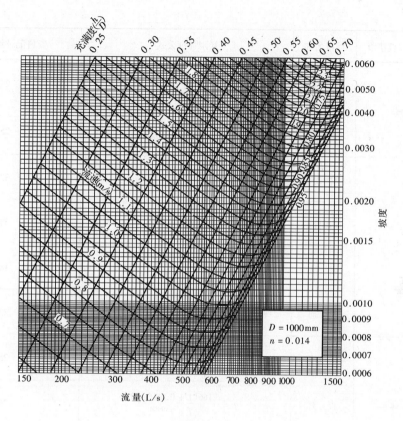

附图 12

我国若干城市暴雨强度公式

附录 8-1

省、自治区、直辖市	城市名称	暴雨强度公式	资料记录年数（a）
北　京		$q = \dfrac{2001(1 + 0.811\lg P)}{(t + 8)^{0.711}}$	40
上　海		$q = \dfrac{5544(P^{0.3} - 0.42)}{(t + 10 + 7\lg P)^{0.82+0.07\lg P}}$	41
天　津		$q = \dfrac{3833.34(1 + 0.85\lg P)}{(t + 17)^{0.85}}$	50
河　北	石家庄	$q = \dfrac{1689(1 + 0.898\lg P)}{(t + 7)^{0.729}}$	20
	保　定	$i = \dfrac{14.973 + 10.266\lg TE}{(t + 13.877)^{0.776}}$	23
山　西	太　原	$q = \dfrac{880(1 + 0.86\lg T)}{(t + 4.6)^{0.62}}$	25
	大　同	$q = \dfrac{1532.7(1 + 1.08\lg T)}{(t + 6.9)^{0.87}}$	25
	长　治	$q = \dfrac{3340(1 + 1.43\lg T)}{(t + 15.8)^{0.93}}$	27

续表

省、自治区、直辖市	城市名称	暴雨强度公式	资料记录年数（a）
内 蒙	包 头	$q = \dfrac{1663(1 + 0.985\lg P)}{(t + 5.40)^{0.85}}$	25
	海拉尔	$q = \dfrac{2630(1 + 1.05\lg P)}{(t + 10)^{0.99}}$	25
黑龙江	哈尔滨	$q = \dfrac{2889(1 + 0.91\lg P)}{(t + 10)^{0.88}}$	32
	齐齐哈尔	$q = \dfrac{1920(1 + 0.89\lg P)}{(t + 6.4)^{0.86}}$	33
	大 庆	$q = \dfrac{1820(1 + 0.91\lg P)}{(t + 8.3)^{0.77}}$	18
	黑 河	$q = \dfrac{1611.6(1 + 0.9\lg P)}{(t + 5.65)^{0.824}}$	22
吉 林	长 春	$q = \dfrac{1600(1 + 0.8\lg P)}{(t + 5)^{0.76}}$	25
	吉 林	$q = \dfrac{2166(1 + 0.680\lg P)}{(t + 7)^{0.831}}$	26
	海 龙	$i = \dfrac{16.4(1 + 0.899\lg P)}{(t + 10)^{0.867}}$	30
辽 宁	沈 阳	$q = \dfrac{1984(1 + 0.77\lg P)}{(t + 9)^{0.77}}$	26
	丹 东	$q = \dfrac{1221(1 + 0.668\lg P)}{(t + 7)^{0.605}}$	31
	大 连	$q = \dfrac{1900(1 + 0.66\lg P)}{(t + 8)^{0.8}}$	10
	锦 州	$q = \dfrac{2322(1 + 0.875\lg P)}{(t + 10)^{0.79}}$	28
山 东	潍 坊	$q = \dfrac{4091.17(1 + 0.824\lg P)}{(t + 16.7)^{0.87}}$	20
	枣 庄	$i = \dfrac{65.512 + 52.455\lg TE}{(t + 22.378)^{1.069}}$	15
江 苏	南 京	$q = \dfrac{2989.3(1 + 0.6711\lg P)}{(t + 13.3)^{0.8}}$	40
	徐 州	$q = \dfrac{1510.7(1 + 0.514\lg P)}{(t + 9)^{0.64}}$	23

续表

省、自治区、直辖市	城市名称	暴雨强度公式	资料记录年数（a）
江 苏	扬 州	$q = \dfrac{8248.13(1 + 0.6411\lg P)}{(t + 40.3)^{0.95}}$	20
	南 通	$q = \dfrac{2007.34(1 + 0.752\lg P)}{(t + 17.9)^{0.71}}$	31
安 徽	合 肥	$q = \dfrac{3600(1 + 0.76\lg P)}{(t + 14)^{0.84}}$	25
	蚌 埠	$q = \dfrac{2550(1 + 0.77\lg P)}{(t + 12)^{0.774}}$	24
	安 庆	$q = \dfrac{1986.8(1 + 0.777 l\lg P)}{(t + 8.404)^{0.689}}$	25
	淮 南	$q = \dfrac{2034(1 + 0.71\lg P)}{(t + 6.29)^{0.71}}$	26
浙 江	杭 州	$q = \dfrac{10174(1 + 0.844\lg P)}{(t + 25)^{1.038}}$	24
	宁 波	$i = \dfrac{18.105 + 13.90\lg TE}{(t + 13.265)^{0.778}}$	18
江 西	南 昌	$q = \dfrac{1386(1 + 0.69\lg P)}{(t + 1.4)^{0.64}}$	7
	赣 州	$q = \dfrac{3173(1 + 0.56\lg P)}{(t + 10)^{0.79}}$	8
福 建	福 州	$i = \dfrac{6.162 + 3.881\lg TE}{(t + 1.774)^{0.567}}$	24
	厦 门	$q = \dfrac{850(1 + 0.745\lg P)}{t^{0.514}}$	7
河 南	安 阳	$q = \dfrac{3680 P^{0.4}}{(t + 16.7)^{0.858}}$	25
河 南	开 封	$q = \dfrac{5075(1 + 0.61\lg P)}{(t + 19)^{0.92}}$	16
	新 乡	$q = \dfrac{1102(1 + 0.623\lg P)}{(t + 3.20)^{0.60}}$	21
	南 阳	$i = \dfrac{3.591 + 3.970\lg TM}{(t + 3.434)^{0.416}}$	28
湖 北	汉 口	$q = \dfrac{983(1 + 0.65\lg P)}{(t + 4)^{0.56}}$	
	老河口	$q = \dfrac{6400(1 + 1.059\lg P)}{t + 23.36}$	25
	黄 石	$q = \dfrac{2417(1 + 0.79\lg P)}{(t + 7)^{0.7655}}$	28
	沙 市	$q = \dfrac{684.7(1 + 0.854\lg P)}{t^{0.526}}$	20
湖 南	长 沙	$q = \dfrac{3920(1 + 0.68\lg P)}{(t + 17)^{0.86}}$	20
	常 德	$i = \dfrac{6.890 + 6.251\lg TE}{(t + 4.367)^{0.602}}$	20
	益 阳	$q = \dfrac{914(1 + 0.882\lg P)}{t^{0.584}}$	11

续表

省、自治区、直辖市	城市名称	暴雨强度公式	资料记录年数（a）
广东	广州	$q = \dfrac{2424.17(1 + 0.533\lg T)}{(t + 11.0)^{0.668}}$	31
广东	佛山	$q = \dfrac{1930(1 + 0.58\lg P)}{(t + 9)^{0.66}}$	16
海南	海口	$q = \dfrac{2338(1 + 0.4\lg P)}{(t + 9)^{0.65}}$	20
广西	南宁	$q = \dfrac{10500(1 + 0.707\lg P)}{t + 21.1P^{0.119}}$	21
广西	桂林	$q = \dfrac{4230(1 + 0.402\lg P)}{(t + 13.5)^{0.841}}$	19
广西	北海	$q = \dfrac{1625(1 + 0.437\lg P)}{(t + 4)^{0.57}}$	18
广西	梧州	$q = \dfrac{2670(1 + 0.466\lg P)}{(t + 7)^{0.72}}$	15
陕西	西安	$q = \dfrac{1008.8(1 + 1.475\lg P)}{(t + 14.72)^{0.704}}$	22
陕西	延安	$q = \dfrac{932(1 + 1.292\lg P)}{(t + 8.22)^{0.7}}$	22
陕西	宝鸡	$q = \dfrac{1838.6(1 + 0.94\lg P)}{(t + 12)^{0.932}}$	20
陕西	汉中	$q = \dfrac{434(1 + 1.04\lg P)}{(t + 4)^{0.518}}$	19
宁夏	银川	$q = \dfrac{242(1 + 0.83\lg P)}{t^{0.477}}$	6
甘肃	兰州	$q = \dfrac{1140(1 + 0.96\lg P)}{(t + 8)^{0.8}}$	27
甘肃	平凉	$i = \dfrac{4.452 + 4.841\lg TE}{(t + 2.570)^{0.668}}$	22
青海	西宁	$q = \dfrac{308(1 + 1.39\lg P)}{t^{0.58}}$	26
新疆	乌鲁木齐	$q = \dfrac{195(1 + 0.82\lg P)}{(t + 7.8)^{0.63}}$	17
四川	重庆	$q = \dfrac{2822(1 + 0.775\lg P)}{(t + 12.8P^{0.076})^{0.77}}$	8
四川	成都	$q = \dfrac{2806(1 + 0.803\lg P)}{(t + 12.8P^{0.231})^{0.768}}$	17
四川	渡口	$q = \dfrac{2495(1 + 0.49\lg P)}{(t + 10)^{0.84}}$	14
四川	雅安	$q = \dfrac{1272.8(1 + 0.63\lg P)}{(t + 6.64)^{0.56}}$	30
贵州	贵阳	$i = \dfrac{6.853 + 4.195\lg TE}{(t + 5.168)^{0.601}}$	13
贵州	水城	$i = \dfrac{42.25 + 62.60\lg P}{t + 35}$	19
云南	昆明	$i = \dfrac{8.918 + 6.183\lg TE}{(t + 10.247)^{0.649}}$	16
云南	下关	$q = \dfrac{1534(1 + 1.035\lg P)}{(t + 9.86)^{0.762}}$	18

注：1. 表中 P、T 代表设计降雨的重现期；TE 代表非年最大值法选样的重现期；TM 代表年最大值法选样的重现期。
2. i 的单位是 mm/min，q 的单位是 L/(s·hm²)。
3. 此附录摘自《给水排水设计手册》第 5 册表 1-73。

钢筋混凝土圆管（满流 $n = 0.013$）计算图

附录 8-2

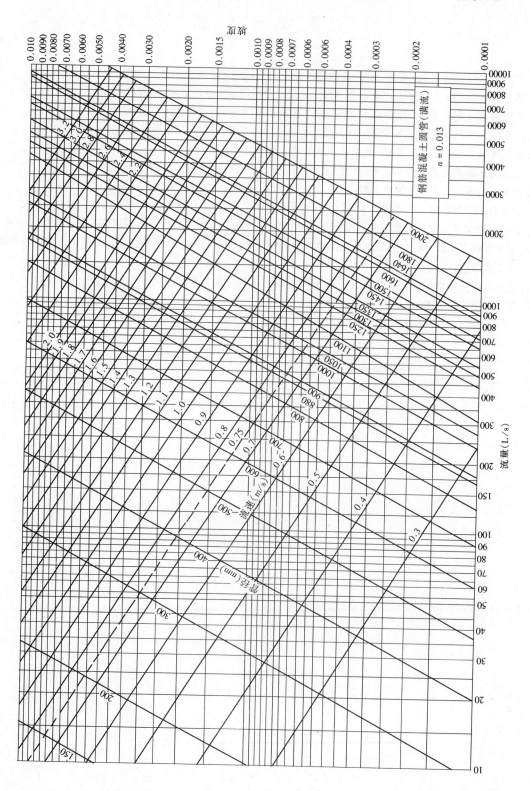

主 要 参 考 文 献

1. 严煦世，范瑾初主编．给水工程．第 4 版．北京：中国建筑工业出版社，1999
2. 孙慧修主编．排水工程（上册）．第 4 版．北京：中国建筑工业出版社，1999
3. 严煦世，刘遂庆主编．给水排水管网系统．北京：中国建筑工业出版社，2002
4. 高廷耀，顾国维主编．水污染控制工程（上册）．北京：高等教育出版社，1999
5. 张启海编著．城市给水工程．北京：中国水利水电出版社，2002
6. 周玉文，赵洪宾著．排水管网设计和计算．北京：中国建筑工业出版社，2000
7. 张文华主编．给水排水管道工程．北京：中国建筑工业出版社，2000
8. 于尔杰，张杰主编．给水排水工程快速设计手册 2：排水工程．北京：中国建筑工业出版社，1996
9. 李田，胡汉宇主编．给水排水工程快速设计手册 5：水利计算表．北京：中国建筑工业出版社，1994
10. 北京市政工程设计研究总院主编．给水排水设计手册，第 5 册：城市排水．第 2 版．北京：中国建筑工业出版社，2004
11. 北京市政工程设计研究总院主编．给水排水设计手册，第 7 册：城市防洪．第 2 版．北京：中国建筑工业出版社，2004